Alibaba Group 阿里巴巴集团 | 技术丛书　　阿里云 数字新基建系列

CDN 技术架构

阿里云CDN团队 —著—

电子工业出版社·
Publishing House of Electronics Industry
北京·BEIJING

内 容 简 介

阿里云数字新基建系列包括 5 本书，内容涉及 Kubernetes、混合云架构、云数据库、CDN 技术架构、云服务器运维（Windows），囊括了领先的云技术知识与阿里云技术团队独到的实践经验，是国内 IT 技术图书又一套重磅作品。

内容分发网络（Content Delivery Network，CDN）已经发展成为互联网的基础设施，为 App 及 Web 站点等提供各类静态/动态内容、实时流媒体加速及网络安全防护等功能。本书共有 14 章，可划分为 4 大部分：第 1 部分（第 1 章）介绍 CDN 核心产品的技术原理、应用场景及 CDN 的发展历史；第 2 部分（第 2~6 章）重点介绍 CDN 核心子系统的技术原理及工程实现，内容涵盖调度系统、节点系统、网络传输及运营支撑系统；第 3 部分（第 7~12 章）介绍 CDN 的 4 大核心产品的架构设计、功能详解及产品优化最佳实践，具体产品包括视频点播、实时流媒体、动态加速及安全防护；第 4 部分（第 13~14 章）介绍阿里云 CDN 的技术演进策略，包括 CDN 自身核心技术的升级换代及 CDN 向边缘计算平台的演进策略等。

本书可作为高等院校研究生、本科生学习 CDN 整体架构及核心技术的学习材料，也可供对 CDN 产品和技术感兴趣的工程技术人员、研究人员阅读与参考，亦可作为 CDN 产品的现有及潜在用户了解产品技术实现细节的参考手册。

图书在版编目（CIP）数据

CDN 技术架构 / 阿里云 CDN 团队著. —北京：电子工业出版社，2022.3
（阿里云数字新基建系列）
ISBN 978-7-121-43109-8

Ⅰ.①C… Ⅱ.①阿… Ⅲ.①组网技术—架构 Ⅳ.① TP393.032

中国版本图书馆 CIP 数据核字（2022）第 042489 号

责任编辑：张彦红
印　　刷：北京东方宝隆印刷有限公司
装　　订：北京东方宝隆印刷有限公司
出版发行：电子工业出版社
　　　　　北京市海淀区万寿路 173 信箱　　　邮编 100036
开　　本：720×1000　1/16　印张：23.5　字数：404.8 千字
版　　次：2022 年 3 月第 1 版
印　　次：2022 年 3 月第 1 次印刷
定　　价：109.00 元

凡所购买电子工业出版社图书有缺损问题，请向购买书店调换。若书店售缺，请与本社发行部联系，联系及邮购电话：（010）88254888，88258888。
质量投诉请发邮件至 zlts@phei.com.cn，盗版侵权举报请发邮件至 dbqq@phei.com.cn。
本书咨询联系方式：（010）51260888-819，faq@phei.com.cn。

本书编委会

撰写

特别感谢

推荐语

CDN 是一个超大规模的分布式系统，其峰值请求数超过 1 亿次每秒，为互联网上的各类 App 和 Web 站点提供动 / 静态内容、实时流媒体加速以及网络安全防护等功能。在过去 5 年多的 CDN 服务质量优化工作以及相关人才招聘过程中，我发现不管是 CDN 的客户、合作伙伴，还是希望进入 CDN 行业工作的应届毕业生或社招技术人员，对 CDN 的体系架构、核心模块、产品功能、应用场景等往往存在着或多或少的疑问或者理解不透彻的地方。为此，阿里云 CDN 团队组织了几十名一线技术专家，系统总结了阿里云 CDN 在过去 10 余年中积累的技术研发与产品设计两方面的实践经验，从 CDN 的技术架构、产品设计、应用场景、最佳实践及未来技术演进等各个维度展开详细阐述，期望为广大 CDN 行业同人深入理解 CDN 技术、正确使用 CDN 产品提供一本基于工程化最佳实践的参考手册，共同推动 CDN 技术的发展与普及。

阿里云高级技术专家　邓光青

CDN 技术问世已经超过 20 个年头，我个人在 CDN 行业工作也将满 20 个年头，企业在网络上构建服务的过程中，已经到处可见 CDN 的身影，用好 CDN 技术也成为各企业技术从业人员的必备能力之一。从 2014 年开始，阿里云正式提供 CDN 商用服务，标志着基于云计算的 CDN 服务开启了新的篇章。到今天，阿里云已经是亚洲卓越的 CDN 服务商之一。背靠阿里云计算的强大技术能力，伴随业务的发展，阿里云 CDN 底层的技术架构也进行了多次演变，在不断推出更优质服务的同时，CDN 技术团队也将整个大型商用 CDN 系统的技术架构选型和演进过程整理成册，跟行业前行者分享和交流。该书不仅对构建大规模商用系统进行了高度概括的介绍，以便技术人员了解 CDN 的技术架构，也对决策者如何更好地选择和使用 CDN 技术服务提供了参考。希望此书能成为一座交流的桥梁，使阿里云 CDN 跟大家一道，共同推动行业前进。

阿里云资深技术专家　郝冲

CDN 在不断加速互联网边缘下载速度、减少核心网冗余流量传输、巩固网络安全的过程中，逐渐发展成为互联网的基础设施，支撑了短视频、直播、电商等各行业的快速发展。阿里云 CDN 在支撑历届"双 11"流量洪峰以及服务广大外部客户的过程中，持续对技术和产品进行升级迭代，现已发展成为节点遍布全球的顶级 CDN 平台之一。本书系统总结了阿里云 CDN 在架构演进、关键技术、产品设计及场景化调优等方面的实践，同时探讨了阿里云 CDN 向成为具备网络、计算、存储等多方面能力的边缘云平台的技术演进路线，以及如何应对 5G 时代大带宽、低时延、广连接的边缘计算场景带来的技术挑战。本书可作为广大 CDN 用户及从业者深入了解 CDN 技术原理、产品功能及未来技术发展趋势的参考手册。

阿里云资深技术专家　杨敬宇

前言

内容分发网络（Content Delivery Network，CDN）是构建在现有互联网基础架构之上的覆盖网（Overlay Network），一方面通过边缘节点缓存减轻骨干网的拥塞情况，另一方面通过边缘节点协同提升网络的抗攻击能力，从而为互联网上的各类 App 和 Web 站点等提供动 / 静态内容加速、实时流媒体加速以及网络安全防护等功能。在 2020 年，国内各大、中、小学因疫情原因线下停课，转而采用线上课堂的形式继续开展教学活动，CDN 平台凭借其遍布全球的边缘加速节点、全面的内容加速能力以及智能的流量实时调度系统，成功支撑了在线课堂网络流量几十倍地迅猛增长，助力实现了"停课不停学"的目标，创造了巨大的社会价值。

阿里云 CDN 起源于自有电商业务的图片加速，经过阿里巴巴集团历届"双11"高并发场景的不断打磨，其技术能力显著提升、网络规模快速扩大，逐渐发展为节点遍布全球的大型 CDN 平台。当前，CDN 已经融入我们日常生活的方方面面，不管是网上购物、观看短视频或直播、听在线音乐，还是浏览网页，后台往往由 CDN 在提供加速及安全能力支撑。我在服务海内外客户及进行人才招聘的过程中，发现不管是 CDN 的客户、合作伙伴，还是希望进入 CDN 行业工作的应届毕业生或社招技术人员，对 CDN 的体系架构、核心模块、产品功能、应用场景等往往存在着或多或少的疑问或者理解不透彻的地方。其原因大致可分为两个方面：一方面是因为 CDN 作为一个大规模的分布式系统，其技术非常复杂，不易理解；另一方面是因为市面上能体系化阐述 CDN 前沿技术、最佳实践的书籍太少，学习资料缺乏。为此，阿里云 CDN 团队组织了几十名一线技术和产品专家合力撰写了《CDN 技术架构》这本书，从 CDN 的基础技术、核心产品、最佳实践场景及未来边缘计算平台演进四个方面总结了阿里云 CDN 在过去十余年中取得的技术和产品化进展，希望能增进大家对于 CDN 技术和产品的理解，通过交流和分享共同推动 CDN 行业的发展与技术进步。

本书共包含 14 章，具体可划分为 4 个部分：第 1 部分由第 1 章组成，简要介绍了 CDN 核心产品（动态加速、静态加速及安全防护等）的技术原理及应用场景，以及 CDN 在互联网架构中的定位和 CDN 的发展历史；第 2 部分由第 2~6 章组成，主要从调度系统、节点系统、网络传输以及运营支撑 4 个方面对 CDN 平台的核心技术进行介绍；第 3 部分由第 7~12 章组成，详细阐述了 CDN 四大产品（视频点播、实时流媒体、动态加速以及安全防护）的产品架构设计及功能详解，以及 CDN 产品的场景化优化最佳实践；第 4 部分由第 13~14 章组成，主要阐述阿里云 CDN 平台的技术演进策略，包括 CDN 核心技术的演进方向，以及 CDN 向边缘计算平台的演进策略等。

各章内容的具体介绍如下。

- 第 1 章 引言

本章主要围绕"什么是 CDN""CDN 能做什么""互联网为什么需要 CDN"这三个问题展开论述。CDN 是构建在已有互联网基础设施之上的大规模分布式"覆盖网"，为各类互联网数字内容（包括视频、文本及实时流媒体等）提供动/静态加速及安全防护能力。在互联网中心侧，CDN 通过减少数字内容的冗余传输来缓解骨干网的拥塞；在互联网边缘侧，CDN 通过数字内容前置及就近调度来加速边缘下载速度。本章首先简述 CDN 三大核心能力（动态加速、静态加速及安全防护能力）的工作原理及应用场景，然后介绍 CDN 在互联网技术架构中的定位及作用，最后简述了 CDN 的发展历史。

- 第 2 章 CDN 系统架构概述

本章介绍 CDN 系统的整体技术架构及四大核心子系统，包括流量调度系统、节点软件系统、网络传输系统及运营支撑系统。调度系统主要解决海量用户与 CDN 节点的匹配问题，既加速边缘下载速度又保持 CDN 节点在各个维度（带宽、CPU、存储、I/O 等）的负载均衡。节点软件系统主要解决互联网业务的高并发接入及产品功能的灵活实现问题，提供高性能、高可靠的 CDN 服务。网络传输系统主要解决互联网内容的快速分发问题，通过优化 TCP/IP 协议栈来提升下载速度。运营支撑系统为 CDN 平台提供计费结算、运营分析、客户服务及决策支持等功能。

- 第 3 章 调度系统

本章详细介绍阿里云调度系统的关键组件与核心算法。首先介绍资源规划模块，该模块通过资源画像与业务画像来实现资源与业务的最佳适配。接着介绍负载均衡模块，其通过 DNS、HTTPDNS 以及 302 跳转三种流量牵引方式实现节点资源（带宽、CPU、存储和 I/O 等）的综合负载均衡。然后，对 DNS 和 IP 调度服务器的系统架构和关键模块进行详细介绍。最后，对全局感知系统进行阐述，包括 CDN 服务可用性及实时覆盖质量的感知。

- 第 4 章 CDN 节点系统

本章详细阐述 CDN 节点系统的核心软件，包括接入域网关及缓存系统等。首先阐述了节点架构的演进过程，当前阿里云 CDN 采用多级缓存架构，具备异构资源接入及流量网状转发能力，能灵活、高效地支撑业务功能定制、成本与质量优化等。接下来阐述接入域网关组件，从 HTTP/2、HTTPS 等方面进行详细介绍。然后介绍回源域组件。最后重点介绍 CDN 缓存系统，包括架构设计及高性能软、硬件一体化缓存算法的设计与实现。

- 第 5 章 CDN 网络优化

本章介绍 TCP/IP 传输层优化技术。首先介绍网络传输优化面临的挑战，然后以 BBR 算法为代表阐述网络拥塞控制的原理，接着以 DUPACK、SACK、FACK 等技术为例介绍网络丢包恢复原理，最后介绍网络旁路干扰技术，包括旁路干扰设备的部署、干扰原理及具体案例等。

- 第 6 章 CDN 运营支撑

本章介绍 CDN 运营支撑系统，包括管控系统、配置管理系统、内容管理系统、监控系统、日志系统等。首先从用户管理、域名管理及 CDN 控制台三个方面介绍管控系统；接着从用户配置、软件配置两个方面介绍配置管理系统；然后从基础能力、内容刷新、内容预热、内容封禁四个方面介绍内容管理系统；接下来是监控系统介绍，重点介绍智能化监控技术方案；最后是日志系统，介绍日志系统面临的挑战、常见数据交付场景及边缘分析加速等。

- 第 7 章 CDN 产品概述

本章主要对 CDN 的四大核心产品进行概述。7.1 节介绍视频点播产品功能及发展历史；7.2 节从直播发展的四个阶段、直播全链路七大环节及五种主流的流媒体协议等不同角度对 CDN 直播产品进行详细介绍；7.3 节介绍动态加速产品的业务场景及产品能力；7.4 节从常见的安全风险类型及 CDN 安全防护体系构建两大角度对安全防护产品进行简要介绍。

- 第 8 章 CDN 视频点播

本章详细介绍 CDN 点播产品。首先介绍视频点播的应用场景，包括视频拖曳、动态转封装、试看试听、听视频等；接着介绍视频点播的核心技术，包括自适应限速、节点限流、点播防盗链、点播封禁等。

- 第 9 章 CDN 实时流媒体

本章详细介绍实时流媒体产品功能、应用场景及技术架构。首先介绍三大主流实时流媒体协议——RTMP、HTTP-FLV、HLS；接着介绍实时流媒体的典型应用场景，包括实时音视频（例如连麦、云会议）及视频直播（包括 P2P 直播）；然后对实时流媒体的系统架构进行详细介绍，包括传统的三层树状结构及最新的网状结构；最后介绍实时流媒体创新技术，包括 QUIC 传输协议、GRTN 新一代传输网等。

- 第 10 章 CDN 动态加速

本章详细介绍动态加速这款产品的加速原理、应用场景及技术架构。首先从传输组网、协议栈优化的角度介绍动态加速的原理；接下来介绍动态加速的典型使用场景，包括电商、社交、政企、游戏、金融等；然后介绍动态加速的技术架构，紧接着阐述动态加速的核心技术，包括网络探测、智能选路、流量规划等；最后，分别对四层加速、七层加速的软件组件进行详细介绍。

- 第 11 章 CDN 安全防护

本章详细介绍安全防护产品的技术架构、使用场景。首先从中心安全大脑、边缘智能防御两方面介绍安全防护整体架构；然后介绍四层负载均衡及 DDoS 防护，四层负载均衡设备具备 SYN Flood 防御、分片攻击防御、会话检测、畸形报文检测及协议合规检测等安全功能，DDoS 防护的核心技术包括边缘加速、智能调度、大流量防御；最后介绍应用层安全，涵盖精准访问控制、区域封禁、IP 频次控制、机器流量管理等。

- 第 12 章 CDN 场景化最佳实践

本章主要介绍典型的 CDN 场景化最佳实践案例。12.1 节介绍 CDN 命中率优化实践，对共享缓存、刷新和预热、分片缓存及调度流量收敛等各类命中率优化手段进行详细介绍。12.2 节介绍应用市场下载加速最佳实践，对资源池化与逻辑隔离、302 调度、HTTPDNS 调度、一致性 Hash（哈希）回源等手段进行详细介绍。12.3 节介绍超低延时互动课堂及点播加速最佳实践，基于教学视频点播、大班课 / 公开课直播及小班课实时音视频直接交流的场景进行详细阐述。12.4 节介绍动态加速最佳实践，针对新闻媒体类客户具有的传播广、用户杂、实时性要求高、突发性高的特点介绍动态加速的优化措施。

- 第 13 章 CDN 未来技术演进

本章主要介绍 CDN 核心技术的演进方向。5G 高带宽、低延迟边缘接入技术的发展对 CDN 提出了更高的要求，为此，首先从传统架构存在的问题、技术架构选型和云原生 CDN 架构设计三个方面介绍节点技术架构的演进思路，接着分别从调度系统、中台技术及边缘可编程三个方面对 CDN 的核心技术演进进行详细介绍。

- 第 14 章 CDN 与边缘计算

本章探讨边缘计算的内涵与外延，以及 CDN 与边缘计算的融合进展。14.1 节详细讨论边缘计算的具体定义、技术架构、核心能力、运维管控、核心技术及应用场景等；14.2 节介绍阿里云 CDN 基于 ENS（Edge Node Service，边缘节点服务）构建 vCDN 节点的技术方案及工程实践，vCDN 节点与物理节点相比，具有弹性扩 / 缩容、快速交付等优点。

本书是阿里云 CDN 团队集体创作的结晶，鉴于本书作者水平有限，书中错误和疏漏之处在所难免，恳请广大读者批评指正。

邓光青

2021 年 12 月 31 日于北京

目录

第1章

引言

1.1 CDN 概述

内容分发网络（Content Delivery Network，CDN）是构建在互联网 TCP/IP（Transmission Control Protocol/Internet Protocol）四层模型之上对用户透明的覆盖网（Overlay Network），该网络通过在全球范围内分布式地部署边缘服务器，将各类互联网内容从互联网中心缓存到靠近用户的边缘服务器上，从而降低用户访问时延并大幅减少穿越互联网核心网的流量，达到优化互联网流量分布，进而提升终端用户服务质量的目的。随着互联网业务的迅猛发展，一大批以实时电商推荐、金融交易等为代表的动态加速类业务崛起。针对这类业务实时加速的需要，CDN 通过动态路由规划、协议栈传输优化等技术对其进行传输加速，极大地提升了用户体验。随着互联网业务的繁荣，以 DDoS（Distributed Denial of Service，分布式拒绝服务攻击）为代表的网络攻击事件不断涌现，严重阻碍了互联网应用的发展。面对这类挑战，CDN 基于其广泛分布的边缘节点，并结合智能攻击流量检测以及流量清洗技术，能够避免攻击流量把内容源站打垮，从而保护各类互联网业务的正常、平稳运行。

当前，全球互联网流量的一半以上是通过 CDN 进行加速的。随着无线接入带宽的不断增长，各类互联网短视频、长视频业务取得了爆发式的增长，CDN 市场也随之驶入了高速发展的轨道。2018 年全球 CDN 市场规模达到了90 亿美元。据 MarketsandMarkets 公司发布的数据推测，预计未来几年 CDN 的市场规模仍将继续保持快速增长，2022 年全球 CDN 市场规模预计将达到308.9 亿美元。CDN 因其解决了互联网内容的加速问题以及互联网应用的安全防护问题而逐渐发展成了互联网的基础设施，促进了电子商务、短视频、直播等各类互联网应用的繁荣发展。

1.2 CDN 的基本原理

CDN 的核心目标是帮助互联网用户更快速、更安全地消费包括文本、图片、视频及实时流媒体在内的各类互联网内容。当前全球互联网超过 50% 的流量都通过 CDN 来进行加速。互联网用户不管是浏览门户网站、观看短视频和长剧，还是网上购物、在线学习，背后都有 CDN 在后台加速的身影。尤其在 2020 年春夏新冠肺炎疫情期间，CDN 支撑了上亿个学生的在线课堂学习，成功应对了在线课堂流量相较之前几十倍的增长，使得各级学校实现了停课不停学的目标，实现了巨大的社会价值。CDN 相较于底层 IP 网，提供了动态内容的加速、静态内容的加速、安全防护三项最核心的能力，从而支撑了各类互联网业务的快速发展。下面对这三方面的能力进行基本原理分析。

1.2.1 动态内容的加速原理

CDN 的加速原理如下：对于动态内容（即不能缓存的内容，如电商实时推荐、账号密码认证等），可以通过优化路由来进行加速。对于静态内容（即可缓存的内容，如图片、短视频、大文件等），可进一步通过缓存来实现以存储空间换带宽的目的，从而大幅降低传输时延。动态内容加速的示意图如图 1-1 所示。如果没有 CDN 加速，当网络用户与内容源站距离较远（如横跨大洲）时，则其传输时延会变得非常长，比如传输时延达到900ms。此时用户体验会非常差。在这种情况下，如果部署 CDN 节点进行加速，也就是在用户与内容源站之间通过 CDN 节点进行中继并在传输协议栈方面进行优化，则可以大幅降低传输时延，比如传输时延可减少到 300ms，即传输时延可以降到原来的 30%，从而大幅提升用户体验。动态内容加速的核心技术主要包括应用层路由路径优化以及传输层协议栈（如 TCP）优化。

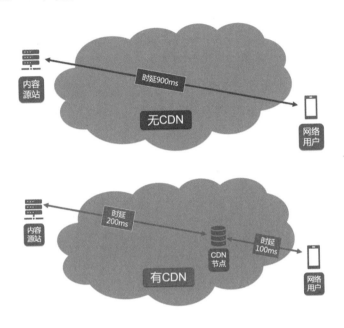

图1-1　动态内容加速的示意图

1.2.2　静态内容的加速原理

静态内容加速的示意图如图 1-2 所示，当没有 CDN 加速时，大量的用户请求需要穿越互联网骨干网才能获得源站的内容。由于网络距离远以及骨干网的网络拥塞问题，端到端的请求时延会非常长，这会严重影响用户体验。当使用 CDN 进行静态内容加速时，CDN 节点会在互联网的边缘缓存静态内容，确保绝大部分请求可以就近从 CDN 节点下载到所需内容，从而避免穿越骨干网，最终可极大地提升用户体验。使用 CDN 之后，由于大量请求在边缘就可以找到其所需的内容，因此穿越互联网骨干网的流量大幅减少。这样既有效减轻了骨干网的流量压力，也节省了 SP（Service Provider，服务提供商）的带宽成本，促进了互联网业务的快速发展。

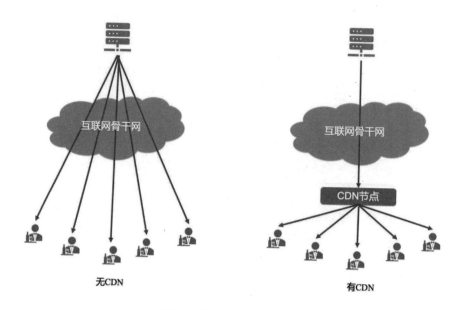

图1-2　静态内容加速的示意图

1.2.3　安全防护的原理

安全防护（见图 1-3）是各个互联网应用必须具备的自保能力，否则在面对大规模 DDoS 攻击时，正常的业务运行就可能被中断。如果没有 CDN 的保护，当一个互联网源站服务器遭受大规模 DDoS 攻击时，大幅突增的攻击流量会将内容源站的带宽耗尽，使得正常的业务请求无法得到响应，从而造成客户流失。而如果开启了 CDN 安全防护服务，当大规模攻击流量来袭时，CDN 的大量边缘节点（200 Tb/s 以上的带宽储备）可以承受攻击流量，再结合 CDN 的高性能流量清洗设备过滤掉攻击流量，如此一来只有真正的合法用户请求才会到达内容源站。这样，由于储备了大量的带宽，CDN 可以保护用户源站免遭网络攻击的影响。

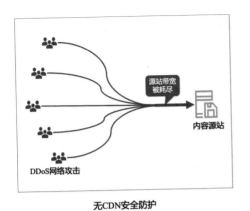
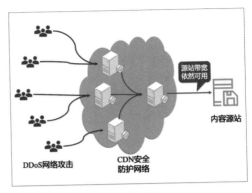

图1-3　安全防护示意图

CDN 三大核心能力的构建基于同一个覆盖网基础设施，CDN 覆盖网的基本结构如图 1-4 所示。CDN 服务端主要包括了调度系统、节点系统以及支撑系统三大核心系统。其中，调度系统解决各类用户请求与 CDN 边缘节点的适配问题，既缩短互联网用户的访问时延，又保证 CDN 边缘节点之间的负载均衡。节点系统通过被动缓存及主动预取技术对大部分互联网用户请求实现了边缘响应，以实现加速。其同时通过多级缓存不断减少回用户源站的流量，在极致情况下，可以做到客户的源站只需向 CDN 注入一份资源副本，就可以实现全网用户访问。支撑系统主要承担内容管理、配置管理以及监控中心、数据中心的管理等任务。其中，内容管理主要包括内容的封禁、刷新处理；配置管理主要包括实现类似鉴权、与限速相关的边缘处理逻辑；监控中心负责保障系统的稳定性，及时发现系统异常行为并及时处理；数据中心主要负责各类日志数据的预处理与收集，为计量计费提供数据支撑。用户在访问互联网内容时，首先通过 DNS（Domain Name System，域名系统）或者 HTTP（HyperText Transfer Protocol，超文本传输协议）调度方式从调度系统获得边缘节点的 IP 地址，然后向边缘节点发起内容访问。

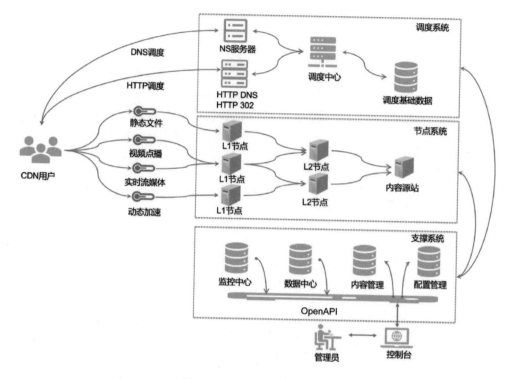

图1-4　CDN覆盖网的基本结构

1.3　CDN 的应用场景

1.3.1　动态内容加速

以电子商务、互动论坛博客为代表的互联网业务存在大量不能缓存、需要实时回源的动态内容加速场景。例如，电商平台涉及了用户注册、登录、在线支付、秒杀等需要动态加速的场景。常见的动态加速场景示意图如图 1-5 所示。CDN 会维护一个实时路由探测系统，获取各条路由的实时链路质量信息，并通过调度中心在综合考虑路由优选与链路负载均衡两大因素后，为每一个动态内容计算出一条最佳的路由线路，从而达到快速获取动态内容的目的。

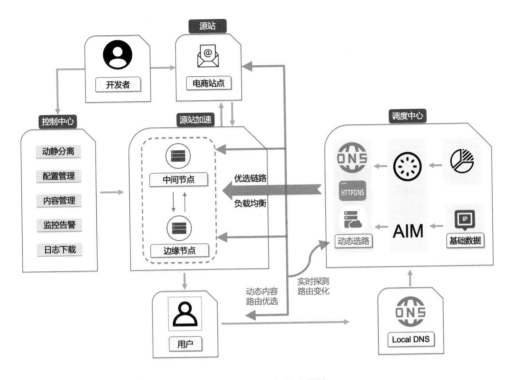

图1-5　动态加速场景示意图

1.3.2　静态内容加速

　　大文件、图片以及在线点播业务的本质是，通过互联网，将静态文件内容从内容生产者分发给终端用户。CDN综合使用资源预热拉取、SSD（Solid State Disk，固态硬盘）、SATA（Serial Advanced Technology Attachment）超大规模边缘存储及热点内容自适应智能缓存等技术，通过以存储空间换带宽，极大地缩短了文件下载时间，提升了用户体验。静态加速场景示意图如图1-6所示，静态加速具有高性能、调度灵活的特点。大型CDN厂商一般具有上千级别的边缘节点，结合高性能缓存软件，可以实现热点内容90%以上的边缘命中率，从而可避免用户请求跨越互联网核心网回源站拉数据。这样就极大地缩小了响应时间，提升了用户体验。

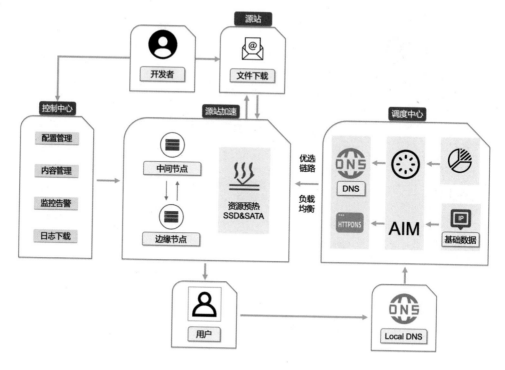

图1-6 静态加速场景示意图

1.3.3 安全防护

政府行业网站及互联网金融、游戏加速等领域都具有很强的网络防攻击需求。例如，对于政府类网站来讲，在会议或者特殊时段，需要保障网站的可用性，防止其遭受 DDoS 攻击或者 CC（Challenge Collapsar）攻击而不能被访问；对于互联网金融业务来讲，金融数据是恶意爬虫攻击的首要对象，其站点性能、网站安全以及内容安全需要同时兼顾。CDN 安全防护场景示意图如图 1-7 所示。对于 DDoS 攻击，CDN 平台部署了抗 D 清洗中心。当 DDoS 攻击发生时，抗 D 清洗中心会对包含 DDoS 攻击在内的访问流量进行智能模式识别，并将 DDoS 流量切换到抗 D 清洗中心，以避免影响用户的正常访问。

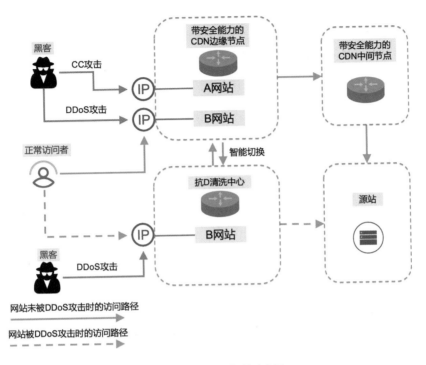

图1-7　CDN安全防护场景示意图

1.4　CDN 的技术定位

CDN 并不是互联网诞生之初就一直存在的，而是在支撑各类互联网业务高速发展的过程中应运而生并不断发展壮大的。CDN 在原有互联网基础之上构建了一个分布式的覆盖网，弥补了原有互联网在内容加速及安全防护方面的不足，极大地提升了电商、游戏、短视频、直播等各类互联网业务的用户体验及安全等级。互联网设计理念的初心是"网络互联"与"尽力而为"。"网络互联"指的是通过一套标准的网络协议把异构的各类自治域网络（如图1-8所示）连接在一起。当前全球有数十万的自治域网络，这些自治域网络通过以 TCP/IP、DNS、HTTP 为代表的标准协议实现了互联互通；"尽力而为"指的是互联网具有与电信网不一样的运行机制，通过"存储转发"而不是链路独享的方式向互联网用户提供尽量可靠的服务质量。显然，随着用户与内容服务器距离的增大，服务质量会不断下降。

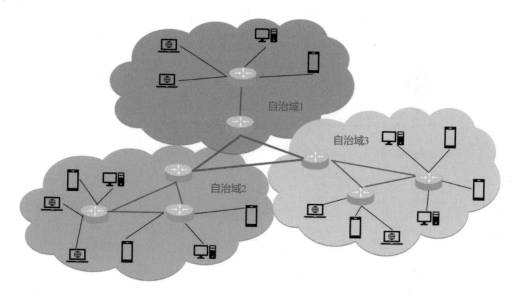

图1-8　互联网中的自治域网络示意图

　　互联网中的自治域（如图 1-8 所示）之间存在着商业上的竞争关系，跨自治域的流量传输遭遇质量降级甚至传输失败并不鲜见。但跨自治域访问内容的需求是由用户兴趣和内容质量而不是互联网设计理念决定的，这导致大量冗余互联网流量不断穿越基于 BGP（Border Gateway Protocol，边界网关协议）的核心网，造成核心网链路拥塞，使得用户服务质量降级。而互联网传输层协议在设计之初，都是端到端的，不能有效减少互联网内容在跨域骨干网上的重复传输。这时，互联网迫切需要一种新的技术，以减少跨域核心网流量的冗余传输，以便提升用户体验。此外，互联网应用的核心诉求始终是更高的可靠性、安全性、可扩展性，以及更好的服务质量、更低的运营成本。这与互联网"尽力而为"的初衷格格不入，迫切需要提升互联网应用的安全性。

　　弥补上述互联网设计上的不足大体上有两大类方法：一是重新设计并部署一套新的互联网协议，但推倒重来会造成已建互联网基础设施的大量浪费，且基础协议的更新进度极其缓慢。比如 IP v6 从 1998 年被提出到现在 20 多年过去了，其普及程度依然不高。二是在已有协议基础上构建一个覆盖网，以弥补互联网设计上的不足。这种方案既能复用原有基础设施，又能提供新功能以满足互联网发展的需要。在这种背景下，CDN 这一构建在原有互联网之上的覆盖网应运而生，并不断发展壮大为一个产业。

1.5　CDN 的发展历史

根据 CDN 的业务特点，可将其发展历史大致划分成以下三个阶段：

① 1999 年—2004 年，第一阶段——Web 页面内容的静态 / 动态加速。

② 2005 年—2014 年，第二阶段——多媒体（视频）加速为主。

③ 2015 年—现在，第三阶段——移动视频 / 全站加速，与云计算平台整合。

- 1999 年—2004 年

互联网发展初期，网络的瓶颈在于"最后一公里"接入网而不是骨干传输网，原因在于电话拨号上网的速度很低且用户数很少。但随着网络接入技术的发展以及网民数量的不断增多，网络的瓶颈逐步由接入网向骨干网转移。1995 年，万维网之父 TimBerners-Lee（WWW 技术发明人）预测到互联网即将遭遇网络拥塞，因此倡议人们能发明新的技术方法来实现互联网的无拥塞内容分发。MIT（麻省理工学院）教授 Tom Leighton 组建了一个团队来解决这个问题，制定了能够在大型分布式服务器网络上智能传送和复制内容的算法，以解决互联网的网络拥塞及用户体验问题。1998 年 8 月 20 日，Leighton 及其学生创立了 Akamai 公司，并于 1999 年 4 月开始提供商业服务。当时全球访问量最大的网站之一 Yahoo!（雅虎）成为其客户。这一时期，中国也先后诞生了 CDN 厂商——蓝汛和网宿，并为当时的 Web 站点如新浪、搜狐等提供图片加速服务。这一时期是互联网 Web 站点的繁荣发展时期，CDN 厂商主要针对 Web 页面的静态 HTTP 内容进行加速。但 2001 年的第一次互联网泡沫破裂，导致大量的 .com 公司倒闭，CDN 厂商的客户来源大幅减少，即使是 Akamai 这样的 CDN 鼻祖，也面临着业务量的大幅萎缩。从 2002 年开始，DSL（Digital Subscriber Line，数字用户线路）宽带接入技术开始在全球普及，用户接入带宽进入兆比特时代。这是互联网视频业务诞生的前提，也催生了对 CDN 加速的新需求。Web 2.0 技术强调交互性，也为动态加速提供了市场土壤。CDN 厂商开始基于网络探测及协议栈优化适时推出动态加速服务，以支撑互联网新业务的向前发展。

- 2005 年—2014 年

从 2005 年开始，互联网视频行业逐步兴起，催生了一大批互联网视频网站，比如，以用户视频分享（UGC）为主的土豆网、激动网，以及基于 P2P 传输的 PPLive、PPStream 等。这些视频网站催生了 CDN 对于视频内容的加速需求。2009 年 3G 牌照发放，移动互联网开始崛起。随后阿里、腾讯、百度等头部互联网公司持重金进入视频行业，这使得视频加速逐渐占据了 CDN 流量的大头。

- 2015 年—现在

从 2015 年开始，随着 4G 网络规模的不断扩大，互联网用户使用手机上网的比例越来越高，这催生了 CDN 针对移动视频的加速。这一时期，云计算公司纷纷开始布局 CDN 业务。与传统 CDN 厂商相比，云计算 CDN 公司的技术实力更强，资金投入更充足。这些云计算 CDN 公司的加入，使得高高在上的 CDN 价格逐步降低。得益于 CDN 价格的降低等因素，直播、短视频等新兴互联网业务不断发展壮大。

第 2 章

CDN 系统架构概述

2.1　CDN 整体框架

CDN 作为一个全球化的分布式系统，也是互联网业务的基础设施。CDN 同时对系统性能和稳定性有非常高的要求。由节点系统、调度系统、运维支撑系统（简称"支撑系统"）、用户控制台（简称"控制台"）等子系统组成的 CDN 大脑神经网络保证了 CDN 的日常服务。

CDN 整体框架如图 2-1 所示。

CDN 各个子系统间通过数据交互建立连接并形成一个网状神经系统，其中包括业务日志数据、系统配置数据、系统资源数据、交互指令数据、内容管理数据等。

CDN 调度系统为直播、点播、动态加速等产品线提供核心调度能力，包括 DNS、HTTPDNS 调度解析服务，节点资源调度服务，调度策略维护等，并可根据资源状况实时调整调度策略，保证服务的稳定性和高效性。

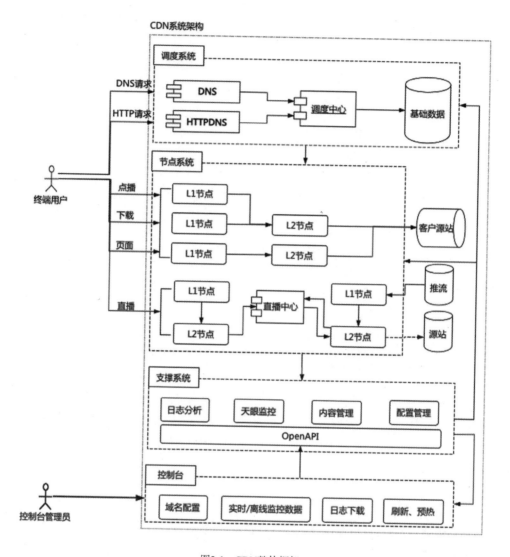

图2-1 CDN整体框架

CDN节点系统包括缓存服务、安全防护、日志收集、状态检查、内容管理等。节点点播架构采用 Tengine+Swift 模式,包括业务逻辑控制、缓存控制等功能。直播架构采用 Tengine-Live 模式,主要提供直播边缘推流及播放端拉流等相关服务。

CDN 运维支撑系统,为整个系统提供数据交换中心服务,并提供日志分析、天眼监控、域名配置管理、节点配置管理、内容管理及对外的 API 服务，与节点系统、调度系统、用户控制台之间建立数据交换通道。

用户控制台是为用户提供自助接入 CDN 服务的便捷窗口，包括 CDN 接入域名配置、实时 / 离线监控数据、日志下载、资源刷新与预热，以及直播、点播业务配置等。

2.2　CDN 核心子系统

2.2.1　调度系统

调度系统（见图 2-2）在 CDN 平台中，通过实时科学决策将底层资源合理地调配给上层业务（弹性伸缩），并通过多租户海量业务编排来精确控制资源水位（负载均衡），以达到业务按需进行质量控制和平台成本控制的目标。

CDN 提供的核心价值是网站访问加速和业务弹性支撑。其通过建设广域覆盖的边缘节点基础设施，将业务网站的内容缓存到网民身边("最后一公里")，调度系统将用户访问请求通过调度策略（就近覆盖、过载分离等）引导到最合理的边缘节点，进而达到用户访问站点加速和业务弹性支撑的目的。

在互联网发展的早期，电信基础设施还不完善之时，CDN 就已作为互联网的基石，诞生于云计算出现之前的互联网浪潮中，并为互联网一路"高歌猛进"立下了汗马功劳。当云计算开始风靡之时，业内人士发现 CDN 应该归属于云计算大类，其是非常典型且普及得非常成功的 PaaS 云产品（于是，云计算公司纷纷加入了这场 CDN 混战），且分布式、多租户、弹性伸缩等云计算的关键特征能在 CDN 调度系统里浓墨重彩般地体现（可通过调度系统的实现方式，厘清云 CDN 和非云 CDN 的本质差别）。

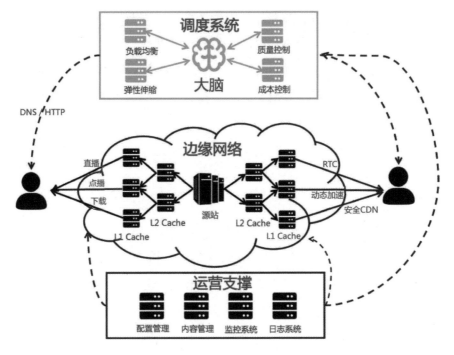

图2-2　CDN整体示意图

在 CDN 平台上，不同租户场景有不同的业务需求和质量要求，如下所示。

- 直播对时延和卡顿都有严苛的要求，其对网络抖动的忍受度很低；而点播仅对卡顿有严苛的要求，大家可通过调控视频播放器缓冲器（buffer）的大小在一定程度上抵消网络抖动的影响，其对网络抖动具有一定的忍受度。

- UGC（User Generated Content，用户生成内容）业务内容过于分散，对存储空间的需求非常大；而 feed 流推荐视频内容相对集中，对存储空间的需求则要低得多。

- 电商、微服务接口、交易类业务需要全站内容请求都通过 HTTPS 来保护内容传输安全，且用户请求的 QPS（Query Per Second，每秒请求数）高度并发，属于算力密集型业务。其对 CPU 算力的需求很大；而点播、下载类业务，单文件的大小比较大，往往呈现出流量密集型的特征，其对 CPU 算力的需求较小。

在 CDN 平台上，节点资源呈现出集群数量庞大、单集群规模小、广域分布、异构构成［网络、存储、计算的容量规格和 QoS（Quality of Service，服务质量）都有差异］等特征。调度系统的一个重要职能就是"完成业务和资源的最佳匹配"，即根据各个租户场景的业务画像和资源画像进行特征匹配和资源使用分配。

云产品的成功往往是通过不断做大规模，再通过海量业务自然错峰复用和采用技术手段不断优化资源能效（含资源复用率和资源使用率）、不断摊薄单位业务运营成本来达到赢利目的的。在 CDN 平台上，不同资源形态存在天然的资源互补（比如 95 计费、包端口、流量计费的组合使用）、不同业务形态存在天然的业务互补（时序错峰、资源消耗互补等），而调度系统统筹着整个大盘业务和资源，决定各业务单元如何编排到各资源单元上，将资源供应链的优势进行科学释放，以确保在满足业务质量约束的情况下追求成本优化目标的最大化。

图 2-3 是参照阿里云 CDN 给出的调度系统架构示意图，CDN 调度系统主要分成 4 个部分（成本规划模块、资源调度模块、全局负载均衡模块、调度执行器模块），以及许多调度支撑组件（含业务画像、资源画像、全局感知、LDNS 画像、全球精准 IP 地址库等）。

CDN 平台具有海量边缘节点，这些节点分布在不同运营商、不同地域中，具有不同的价格、不同的计费方式，也具有不同的网络品质、集群硬件配置。CDN 的主要成本集中在带宽成本上，成本规划模块是以离线方式在给定业务构成和资源构成的情况下求解各个节点的最优成本线的。

资源调度模块在成本规划模块的基础上，结合业务画像和资源画像进行业务与资源的匹配，将各个业务编排到相应的 CDN 节点上，输出各个业务的节点集合池。资源调度需要解决在多客户和多业务混跑场景下各个业务都有突发可能的问题；也就是说，一个比较好的资源调度方案应该具备比较好的弹性伸缩机制。

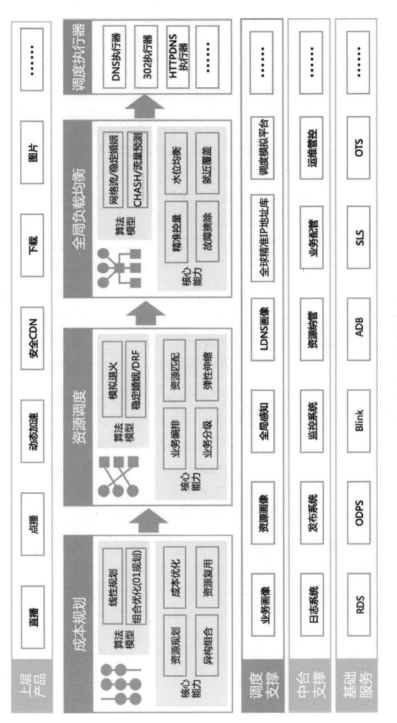

图2-3 调度系统架构示意图

全局负载均衡模块在成本规划模块给定节点成本线和资源调度模块划定业务节点集合的约束下，生成全局调度策略，以确保水位的均衡性，以及根据业务分级需要进行就近覆盖（网络往返时延 RTT 满足业务场景要求）。由于 CDN 广域分布海量节点的特点，各节点必然会存在异常或出现故障的概率，全局负载均衡模块还需要将发生故障节点的业务快速迁移到其他的健康节点中。

调度执行器是执行全局负载均衡调度策略的调度服务器组件，包含 DNS 执行器、HTTPDNS 执行器、302 执行器等。这三种组件对应三种不同的用户请求调度牵引方式，即 LDNS（Local DNS，本地域名服务器）牵引、App 端绕过 DNS 自行解析牵引、302 跳转牵引。调度牵引方式的选择对调度策略的执行精确度、实时性、可调度颗粒度都有直接的影响。

此外，调度系统还需要很多重要的支撑组件：

- IP 地址库组件：调度执行器基于 IP 地址库来判断执行哪个用户归属区域（如联通北京、电信广东等）的调度策略。

- 全局感知组件：通过主动探测和被动检测等方式感知资源的可用性状态，并实时触发全局负载均衡模块进行故障迁移。

- 画像组件：含业务画像、资源画像、LDNS 画像，画像数据的精确度对调度策略的科学生成至关重要。

2.2.2　节点软件

节点软件在 CDN 系统中作为用户数据流的核心通道，包括从最开始用户流量的接入，到资源的缓存，再到未命中资源的回源拉取。核心通道上的各环节出现任意微小的问题，都将直接损害 CDN 用户的体验。节点软件的核心价值是在保证稳定、高性能的前提下，提供丰富的产品化功能及可编程能力的扩展。正是由于其核心链路通道的位置特点，节点软件具有如下功能：

- 提供高性能、稳定的接入网关，支持包括 HTTPS（Hyper Text Transfer Protocol over SecureSocket Layer）、HTTP/2（HyperText Transfer Protocol 2.0）、QUIC（Quick UDP Internet Connection）等协议接入。

- 提供高性能、稳定的缓存服务，在 NVMe（Non-Volatile Memory express）、SSD（Solid State Disk）、SATA（Serial Advanced Technology Attachment）盘等不同硬件上实现不同的淘汰算法，最大限度地挖掘软件性能。

- 提供高性能、稳定的回源服务，在不同网络状况下保证回源的稳定性。

- 提供丰富的动态配置能力，降低软件变更频次，减少变更影响。

- 提供丰富的度量数据，用于业务性能的监控和计费。

在以上核心功能中，稳定和高性能是提供大规模服务能力的前提，丰富的产品化功能是满足海量用户需求的基础，可编程能力扩展是阿里云 CDN 节点软件的优势。

图 2-4 是参照阿里云 CDN 给出的节点软件示意图，主要分成接入网关、缓存组件、回源组件三大部分。

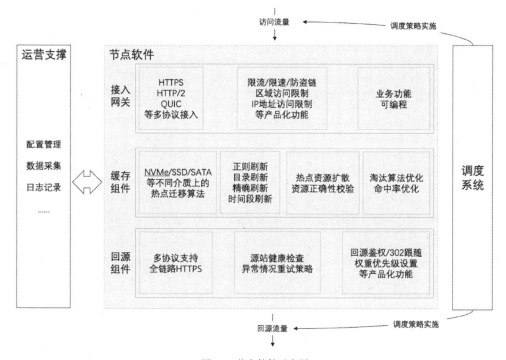

图2-4　节点软件示意图

随着互联网协议的不断迭代和升级，产生了用于解决安全性、性能、互动性等各方面问题的越来越多的网络协议。接入网关直接与用户交互，接收用户的请求，对不同的网络协议进行处理和卸载。同时，接入网关需要为用户提供限流、限速、防盗链等丰富的产品化功能。针对部分无法产品化的定制化需求，其还提供可编程扩展的能力，供用户自己实现定制化逻辑。

对于缓存组件而言，缓存资源的正确性是重中之重。通常用户可以接受一定概率的缓存丢失，但是无法接受缓存错误。缓存组件在保证全网资源正确性的基础上，通过优化不同介质上的热点迁移算法以最大限度地"榨取"硬件能力，并通过优化缓存淘汰算法来提升缓存命中率。同时缓存组件还需要提供丰富的刷新能力，用于不同场景下的资源更新需求。

回源组件面对的是多种多样的用户源站，并且传输链路在不稳定的公网上，所以需要回源组件在支持多种回源协议的基础上，在各种异常情况下有完备的源站健康检查和重试策略。此外，针对用户源站常见的鉴权需求、302 跟随需求、增删回源头功能等，都需要提供产品化的解决方案。

2.2.3 网络传输

网络传输（见图 2-5）是影响 CDN 传输性能的关键系统。基于优质的节点资源和良好的调度策略，网络传输优化技术可在原基础上再大幅提升传输速率、缩短首屏时间、降低卡顿率，给用户带来更顺畅的体验。

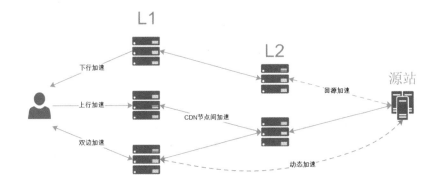

图2-5 网络传输示意图

图 2-5 展示了一个经典的 CDN 分层结构，网络传输优化不仅影响用户与 L1 边缘点之间的传输性能，也影响 L1、L2 内部的传输。而如果开启回源加速，则还能提升到源站的传输性能。通常用户与 L1 之间的网络传输基于 TCP 等传输协议，此时 L1 节点开启单边加速，即优化只在服务器侧进行。而如果用户接入了 CDN 的 SDK（Software Development Kit）或其他支持双边加速的私有协议，则优化同时在服务器和客户端两侧生效。与单边加速相比，双边加速通常对性能的提升空间更大、更加灵活。在 CDN 内部，例如 L1、L2 之间，单边 / 双边加速同时存在，可灵活切换。而在 L2 与源站之间，CDN 可以基于链路质量探测、动态路由等技术选择一条连接源站最快、最稳定的线路，从而实现回源加速。

除了图 2-5 中分层的网络传输结构，CDN 还支持扁平化的结构。在此结构中，不再严格区分 L1、L2、L3 等，而是基于链路质量、节点容量、节点负载等动态选择一条路径。这条路径可以只处于 CDN 节点间，也可以直达源站。

网络传输优化的重点在三个方面：拥塞控制、传输协议与选路方式。拥塞控制与传输协议互相配合，可以最大化利用链路带宽或最小化传输时延等，而选路可改善链路质量，提升传输能力的上限。图 2-6 是阿里云 CDN 网络传输优化的架构示意图。不同类型的业务对网络传输的需求侧重点不同，比如静态下载类业务需要提升下载速率，而点播、直播类业务需要降低卡顿率。为了对不同业务做有针对性的优化，节点软件会根据配置中心的配置，将业务特征的相关信息下发到传输层，供传输层进行决策。不同节点、不同时间段，链路质量也存在差异，通过链路质量探测等手段，将链路质量的变化及时通知传输层，可使网络传输优化策略更适应多变的网络环境。传输层最终根据业务特征和当前链路质量，从加速策略库中选择最合适的加速策略，从而达到具有针对性优化的效果。加速策略的内容包括拥塞控制算法及其参数、选择传输协议及是否使用动态选路等。而每次传输结束后，将记录相关信息和决策，并记录日志。离线的机器学习平台将分析传输层日志，自动优化加速策略库，从而形成闭环。

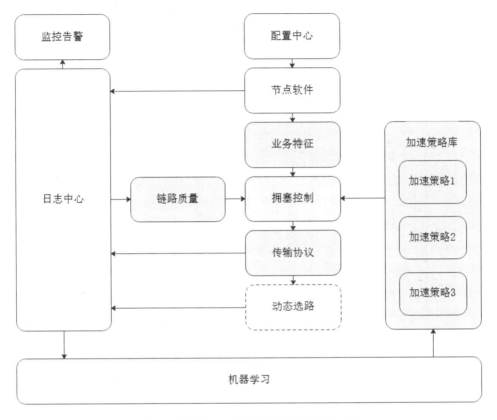

图 2-6　阿里云CDN网络传输优化的架构示意图

2.2.4　运营支撑

运营支撑系统也叫 BOSS（Business & Operation Support System），这个概念是从运营商系统继承下来的。通常所说的 BOSS 分为四个部分：计费结算系统、经营和运营系统、客户服务系统，以及决策支持系统。BOSS 从业务层面来看就是一个统一的平台，以承载用户业务和运营需要，提供统一的入口和体验。

CDN 的运营支撑系统也是一样的概念，其主要分层结构如图 2-7 所示。

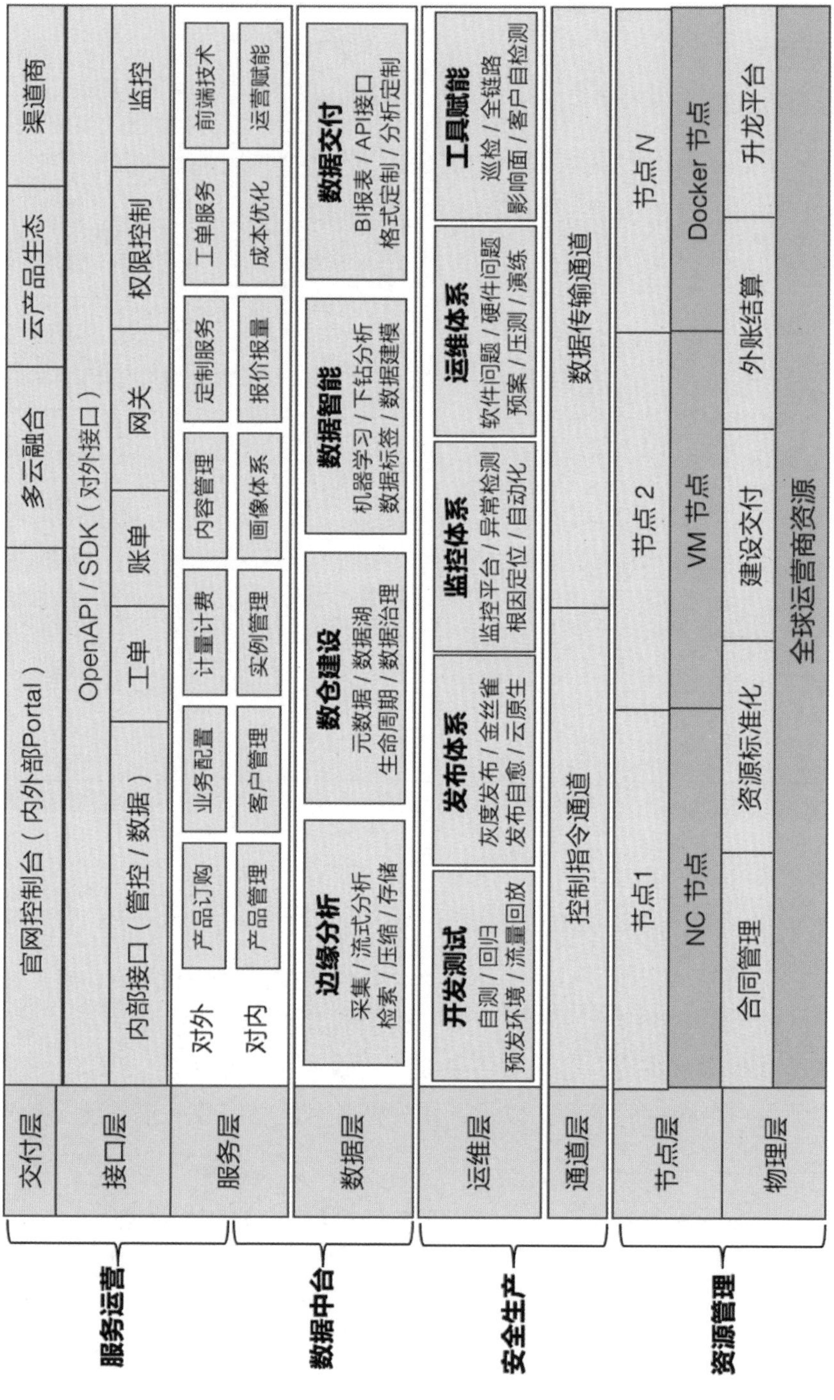

图2-7 CDN的运营支撑系统

服务运营

交付层	官网控制台（内外部Portal）　　渠道商　云产品生态　多云融合
接口层	OpenAPI/SDK（对外接口）　　内部接口（管控/数据）　网关　账单　工单　监控
服务层（对外）	产品订购　业务配置　计量计费　内容管理　定制服务　工单服务　前端技术
服务层（对内）	产品管理　客户管理　实例管理　画像体系　报价报量　成本优化　运营赋能　权限控制

数据中台

数据层	边缘分析	采集/流式分析　检索/压缩/存储
	数仓建设	元数据/数据湖　生命周期/数据治理
	数据智能	机器学习/下钻分析　数据标签/数据建模
	数据交付	B报表/API接口　格式定制/分析定制

安全生产

运维层	开发测试	自测/回归　预发环境/流量回放
	发布体系	灰度发布/金丝雀　发布自愈/云原生
	监控体系	监控平台/异常检测　根因定位/自动化
	运维体系	软件问题/硬件问题　预案/压测/演练
	工具赋能	巡检/全链路　影响面/客户自检测
通道层	控制指令通道　数据传输通道	

资源管理

节点层	节点1（NC节点）　节点2（VM节点）　节点N（Docker节点）
物理层	全球运营商资源：合同管理　资源标准化　建设交付　外账结算　升龙平台

其中，对外的部分属于服务运营层，提供客户的入口和对外的接口。内部分为三层，底层是资源管理层；资源管理层的上面是安全生产层，即开发运维自动化平台，本层提供安全生产的能力；安全生产层的上面是数据中台层，本层提供内外部的数据运营能力。

运营支撑系统是底层技术能够对外服务的核心基础，其能够打通技术和用户之间的通路，提供高效、稳定、智能的一体化服务平台。

第 3 章

调度系统

3.1 资源规划

本章介绍 CDN 调度系统中的资源规划。资源规划要解决的是业务使用哪些资源覆盖的问题，即业务的资源池决策。早期的 CDN 业务比较简单，从类型上考虑，可以分为直播、点播、图片。例如，直播类型的业务希望使用计算型的资源，而图片型业务需要计算和存储混合型资源，在此基础上，再根据业务规模大小、客户级别划分出调度域，每个调度域对应一个资源池。此外，部分业务易受到黑客攻击，需要考虑业务和黑客攻击之间的相关性，从资源池划分上需要做到根据业务安全等级进行隔离。最后，为保障业务命中率，需要约束其使用的资源范围，变更频率。在这些需求背景下，我们需要对业务所用的资源池进行规划。业务资源池一般随业务量的增长而变化，变更频率较低，因此早期的策略是运维团队静态配置。但是随着成本优化目标的引入，对单个资源使用的带宽弹性提出了更高的要求，而新型业务的不断引入也对资源的使用提出了更为精细的要求。

3.1.1　要解决什么问题

资源规划的输出是业务资源池。这里的业务对应到系统中的概念是调度域，也就是一组域名的集合。调度域是调度的最小业务单位。一个调度域中的所有域名在任意时刻的调度策略是相同的。上面提到资源池的划分主要取决于业务的质量要求和大盘资源使用的成本诉求。系统化地解决这个问题分为三步，如图 3-1 所示。

图3-1　资源规划步骤示意图

- 画像：画像系统深挖业务与大盘资源使用的成本诉求，将定性的目标转化为可量化的指标。

- 匹配：匹配是资源规划的核心，从本质上来说，资源规划问题是一个最优化问题。资源规划为业务与资源的匹配提供了两种机制：约束与优化，并在满足约束的情况下求最优解。

- 验证：资源规划是一个离线系统，终态的调度策略由上层的接入网调度系统生成，因此，资源池生成后需要有一套仿真机制来观测不同业务状态下的实际效果，并进一步微调。

下面从更细粒度的视角说明我们是如何打造边缘资源规划平台的。

3.1.2　画像

要想做好业务和资源的匹配，先要了解业务与资源特性，即业务画像与资源画像。业务画像指的是人们对业务的认知，比如业务单个请求的资源消耗情况、业务质量对不同网络指标的敏感度等。资源画像则指的是边缘资源的特性，包括诸如 CPU、内存等静态硬件配置数据，以及诸如节点到各区域的网络覆盖情况等实时数据。画像系统通过对业务和资源打标签（简称"打标"）、定义一系列标签规则来实现业务与资源的较优匹配。画像系统的基本功能如下：

① 零散信息的汇总：目前的画像信息都是大家根据各自的需要自行维护的，零零散散地分布在调度系统中，没有进行系统化的维护。这一方面给程序使用带来了诸多不便，另一方面也不利于进行数据分析。

② 部分画像的可交付：画像会影响到部分调度策略的执行。如果把部分非全局性影响的标签交付出去，同时我们做好对交付出去的标签的整体合理性校验，那么可以节省人工与外部团队对接打标的很多环节。

画像系统的扩展作用如下：

① 业务资源盘点能力的提升：有了完整的画像信息之后，我们可以基于画像发现目前的业务及资源中哪些对调度系统是不利的，并以此去推动产品、售后、建设等团队去解决相应的问题。

② 调度策略的优化：基于画像信息，我们可以拓展、优化调度系统的策略。比如，更加合理地使用资源，进一步释放资源弹性等。

部分具体案例如下：

① 支撑容器隔离的资源规划，例如动态加速。

② 调度域层面明确业务属性和产品属性的分类，在没有 CPU、存储等资源消耗的数据刻画时，支持系统对业务做更合理的资源规划。

③ 给出业务的存储使用形态，支撑命中率优化。

④ 给出业务层面对网络质量的敏感度。

图 3-2 是画像系统与其他系统的交互示意图。

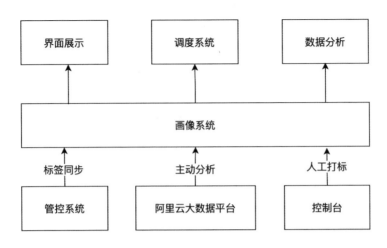

图3-2　画像系统与其他系统的交互示意图

1. 业务画像

顾名思义,业务画像描述业务特征,这些特征应该尽量正交化,不相互影响。表 3-1 是业务特征的一个简单总结。

表 3-1 业务特征归类表

画像分类	画像属性	维护方式	说明
基础信息	VIP（Virtual IP，虚拟 IP）地址分组	人工维护	LB（Load Balance，负载均衡）服务中对外提供服务的虚拟 IP 地址,用于服务、识别、区分接入的 CDN 业务
	加速范围	人工维护	如全球加速、海外加速、国内加速
	业务类型	人工＋自动维护	直播、大文件下载、小文件下载
业务诉求	网络敏感程度	人工维护	以此可作为网络质量调度的依赖输入
	本省（包括自治区、直辖市）资源覆盖率	人工维护	以此可作为本省覆盖的自动化调整输入
	资源覆盖模型	人工维护	以此可作为自动调整资源池覆盖率的输入
业务特性	累计峰值	自动维护	一个周期内的峰值统计,一般以月度为单位
	业务形态	自动维护	比如,流量平稳、无突增、流量经常大幅突增、只有特定日期会有量等

续表

画像分类	画像属性	维护方式	说明
业务特性	CPU 消耗	自动维护	业务单个请求的 CPU 消耗
	存储消耗	自动维护	不同带宽尺度下的业务存储消耗
	流量生效周期	自动维护	描述流量从调度策略到实际生效的周期时长
	命中率	自动维护	描述业务的命中率特征

2. 资源画像

相对来说，资源画像描述的就是承接业务的资源的特征，阿里云 CDN 的资源是分层的。在不同层对资源的关注点不同，资源分层示意图如图 3-3 所示。

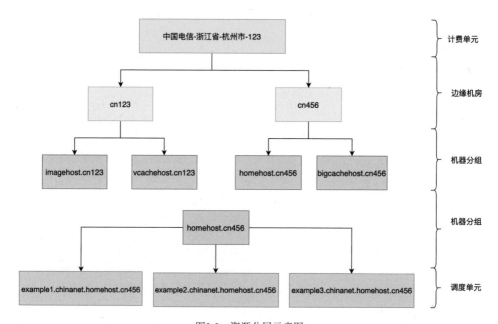

图3-3　资源分层示意图

- 边缘机房：即 IDC（Internet Data Center，互联网数据中心）机房（见表 3-2）。我们常说的边缘节点、网络能力、网络质量主要在这里体现。

- 计费单元：计费单元指的是多个 IDC 机房进行统一合并计费的逻辑单元。

- 机器分组（见表 3-3）：指的是在一个 IDC 机房内，承载业务的一组服务器（物理机或虚拟机）。

- 调度单元：即调度可见的资源单位，其实体是绑定一组 VIP（虚拟 IP）地址的机器分组。

表 3-2　IDC 机房画像属性表

画像分类	画像属性	维护方式	说明
基础信息	上联容量	人工维护	机房端口能力
	机房类型	人工维护	单线、多线等
服务质量	网络稳定性	自动维护	晚高峰时段是否存在网络丢包现象
	资源稳定性	自动维护	机器上下线是否频繁
	是否为省出口	自动维护	骨干网
	是否经常被攻击	自动维护	业务安全属性
定制化标签	特殊用途	人工维护	比如安全沙箱、××项目私有等

表 3-3　机器分组画像属性表

画像分类	画像属性	维护方式	说明
调度基础信息	分组容量	自动维护	基于算力换算出一组机器对业务的带宽承载能力
	磁盘信息	自动维护	存储能力，一般指固态硬盘和 SATA 硬盘的存储
	CPU 信息	自动维护	型号，主频
	内存信息	自动维护	机器的内存规格
	机型	自动维护	阿里云基础设施团队同步的机型信息
	已服务年限	自动维护	阿里云基础设施团队同步的机器服务年限

3. 范例——单个请求的算力消耗问题

画像除了梳理元数据，更重要的是基于业务需求抽象出更高层次的业务特征。例如，要想做算力调度，就需要知道不同业务单个请求所消耗的 CPU 资源；做成本调度，就需要刻画资源弹性；进行命中率优化，则需要定义出与命中率有关的关键特征。阿里云 CDN 在这些方面积累了较多的经验。下面以算力调度为例探讨单个请求的算力消耗问题。

首先从实际业务问题（如何评估业务的 CPU 消耗）出发，通过前期数据分析提出三点假设，在此基础上建模。接着利用两次特征压缩筛选出 CPU 密集业务，求解模型。最后，利用历史数据训练模型来预测实时的 CPU 消耗情况（预测的准确率在 98% 左右），并将误差反馈到模型中，提高其鲁棒性。接下来分别通过模型设计、数据清洗处理，以及效果评估等几方面来看一下CDN 场景中的算力消耗量化问题。

模型设计

以业务 QPS 与分组 CPU 消耗的相关性为例，需要控制变量：找出服务业务比较单一且 QPS 占比较高的分组。业务 QPS 与分组 CPU 的消耗关系如图 3-4所示，二者呈现出明显的正相关性。

在数据分析的基础上，基于以下三点假设建立模型：

- 一段时间内业务单个请求的 CPU 消耗在同型号的 CPU 上保持不变。

- 分组上不跑业务时的 CPU 消耗为 0。

- 全网的 CPU 消耗集中在小部分 CPU 密集型业务上。

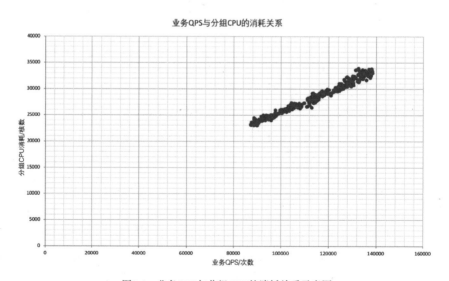

图3-4　业务QPS与分组CPU的消耗关系示意图

可以看出这是一个截距为 0 的多元线性回归模型。令业务 i 单个请求消耗的 CPU 为 β_i，在某个集群上的 QPS 为 x_i，集群 t 时刻的 CPU 消耗为 y。那么，在 t 时刻，某集群上的日志信息可以得到 N 组样本：$(x_{i1}, x_{i2}, \cdots, x_{ij}, y_j)$，$i=1, 2, \cdots, N$。在此，$j=1, 2, \cdots, M$。

$$Y = \begin{pmatrix} y_1 \\ y_2 \\ \vdots \\ y_N \end{pmatrix}, \quad X = \begin{pmatrix} x_{11} & \cdots & x_{1M} \\ \vdots & \vdots & \vdots \\ x_{N1} & \cdots & x_{NM} \end{pmatrix}, \quad \beta = \begin{pmatrix} \beta_1 \\ \beta_2 \\ \vdots \\ \beta_M \end{pmatrix}$$

$$Y = X\beta$$

其中，N 指的是集群的数量；M 指的是调度域（业务）的个数。最后，利用最小二乘法解出最优解即可。但是全网有比较多的调度域，全部参与特征训练容易过拟合，因此更高效的方式是进行特征压缩（算法模型侧重于提取关键特征）。

数据清洗

（1）CPU 类型的筛选

通过统计全网机器配置可以看出，机器的 CPU 类型大体有四种，结合全网实际业务情况可知，前三者覆盖了全网绝大部分的业务，因此我们只关注这三个 CPU 类型的机器分组。机器分组的 CPU 类型分布如图 3-5 所示。

（2）数据训练集的处理

为避免边际效益的影响，过滤分组 CPU 使用率小于 5% 和大于 70% 的样本数据；剔除辅助分组，只选用服务于 CDN 业务的分组数据；业务在分组上不产生流量时，对应的请求数将设置成 0。

（3）训练集和测试集

对全网分组 CPU 的使用情况和业务 QPS 日志进行处理，得到样本集合。在其中随机划分 90% 为训练集，10% 为测试集。目前全网有 1000 个以上的调度域，如果其全部作为特征参与训练，就会导致模型过拟合。将训练集结果运用到测试集的准确率在 80% 左右，但线上实际的准确率仅有 50%。模型经过特征压缩后可大大提升准确率，所以该模型的好坏取决于特征压缩。

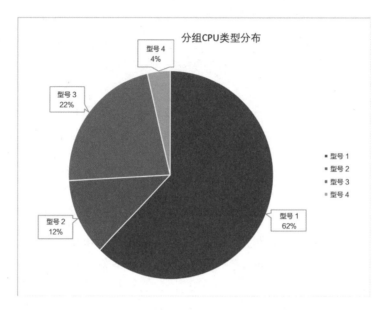

图3-5　机器分组的CPU类型分布

CDN 作为分布式缓存系统，业务普遍具有热点集中的特点。结合模型最初的三点假设可得：

$$业务总 CPU 消耗 = 业务 QPS \times 业务单个请求的平均 CPU 消耗$$

而业务单个请求的平均CPU消耗是由业务特性决定的，短时间内变化不大，因此要从全网调度域挑选出 CPU 密集的调度域（可以通过调度域 QPS 来筛选）。将全网调度域 QPS 降序排序，筛选出全网 QPS 占比达 99% 的 TOP 调度域作为特征。

上述过程是通过业务特性进行特征压缩的。接下来利用 Lasso 算法进行特征压缩。

Lasso 算法（Least Absolute Shrinkage and Selection Operator，又译为最小绝对值收敛和选择算子、套索算法）是一种同时进行特征选择和正则化（数学）的回归分析方法，旨在增强统计模型的预测准确性和可解释性。Lasso 算法通过强制让回归系数绝对值之和小于某固定值，即强制将一些回归系数变为 0，去除这

些回归系数对应的协变量所代表的特征变量，从而可得到更简单的模型。按照
上述处理和 Lasso 模型进行训练。根据

$$业务总 CPU 消耗 = 业务 QPS \times 业务单个请求的平均 CPU 消耗$$

算出在该模型下各个调度域全网的 CPU 消耗情况。再将这些调度域按照 CPU
消耗降序排序，筛选出全网 CPU 占比达 99% 的 TOP 调度域作为特征。

至此，通过业务和算法模型两个层面的特征压缩，将特征数降低了 1 个数
量级，挑选出了主要的 CPU 密集型业务。

模型求解和评估

对特征压缩后的调度域和训练集根据 LR（Logistic Regression，逻辑回归）
模型训练，得到特征值，即 CPU 密集调度域单个请求的 CPU 消耗。模型评估
方法如下：一方面在测试集上计算决策变量来评估；另一方面根据历史数据训
练出来的模型，对比现在预测分组 CPU 的消耗情况与其实际消耗的误差。

模型应用

落地工作相对较简单。主要在于可用性方面的考虑，将实时预测误差作为
负反馈引入模型中，当误差超过一定阈值时触发模型自动训练，更新模型，减
少误差。CPU 消耗评估模型如图 3-6 所示。

效果评估

该模型的优点如下：

- 鲁棒性好：整个特征选择、模型训练等无须人工干预。当业务发生变化
  并导致准确性下降时，其能够自适应。

- 准确率高：根据历史数据训练的模型预测实时分组 CPU 的使用情况，
  准确率在 98% 左右，如图 3-7 所示。

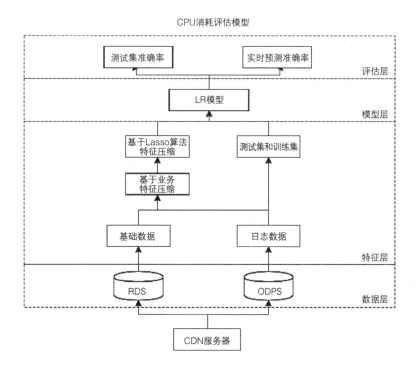

图3-6 CPU消耗评估模型

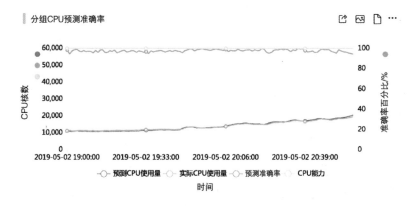

图3-7 实际使用量和预测使用量的对比载图

3.1.3 业务与资源匹配

下面介绍业务与资源的匹配过程。

首先是业务对资源的使用约束，即过滤不符合要求的资源，使用标签机制实现过滤器（Filter）。之后选择匹配的核心算法。针对生产场景下的二部图（二分图）匹配问题，一般使用启发式算法。我们调研了最大流、稳定婚姻等算法。最终选择使用稳定婚姻算法。匹配算法的核心是评分机制。评分机制的目标是设计一种评分体系来平衡系统的多个优化目标。但由于我们的场景过于复杂，业务耦合度过高导致难以科学量化，因此把最优化这一步融合到了匹配算法的求解过程中，使用了多维排序的机制来刻画业务对资源的需求，以及资源对业务适应度的优先级顺序。业务与资源的匹配过程如图 3-8 所示。

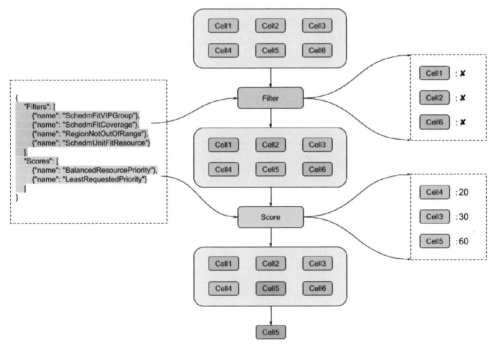

图3-8　业务与资源的匹配过程

具体步骤如下。

① Filter：根据标签为不同业务选定备选资源池。

② Score：将每个业务备选资源池的资源进行排序。

③ Match：在约束下进行匹配。

1. Filter：标签机制

在一些业务规则复杂的系统（比如淘宝店铺）中，为了灵活地扩展规则，经常会引入规则引擎。但对于资源规划来说，规则引擎太重了，于是研发人员参考 Kubernetes 的标签机制实现了类似的逻辑。首先给业务和资源打标，然后为其设置一些运算规则，定义为 selectors。

```
{
  "selectors":[
      {"key":"meta.nodegroup.mtype","operator":"in","values":["H42",
"N52S2"]},
      {"key":"meta.station.costLine","operator":"ge","values":["50000"]},
      {"key":"cf.station.jbod","operator":"!","values":[]}
  ]
}
```

其支持的运算规则具体如表 3-4 所示。

表 3-4 运算规则表

操作符	含义	约束条件
!	key 不存在	values 必须为空
exist	key 存在	values 必须为空
==	key 存在，且 value 相等	len(values) 必须为 1
!=	key 存在，且 value 不相等	len(values) 必须为 1
in	key 存在，且 value 在 values 中存在	values 非空
notin	key 存在，且 value 在 values 中不存在	values 非空
ge	key 存在，且 value 大于或等于 values[0]	len(values) 必须为 1，且 values[0] 为整数
le	key 存在，且 value 小于或等于 values[0]	len(values) 必须为 1，且 values[0] 为整数

2. Match：全局规划

在前面进行模型抽象时提到，将问题定义为二分图匹配问题。求解二分图匹配有几种典型算法，如最大流算法、稳定婚姻算法。由于需要在多个维度对资源的倾向性上进行选择，这里选择在稳定婚姻算法基础上求解。

稳定婚姻问题

$G(M,W)$ 是一个 $N \times N$ 的二分图，图中每个对象有自己邻域的优先级列表，求该图的一个稳定匹配。下面解释两个概念。

● **优先级列表**：指的是对象对所有异性的喜好排序。

● **不稳定匹配**：所谓稳定匹配，即对一组匹配好的二分图的任意两个匹配，无法通过交换当前匹配对象来获得一组让双方都更满意的匹配结果。假设一组匹配里有两个配对：$\langle \alpha, A \rangle$ 和 $\langle \beta, B \rangle$。但是，相对于 A，α 更喜欢 B，同时 B 也更喜欢 α，则这个匹配是不稳定的。

Gale-Shaply 算法

该算法又被称为延迟认可算法，基本过程如下。

（1）初始状态下，所有人均是未婚状态。

（2）迭代。

① 每个未婚男子在其优先级列表上挑选自己未求过婚的，且自己最喜欢的女子来求婚。

② 每个女子在求婚的男子中挑选出自己最中意的一位：如果她当前未订婚，则直接接受该男子的求婚；否则，若对比旧爱，她更爱当前的求婚者，那么她必须打破当前的婚姻关系并与"新欢"结合。

③ 当所有人都进入婚姻关系时，迭代终止。

该算法的最重要结果是，一定可以得到一组稳定的匹配（全局规划流程图如图 3-9 所示）。

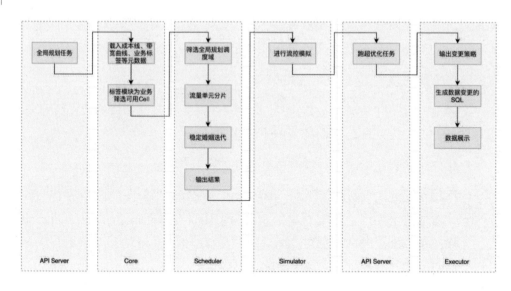

图3-9　全局规划流程图

对稳定婚姻计算进程中的各种状态进行统计后可知，在我们的场景下迭代速度还是比较快的，几分钟就可以计算出结果。在我们的场景中，迭代过程中的状态统计如图 3-10 所示。

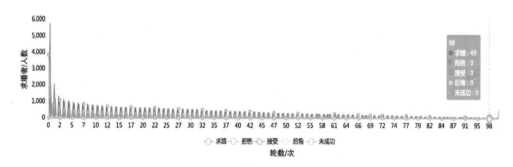

图3-10　迭代过程中的状态统计

说明

稳定婚姻算法保证一定可以得到一组稳定的匹配。不过，由于我们的业务对资源的各种限制，最终会有个别流量单元匹配失败的情况。但是，这对结果的影响不大。在程序中，我们通过迭代次数以及对比连续两次迭代的变化情况来判断是否终止迭代。

3.1.4　小结

本节介绍了阿里云 CDN 调度资源规划要解决的问题，以及如何一步步拆解该问题。最终形成了业务 – 资源匹配系统（见图 3-11）。其中最重要的经验是，开始我们将其定义为一个算法问题，企图找到一个通用的算法搞定所有的匹配场景。但我们后来意识到业务复杂度相当高，并且很多业务方的需求和背后底层本质需求的因果联系并不清晰。之后，我们逐渐演化出画像系统来描述对象特征，用标签实现灵活的匹配机制，用算法包解决多场景在线调整问题，以及用模拟平台对调整结果进行验证的一套体系。

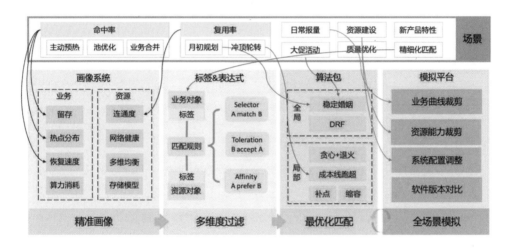

图3-11　业务-资源匹配系统架构图

3.2　全局负载均衡

CDN 调度要解决的核心问题就是，将用户请求产生的带宽 / 算力消耗，分配到边缘 CDN 节点。在这个分配过程中，要解决的问题就是，资源在就近服务业务的同时，保证资源尽量可承载更多的业务，这就要求寻求全局的负载均衡。需要根据不同的调度方式特性，进行最优"组合搭配"，以达到我们的期望目标。下面将分别介绍各种典型的调度形式以及具体应用。

3.2.1 典型的调度形式

DNS 调度

这种调度是目前主要的调度方式，也是常规情况下一个域名接入 CDN 以后的默认调度方式。域名接入 CDN 的时候，会自动给域名生成一个 CNAME（接入域），然后用户把域名配置到该 CNAME 上，这样最终的域名解析就由阿里云的权威 DNS 服务器来负责，该权威 DNS 服务器会根据我们的调度策略将域名解析出 CDN 节点的 IP 地址。

与 DNS 协议相关的内容涉及通用技术，这里不过多介绍了（读者可自行查阅相关资料）。下面仅就几个关键名词做一下简单介绍。

（1）DNS

域名系统，用于域名与 IP 地址的相互转换。阿里云 CDN 有自己的 DNS，负责将调度域名解析为边缘节点的 IP 地址。

（2）EDNS

EDNS 是 DNS 协议的扩展。EDNS 支持 DNSSEC（Domain Name System Security Extensions，DNS 安全扩展）、edns-client-subnet，可以识别原始请求用户的 IP 地址。当前只有 Google 等极少数公共 DNS 支持该协议。

（3）LDNS

Local DNS（LDNS）即本地域名服务器，由本地运营商提供。用户的解析请求，是由 LDNS 执行的。

（4）ClientIP

ClientIP 指的是终端用户的 IP 地址，每个终端设备上都会配置 LDNS 的地址。在 DNS 调度中，只能识别 LDNS，识别不了用户的 IP 地址，所以用户流量是被 LDNS 所牵引的。

302 调度

302 调度指的是，基于 7 层 HTTP 的请求，在响应时进行牵引以达到调度的目的。其原理如下：请求的 URL 首先通过域名解析，解析到 302 调度服务器。调度策略根据请求分配合理的 CDN 节点，然后，302 调度服务器以 302 重定向形式，将调度策略携带于重定向 Location 响应包中返回给客户端。客户端通过 "follow" 302 响应中的 Location 地址来完成对客户端请求的调度牵引。

HTTPDNS 调度

域名接入 CDN 后，需要客户端调用 CDN 调度提供的 HTTPDNS 接口完成 HTTPDNS 调度的接入。其工作原理如下：客户端调用 HTTPDNS 提供的接口（HTTP/HTTPS），接口携带请求域名和请求客户端的 IP 地址等关键信息，然后调度策略根据详细的请求信息分配合理的 CDN 节点，并通过 HTTPDNS 服务器提供的请求接口来返回节点的 IP 地址和需要缓存的 TTL（Time To Live，生存时间）值等，完成对请求的调度牵引。

三种调度方式的对比

从请求到 CDN 加速全链路上来看，这三种调度方式有着明显的区别。针对不同的调度方式，使用的应用场景也不同。

DNS 调度流的示意图如图 3-12 所示。

图3-12　DNS调度流的示意图

DNS 调度是最为通用的调度方式，基本所有的 CDN 加速业务均可通过 DNS 调度方式进行调度。不过，因为 DNS 调度的调度策略生效依赖于运营商的 Local DNS 缓存策略设置（如 TTL 不允许低于 180 秒），所以对一些需要快速更新调度策略的场景，可以采用其他调度方式。

HTTPDNS 调度流的示意图如图 3-13 所示。

HTTPDNS 调度流与 DNS 调度流相似，不过其核心的调度策略生效逻辑，不经过运营商的 Local DNS。DNS 调度是基于运营商的 Local DNS 进行调度的，而 HTTPDNS 调度是基于客户端的 IP 地址进行调度的。

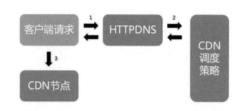

图3-13　HTTPDNS调度流的示意图

对调度策略生效的时效性要求高的，或者对调度策略精准度要求高的，可采用 HTTPDNS 调度方式（如直播业务等），不过 HTTPDNS 调度一般需要客户端进行配合改造（调用 CDN 厂商提供的 API 逻辑）。

302 调度流的示意图如图 3-14 所示。

图3-14　302调度流的示意图

302 调度是基于 HTTP 的重定向（302 状态码）对请求进行调度的。302 调度服务器"预先"加载 CDN 调度策略，然后通过客户端进行重定向，进行请求的调度。

该种调度方式的调度时效性和精准度最高（从时效性方面来说，其基本是实时调度，可精准到客户端 IP 地址和 URL 颗粒度的调度控制）。但是与上述两种调度方式相比，这种调度方式多了一次 HTTP 连接的性能开销。所以一般的 App 下载、大文件传输等对首屏要求不高，同时需要做精准实时调度的业务，会采用 302 调度方式。

3.2.2　调度分层

在调度系统内部，分为三层：

- 接入层，表示网民到 CDN 的边缘节点这一层。

- 中间层，表示请求在 CDN 节点内部（包括边缘节点和中间层节点）流转这一层。

- 回源层，表示 CDN 节点到用户的源站这一层。

1. 接入层

接入层，表示网民到 CDN 的边缘节点这一层。在这一层中，常用的调度方式如前面所述，主要有 DNS 调度、302 调度和 HTTPDNS 调度。在这一层中，主要考虑的是服务网民的质量和成本。我们要在保证网民访问网站的质量的前提下，降低 CDN 的成本。从质量的角度来说，对于网民的请求，我们会尽量使用离网民网络距离最近的节点服务。如果离网民网络距离最近的节点资源不足，会用离网民网络距离次近的节点服务（比如用天津的节点覆盖北京的网民请求）。具体哪个节点离网民网络的距离最近，CDN 系统会有全球网络感知系统来做实时的探测，总是用实时网络最好的节点来服务网民。

2. 中间层

中间层，表示请求在 CDN 节点内部（包括边缘节点和中间层节点）流转这一层。在中间层中，请求在 CDN 节点内部流转，这个层主要考虑提高资源的命中率，减少用户源站的带宽。在早期的 CDN 系统里面，中间层只有一跳，也就是 L1（一级缓存节点）到 L2（二级缓存节点）。但是对于一些源站带宽要求特别严格的业务，为了减少源站带宽，又增加了 L3（三级缓存节点）。在最新的 CDN 系统里面，由于业务需求的多样性，中间层不再局限于 2 层或者 3 层，而是由智能调度程序根据业务情况，自动配置 N 级的中间层。对某些业务来说 N 为 2，对另外一些业务来说 N 为 3，甚至还有 N 为 4 或 5 的业务。以 L1 回 L2 为例来说明中间层的模式，一般有两种模式：

- 一致性 Hash 模式。

- 质量优先模式。

一致性 Hash 模式，顾名思义，就是根据一个请求的 URI，对该请求做 "Hash"。同样 URI 的请求，无论来自哪个 L1 节点，最终都会落到相同的 L2 节点上。

这种方式的优点是资源的命中率高，回源量小；缺点是其质量会有一些损失。这是因为对于同一个 URI，无论 L1 节点来自哪里（不管是东北还是海南），都会落到相同的 L2 上。这个 L2 可能在广东，而对于东北的 L1 来说这个距离太远了，网络质量不够好。

质量优先模式，指的是一个 L1 节点上的请求，无论请求的 URI 是什么（不做一致性"Hash"），都会回到离这个 L1 最近的 L2，这样来保证 L1 到 L2 的质量最好。这种方式的优点是质量好；缺点是资源的命中率低，回源量大。

3. 回源层

回源层，表示 CDN 节点到用户的源站这一层。回源可以是 L1（一级缓存节点）直接回源，也可以是 L1 经过 L2 甚至 Ln 以后再回源。只有极少数业务配置了 L1 直接回源。在节点回源的时候，支持该节点回到多个源站，并且多个源站之间还可以配置主备或者权重关系；多个源站之间除可以设置主备或者权重关系外，还可以直接设置成按质量回源，这样 CDN 回源层的节点，会选择离自己网络质量最好的源站来回源。一些与回源相关的特殊逻辑是在回源层做的，比如回源鉴权、回源 HOST（访问源站的站点名）设置等。有时候存在 CDN 节点和源站之间的网络传输不稳定这种情况。比如源站在海外，而 CDN 节点在国内，这样在回源的时候，网络质量没有保障。在这种情况下，CDN 有回源自动选路加速的功能供用户选择。

3.2.3 调度策略与典型算法

1. 背景介绍

CDN 的调度系统一般具有资源规划（调度）、调度策略规划、调度策略执行服务几个阶段。资源规划（调度）的核心功能是对业务使用哪些资源节点的服务进行分配。不少 CDN 厂商的这一过程是由运维人员手工完成的。也有由程序自动化完成的，如阿里云 CDN 系统是通过在线和离线（实时规划、全局规划）资源调度程序完成的。调度策略规划，是根据资源规划（调度）完成后的结果，即业务指定可服务的资源池来进行调度策略规划的。规划后的策略由调度策略执行服务器（DNS 服务器、HTTPDNS 服务器、302 服务器）进行加载和执行。

2. 调度策略的演进历程

调度策略在调度系统中，担当流量 / 算力的调度控制角色。一般来说，CDN 最原始的调度策略（第一代调度策略）是偏静态的，即不考虑节点流量或者 CPU 实时跑量情况，仅通过"就近"原则进行调度。

第二代调度策略，是根据历史数据进行"回放"生成调度策略的，然后根据当前实时节点服务带宽的情况，以及业务带宽变化的情况来"局部"调整调度。该调度策略相对而言较为稳定（因为一般来说，业务带宽的变化情况，每天的差异并不大）。如阿里云 CDN 的调度策略几年前就是这样的：根据前一天晚高峰的业务带宽进行离线规划，之后，当天根据实时检测节点跑量情况来进行局部调整。该调度策略系统（第二代 CDN 调度系统）存在的最大弊端如下：一是非业务高峰期，服务业务的 CDN 节点跨省率较高；二是在业务复杂度较高、业务和资源变化较大等场景下，处理起来就比较吃力且问题难以追溯。基于此，我们需要一种在兼顾策略稳定性的前提下，可解决以上问题的调度策略。

第三代调度策略应运而生。这种调度策略是根据业务的带宽、CPU 消耗等实时业务数据，以及业务对应的资源池内的资源实时数据，进行在线全局规划的。该代调度策略可保证业务非高峰期的"本省率"。在该过程中，为了保证策略的稳定性，通过将业务进行归类，保证每轮策略周期内规划的顺序固定。同时，为了应对复杂的业务和资源变化场景，实时读取每个资源节点的带宽和CPU 等使用情况，如有不符合预期的情况，进行反馈、调整（具体处理逻辑下面会详细介绍）。

第四代调度策略，是为可以处理和应对边缘计算的多维 / 多场景应运而生的。该代调度系统的调度策略不在本书的介绍范畴，本书主要聚焦于 CDN 场景的调度，即主要介绍第三代调度策略。

3. 调度策略介绍

本节主要介绍第三代调度策略。关于 CDN 的调度策略，抽象来说，其核心能力问题就是将业务消耗分配到对应的资源上，是一个二分图的匹配问题，只不过其在求解问题的过程中，有着众多的约束条件。

如图 3-15 所示，将业务侧和资源侧分别抽象成流量单元 tn（traffic unit）和调度单元（cell）。假设 a_i（$i=1$，2，$\cdots$，m）为 cell 容量，所谓容量就是资源能承载消耗的最大数据，b_j（$j=1$，2，$\cdots$，n）为每个流量单元的流量，x_{ij} 是 tn_i 分到 $cell_j$ 的流量，则我们的问题就是寻求一组解 $\{x_{ij}\}$，同时需要满足如下约束条件：

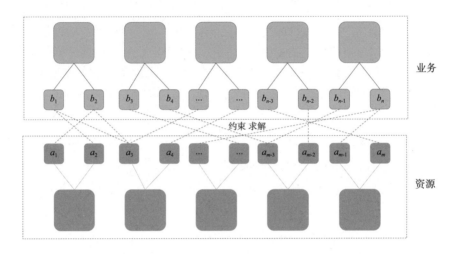

图3-15　业务与资源匹配示意图

$$\sum_{j=1}^{n} x_{ij} = a_i \quad （业务量完全分配）$$

$$\sum_{i=1}^{m} x_{ij} \leqslant b_j \quad （cell容量限制）$$

$$0 \leqslant x_{ij} \quad （策略流量大于0）$$

上述模型将调度问题转换为一个线性规划问题，只不过过程中需要考虑 DNS 协议和运营商 LDNS 的策略等约束条件。调度策略需要进行"适配"。由于调度形式有 DNS 调度和 IP 调度（即基于客户端 IP 地址的调度方式：HTTPDNS/302）两大类，这两大类调度的差异性如图 3-16 所示。其具体调度方式（典型调度形式，如 DNS 调度、302 调度、HTTPDNS 调度）之前已经进行过具体阐述。

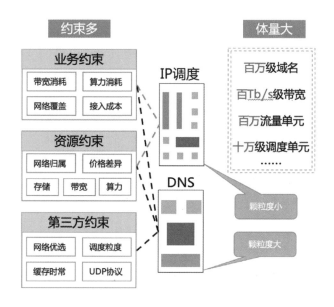

图3-16　调度形式选择示意图

针对几种调度形式的各自特点，我们期望寻求一种"全局负载"最均衡的状态，以达到求解的目的。如图 3-16 所示，DNS 调度的颗粒度较大（基于运营商的 LDNS 进行牵引，而每个 LDNS 牵引的客户端 IP 地址的数量较多）。IP 调度的颗粒度较小（HTTPDNS 调度可针对每个客户端的 IP 地址进行调度，302 调度可根据每个客户端 IP 地址的每个请求 URL 进行调度）。基于此，在"寻求"一组解或者寻求一种"全局负载"最均衡的状态时，这个过程其实"约束"越少、可调度的颗粒度越小，解题就越容易。（比如，如果将物体平均分配到很多水杯中，那么液态物体最容易平均分配，而大小参差不齐的固体不易平均分配到各水杯中。）其中，DNS 调度的业务可以被比喻成"大小不一的固态物体"，302 调度的业务可被比喻成能"任意"划分比例的液态物体，HTTPDNS 调度则居中。整体解决思路就是让 DNS 调度的业务优先填充节点（"水杯"），该填充过程采用贪心的方式将业务分配到资源节点，然后通过 IP 流式调度（即 IP 地址流式调度）的形式，将业务精细化地填充到资源，达到全局资源使用率均衡的目的，如图 3-17 所示。

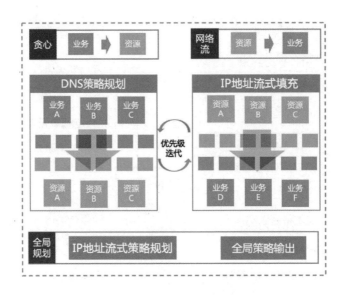

图3-17 DNS调度策略与IP调度策略结合示意图

4. 典型算法

下面介绍几种典型算法。

DNS 调度的核心算法

上述模型将调度问题转换为一个线性规划问题，但实际情况并没有这么简单。在求解过程中，要解决节点间分配带宽和算力资源的比例问题。这里有两种办法能够解决该问题。第一，采用"包间"负载均衡（所谓包间负载均衡指的是，通过控制每个 DNS 消息包之间的节点 IP 地址，进而控制节点 IP 地址间的带宽分配）的实现方式。该实现方式有一个问题，就是带宽或者算法调度会具有在节点间"切来切去"的现象，同时因为 LDNS 缓存而导致调度策略执行的准确性受到挑战。第二，采用"包内"负载均衡（所谓包内负载均衡指的是，通过控制每个 DNS 消息包内的节点 IP 地址分配，进而控制各节点间的带宽分配）的实现方式。但是由于 Local DNS 的优选策略，导致策略执行存在偏差，因此对存在 Local DNS 优选策略的区域，调度策略在分配节点 IP 地址时，需要考虑 IP 地址的归属问题（选择全本省，或者全跨省）。另外，受限于 UDP 的 MTU（Maximum Transmission Unit）限制，每个 DNS 包内存放的 IP 地址个数是有限的。以上两点作为策略规划的约束条件，之后在约束条件下求一组可行解。

在此可以看到，有些（DNS 调度方式的）限制其实在 HTTPDNS 调度或者 302 调度中是不存在的。因此，可以通过调度方式的组合形式，完成整体策略规划（比如，采用 DNS 调度优先规划来保证策略的稳定性，执行偏差部分则由其他调度方式进行"弥补"）。组合调度方式可使得调度策略执行的整体结果更加准确。而调度策略执行得准确与否，直接影响着业务的质量好坏（比如，如果调度策略执行得不准确，势必会带来 CDN 节点资源容量的"跑超"，这直接影响服务质量）。下面介绍 IP 流式调度（HTTPDNS 调度、302 调度）的核心算法。

IP 流式调度的核心算法

将资源和业务进行分层，并根据不同业务对资源的使用要求不同来分组，之后对业务进行分级，整体构造流向图。资源的容量（带宽和算力）/ 业务的区域带宽和算力消耗数据，可以被看作流向图的点权，可将点权映射到边权。然后在流向图的源点开始，采用广度优先方式遍历资源。其中，每个资源又采用深度优先方式遍历，进行数据消耗的分配。反复迭代规划，最终完成"流式"调度策略的规划。

具体算法的示意图如图 3-18 所示，求解如下所示。

假设：

a_i（i=1，2，…，M）为业务单元的带宽，

b_j（j=1，2，…，N）为节点水位线，

c_k（k=1，2，…，R）为资源单元的带宽容量，

x_{ij} 是业务单元 i 分配到节点 j 的带宽，

y_{ik} 是业务单元 i 分配到资源单元 k 的带宽，

则问题转变为寻求一组解 $\{x_{ij}, y_{ik}\}$ 满足如下限制：

$$\sum_{j=1}^{N} x_{ij} = a_i \quad （业务单元安全分配）$$

$$\sum_{i=1}^{M} x_{ij} \leqslant b_j \quad （节点成本线限制）$$

$$\sum_{i=1}^{M} y_{ik} \leqslant c_k \quad （资源单元带宽的容量限制）$$

$$0 \leqslant x_{ij}, 0 \leqslant y_{ik} \quad （策略流量不小于0）$$

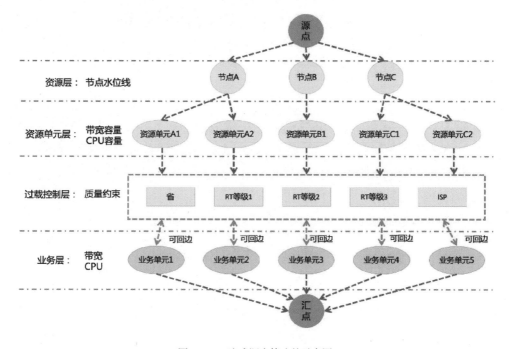

图3-18　IP流式调度算法的示意图

命中率优化算法

302 调度可以对每次客户端访问的具体 URL 请求地址进行重定向调度，通过将相同的请求调度到相同的 CDN 节点来"节省"存储空间、减少回源，以达到优化命中率的目的。具体实现里最常用的就是采用一致性 Hash 算法，将请求的 URL 按一致性 Hash 规则调度到对应节点。

接下来介绍 DNS 调度 / HTTPDNS 调度 / 302 "流式"调度，以及采用一

致性 Hash 算法，将请求的 URL 按一致性 Hash
规则调度到对应节点如何协作的问题。如图 3-19
所示，几种调度形式针对节点资源进行填充（这
里对前面提到的"物体"填充到"水杯"的例子
进行了扩展）。

在此将节点资源比喻成一个"水杯"，每个"水
杯"具有自己的能力容量极限——调度水位线。
接下来就是根据业务调度形式的不同（调度的颗
粒度不同），将资源"填充"到"水杯"。

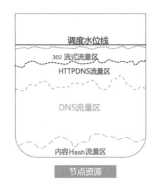

图3-19　节点流量分布示意图

内容 Hash 流量区：就是采用一致性 Hash 算法，将请求的 URL 按一致性
Hash 规则调度到对应节点的部分。该部分最先进行策略的规划。因为这部分
是用来提升业务命中率的，所以其对策略稳定性的要求最高。

DNS 流量区：绝大部分业务采用 DNS 调度方式。这部分的调度策略在上
述流量区部分之后进行规划。这部分的调度形式，调度的颗粒度较大，准确性
受限。

HTTPDNS 流量区 / 302 流式流量区：这两部分调度的颗粒度较小，调度的
精度较高。其调度策略最后进行规划。

到此，整个调度策略的规划得以完成。在每个调度策略规划的周期内，不
停地进行规划，然后调度服务器更新最新周期的调度策略，业务请求到达调度
服务器后，调度服务器去执行不同的流量区各自规划出来的策略。

3.3　调度服务器

3.3.1　高性能 DNS 服务器

DNS 服务相当于互联网世界的道路交通导航系统。DNS 一旦出现故障，
将会导致严重的负面影响。其结果就是人们不能正常上网，或者网络访问被错
误地导航到错误的服务器上，而此 DNS 服务器上服务的域名都可能会受到影

响,波及的地域有可能是全国乃至全球的。阿里云的 CDN 业务有着海量的业务域名,上百 Tb/s 的业务带宽。一旦作为流量入口的 DNS 服务出现故障,带来的后果将是灾难性的。DNS 服务是 CDN 系统稳定、可靠的重要基石。

1. 系统架构

通过图 3-20 可以看到,阿里云的 DNS 服务系统主要包括以下几个大模块:

- 接入模块:accessd

- 策略模块:mapping

- 全球精准 IP 地址库模块:ipb

- 数据模块:RDS

- DNS 服务执行模块:阿里云 CDN 权威 DNS 服务(Pharos2/Pharos3 是两套不同实现的异构版本)

- 监控告警模块:天眼 /alimonitor

- 日志模块:sls

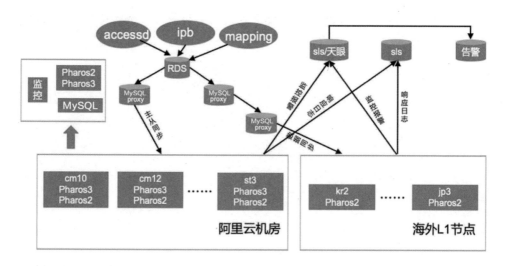

图3-20　DNS服务系统架构图

通过以上几个大模块的协力合作,确保了阿里云的 DNS 系统稳定运行,很好地支撑了 CDN 业务上百 Tb/s 的业务带宽。

接入模块

接入模块 accessd 是整个调度系统的对外接口，用于与 CDN 的其他系统进行交互（比如，调度需要的加速域名、CDN 节点等信息的获取）。

全球精准 IP 地址库模块

精准的 IP 地址识别是调度准确的重要保障，普通 CDN 厂商均会直接采用外购第三方 IP 地址库进行调度。不过，第三方 IP 地址库并不是完全准确的，我们通常会采用多种机制来保证 IP 地址识别的准确性。比如采购多家第三方 IP 地址库，以取长补短；采购第三方的定位服务；取得合作运营商的数据；使用自身探测系统进行定位探测；阿里巴巴集团内部合作等。我们通过多种获取手段的综合运用来力保 IP 地址库的准确性。

策略模块

策略模块（即调度策略模块）是 CDN 系统的决策中心。该模块综合考虑质量、成本、稳定性，以及业务和资源的相关需求，根据业务和资源的实时情况动态决策业务和资源匹配关系、业务的资源覆盖关系，这也就是 CDN 的调度策略。调度策略是 CDN 权威 DNS 服务器执行的指令，DNS 服务器严格按照调度策略执行，控制着所有用户请求到对应服务节点，进而达到就近访问、故障摘除、精准控流、带宽复用、全局负载均衡等关键的 CDN 服务特征。

数据模块

数据模块提供了 DNS 服务所需数据的存储服务，目前主要使用阿里云关系型数据库 RDS，利用自身所具有的数据同步功能，实现将调度策略中心生成的策略秒级下发、同步到全网分布式 DNS 集群中，且稳定可靠，从而为 DNS 服务提供底层的基础数据保障。

DNS 服务执行模块

执行模块是整个 DNS 解析服务的执行体，主要有 Pharos2 和 Pharos3 两套系统。这两套系统的设计思想、架构及其使用的数据结构、代码逻辑等各个方面完全不同，从而可以实现互为主备，达到容灾的目的。通过加载静态业务配置数据及动态调度策略数据，最终生成各个域名符合调度策略的域名解析记录来响应 Local DNS 的请求。

监控告警模块

监控告警模块负责监控整个 DNS 服务的各个模块是否正常工作，其主要依托阿里云 CDN 的天眼系统，将检测到的各个系统的异常情况通过钉钉消息或者电话的形式进行告警。

日志模块

日志模块指的是将 DNS 服务的响应结果通过日志的形式记录，以便进行后续的数据分析、问题排查等。利用阿里云 CDN 的日志系统将本地日志实时上传到阿里云的日志服务系统 sls，然后就可以很方便地对日志执行条件过滤、分析等操作。

2. Pharos 系统

从图 3-20 中的 DNS 服务系统架构图中可以看到，Pharos 系统是整个 DNS 系统的执行器，可完成从数据加载到响应外部 DNS 请求的过程，支持解析自动回退、自定义响应 IP 地址的个数、自定义域名 TTL、自定义私有协议请求等各种功能，支撑了多个 CDN 应用 (直播、点播、动态加速、安全 CDN 等) 的各种业务需求。目前线上稳定运行着两套 Pharos 系统。其中，Pharos2 系统对服务器硬件、网卡等无特殊要求，所以被广泛部署在全球节点上；而 Pharos3 系统主要部署在国内核心机房中。

Pharos2

Pharos2 是一款基于 Libeasy 高性能网络通信框架的高性能 DNS 服务器，其仿照 Nginx 代码风格，业务逻辑采用分阶段、多模块方式实现，且采用 "Master+Worker" 的工作方式 (见图 3-21)。目前在 16 核 128GB 内存的机器上，其性能可以达到近百万以上的并发请求。Pharos 2 主要包括以下几个业务模块。

- edns 模块：主要解析携带 edns-client-subnet 请求的报文，包括标准协议及私有协议。

- cname 模块：其主要作用是，根据请求的域名得到对应的调度域。

- aim 模块：其主要作用是，获取调度域对应的解析策略并生成解析数据。

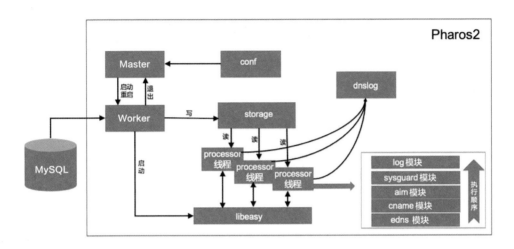

图3-21　Pharos2系统图

sysguard 模块：其主要作用是，获取服务器的性能指标，监控服务的状态。

log 模块：按照业务指定的相关配置生成特定格式的响应日志。

Pharos3

Pharos3 是一款基于 DPDK 高性能网络框架的高性能 DNS 服务器（见图 3-22），其采用主进程创建多个线程，各个线程协同工作来完成 DNS 解析服务。其具有双业务网卡，目前可同时支持 10Gb/s 网卡和 40Gb/s 网卡两种类型。在 16 核 128GB 内存的现网计算型服务器上，其性能接近网卡线速 (关闭日志输出的情况下)。Pharos 3 主要包括以下几个线程：

Ctrl 线程（Ctrl 控制线程）：其主要作用是，接受外部命令请求，控制、监控服务的工作状态。

Kni 线程（Kni 包转发线程）：接收并处理非 DNS 报文，Receiver 线程会将非 DNS 报文转发到 kni 端口，按照正常协议栈传输处理。

Receiver 线程（Receiver 业务包接收线程）：该线程负责轮询一个或多个接口，以获取与 DNS 包相关的报文，然后通过数据包队列向其他逻辑核提供接收到的 DNS 数据包。

Worker 线程（Worker 业务包处理线程）：接收并处理 DNS 报文。整个 DNS 解析服务均在此线程中完成。

Xfr 线程（Xfr 解析策略传送线程）：从数据库获取域名解析配置及策略数据等信息，供 Worker 线程处理 DNS 解析使用。

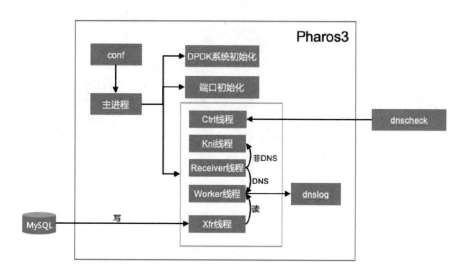

图3-22　Pharos3系统图

3.3.2　IP 调度服务器

前面详细介绍了基于 DNS 服务实现的流量调度。DNS 最初并不是为了流量调度而设计的，因此它在流量调度的应用方面有以下几个缺点：

- DNS 调度的准确性低。权威 DNS 和用户之间隔着 Local DNS（LDNS），因此只能看到 Local DNS 的出口 IP 地址。这个 IP 地址和客户端真实 IP 地址所属地区的权威 DNS 可能不一致，甚至可能连运营商都不一样。这会导致权威 DNS 可能将客户端调度到错误的地区，甚至调度到错误的运营商处，因此客户端的访问质量会受损。

- DNS 调度的时效性低。DNS 是一个多级缓存系统，权威 DNS 返回的 A 记录有 TTL 信息，因此权威 DNS 的调度生效时长最长会达到 TTL（生存时间）值。

- DNS 调度的粒度大。因为 Local DNS 及 TTL 的作用，权威 DNS 向 Local DNS 返回一次 A 记录，将影响该 Local DNS 下的所有客户端，且持续时长为 TTL 值，牵引的流量粒度很大。

综上所述，DNS 调度的以上几个缺点决定了它的调度精度低，我们无法基于它执行很精细调度的策略。而 IP 调度很好地解决了精度的问题。不仅如此，IP 调度还具有高命中率、高可用性的特点。

1. IP 调度原理

IP 调度是利用 HTTP 中的 302 重定向来实现全局负载均衡服务的，因此 IP 调度服务器就是一个 HTTP 服务器，它执行策略中心规划好的策略，通过 302 重定向，将客户端的请求重定向到边缘缓存服务器上。IP 调度请求过程如图 3-23 所示。

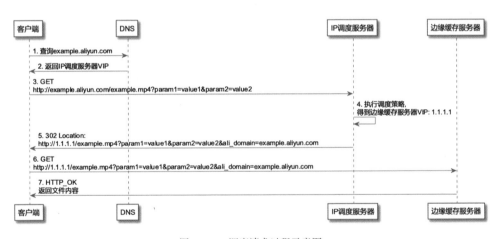

图3-23　IP调度请求过程示意图

用户在访问资源 URL 时，被 DNS 调度至 IP 调度服务器，IP 调度服务器执行调度策略，得到由缓存服务器的 IP 地址所组成的 URL，返回给客户端，客户端跟随该 URL，最终到对应的缓存服务器中访问内容。

2. 命中率

CDN 有一张地理上广域覆盖的分布式多级缓存系统。用户到边缘缓存服务器访问文件时，如果没有命中该缓存，那么边缘缓存服务器会从上级缓存服务器获取内容。如果各级缓存都没有被命中，那么会一直回溯到源站，获取内容后再一级一级按请求顺序原路返回。不命中缓存带来两个问题：

- 影响用户的访问体验。

- 回源带宽放大。每一次回源都会产生一次带宽消耗。一次不命中缓存，最差时会产生 n 倍的下行带宽（n 等于缓存的级数）。对于 CDN 服务提供商来说这增加了带宽成本。

在 IP 调度的过程中，客户端是直接访问 IP 调度服务器的，因此 IP 调度服务器除获取客户端的 IP 地址外，还能获取客户端访问的内容。将该内容进行统计分类，分为冷内容和热内容：热内容使用负载均衡算法，将请求平均调度到各个节点上；冷内容使用一致性 Hash 算法，将请求调度到一个节点上，即可提高冷内容的命中率（见图 3-24）。

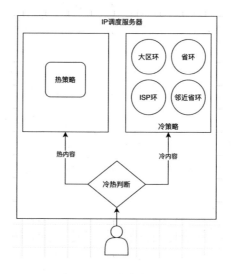

图3-24　IP调度冷热策略图

3. 高可用

调度高可用示意图如图 3-25 所示。

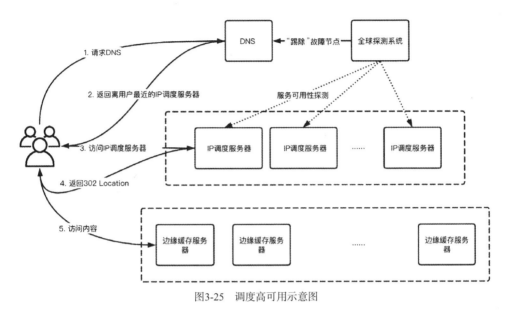

图3-25　调度高可用示意图

弹性伸缩

为了能够让全网用户的请求能就近访问到 IP 调度服务，需要在全网各区域和运营商中都部署对应的服务器。IP 调度服务器属于无状态的服务器，可根据实际用户的请求量，进行弹性伸缩，以支撑海量的用户请求。

故障迁移

利用全球探测系统，实时对全网 IP 调度服务器进行可用性探测。探测分为以下几层：

- 网络层探测，探测服务器的 ping 丢包率及延时是否正常。

- 应用层探测，探测服务器的 80 端口和 443 端口是否能正常返回。

一旦发现异常，就将服务器对应的 IP 地址从 DNS 中"踢除"，这样请求就被调度到其他可用的 IP 调度服务器上，以保证整个调度服务器的可用性。

3.4 全局感知系统

3.4.1 全局感知系统概述

现代 CDN 系统的良好运行，依赖于一个强大的全局感知体系。类似于人的感觉器官和神经系统，它能全面、快速、准确地感知系统各个层面的信息，并正确、及时地反馈相应的数据或直接做出决策。阿里云 CDN 遍布全球的节点，以其分布广、覆盖全的优势，为构建强大的全局感知能力提供了坚实的物理基础。阿里云 CDN 的全局感知系统如图 3-26 所示。

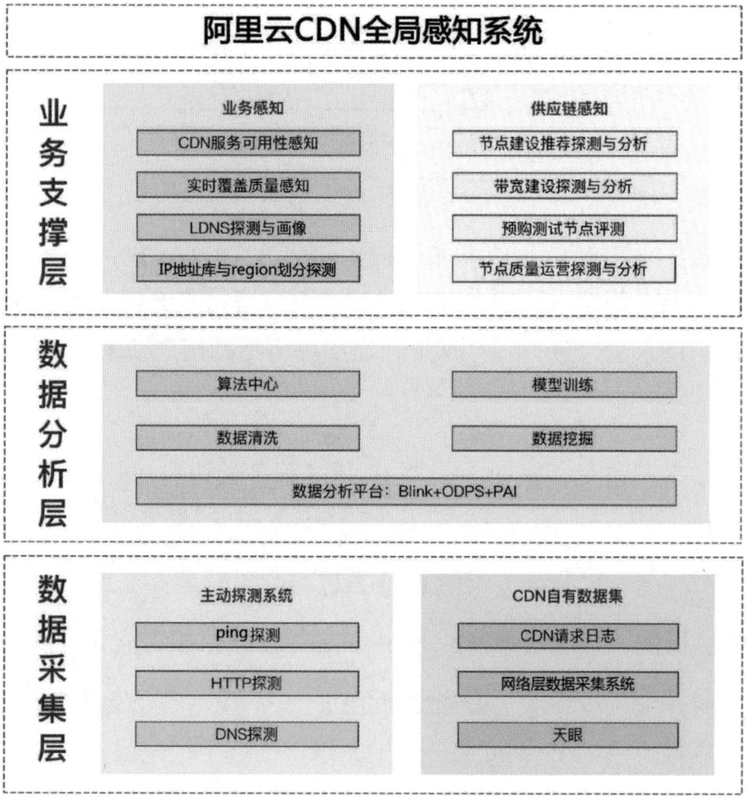

图3-26 阿里云CDN的全局感知系统架构图

该系统整体分为三层：数据采集层构成了基础底座；中间是整合了多种机器学习模型与算法的数据分析层；顶端是业务支撑层。

在数据采集层，阿里云 CDN 主动探测平台提供了开放化的能力，其他系统可以通过接口方式，下发多种类型的探测任务。探测平台会根据配置的目标对象将任务下发至相应的 CDN 节点，并负责将结果实时返回。除主动探测外，阿里云 CDN 自有的大量数据，也会作为数据源参与 CDN 感知系统的决策。这些数据包括经脱敏处理的 CDN 服务端日志、操作系统内核采集的协议栈统计数据，以及基础监控系统采集到的设备负载、带宽等信息。

底层数据经过数据分析层的复杂处理后，会形成业务支撑层的各种能力。业务支撑层可谓包罗万象，其中应用最广的是两大部分：

- 业务感知：包括"CDN 服务可用性感知"、"实时覆盖质量感知"（比如，边缘节点、父层节点、客户源站等）与"DNS 探测与画像"等能力。通过这些能力，我们可为 CDN 进行智能调度、问题排查与定位、质量调优等提供充分的数据支撑或决策。

- 供应链感知：包括节点建设推荐探测与分析、带宽建设探测与分析、预购测试节点评测、节点质量运营探测与分析等能力，以便对阿里云 CDN 海量节点的建设进行赋能。

在上述业务感知能力中，CDN 服务可用性感知和实时覆盖质量感知是重中之重，接下来具体介绍这两种感知。

3.4.2　CDN 服务可用性感知

调度系统的核心目标是将用户的请求调度到最优节点上，这就要求返回给用户的 IP 地址中，不能包含不可用的节点。接下来详细介绍阿里云 CDN 是如何做到这一点的。

阿里云 CDN 各节点采用了 LVS（Linux Virtual Server）作为局部负载均衡设备，一批被称为 RS（Real Server）的真实提供服务的机器挂载在 LVS 机器后面。用户请求以 LVS 的 VIP（Virtual IP）作为目标 IP 地址访问服务，LVS 负责将这些请求转发给挂载在其后的 RS 来处理，再由 RS 向用户回复响应。

由此可见，用户访问看到的都是 VIP，因此节点的可用性即可归结为 VIP

的可用性。不可控的公共网络、不完全可靠的运维配置、难以预测的业务突发
等诸多因素，在很大程度上威胁着 VIP 的可用性。那么，如何守护好调度系统，
把不可用的 VIP 都感知、识别出来并过滤掉，避免出现在调度输出的结果中
呢？从结果出发，想要验证一个 VIP 是否能够提供正常的服务，最好的方式就
是模拟用户请求对该 VIP 进行访问。履行该职责的就是 CDN 服务可用性感知。

　　CDN 服务可用性感知由探测模块和决策模块两部分组成：前者负责执行
探测动作并将探测结果通知给后者，再由后者根据探测结果判断相应 VIP 的可
用性。由于探测结果取决于网络，因此探测模块和决策模块是分开部署的。它
们之间通常是多对一的关系。探测模块分散地部署在网络中的不同位置，构成
了一个个探测源，如图 3-27 所示。

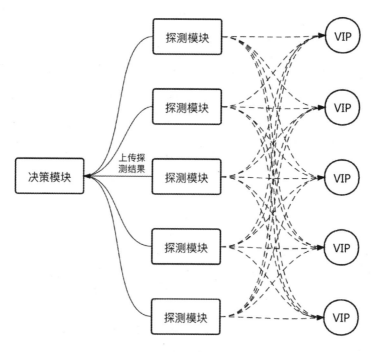

图3-27　CDN服务可用性感知系统图

探测模块共有四大实现要素。

　　首先，同一个 VIP 须由多个探测源进行探测。这是为了削弱单一探测源
探测结果的波动性对评判 VIP 可用性的影响。有些时候存在少数特定探测源

与被探测 VIP 之间的网络异常，但是被探测的 VIP 却能够提供正常服务的情况。为了尽可能消除因探测源自身的问题而导致的判断失误，针对某个被探测 VIP，为其分配合适的探测源集合是非常关键的。

其次，丰富的探测类别也是不可或缺的。CDN 缓存加速提供的是七层加速服务。此外还存在四层加速服务和三层加速服务，针对不同业务采用的探测方式有些区别。反映到探测所使用的协议上就是，三层探测使用 ICMP（Internet Control Message Protocol，因特网控制报文协议），四层探测使用 UDP（User Datagram Protocol，用户数据报协议）、TCP（Transmission Control Protocol，传输控制协议），七层探测则使用 HTTP（Hypertext Transfer Protocol，超文本传输协议）、HTTPS（Hypertext Transfer Protocol over SecureSocket Layer，超文本传输安全协议）。

再次，在实现探测模块时，还要充分考虑到造成 VIP 无法正常服务的因素是多样化的，对于探测失败的原因要进行细化分类。另外，探测范围须覆盖 RS 回源这一路径，因为回源异常反映到用户访问上，是仅在未命中缓存时才无法正常访问的。

最后，在根据探测结果对 VIP 可用性进行决策时，须综合参考"每个探测源连续多次的探测结果""探测失败的探测源分布及失败细分类别""全链路日志、监控"等信息，最终借助机器学习完成相应的智能决策。

除上述的四大实现要素外，还有一些锦上添花的要素需要关注。由于 CDN 是全球分布式的，边缘网络结构和节点链路架构呈现多样化的特征，因此，其对探测模块的可交付性有着较高要求，诸多实现细节应当能够灵活配置。探测结果的查询和呈现对于可用性问题的人工追溯排查是至关重要的，要确保海量探测数据组织存储的方式应当是高效的，查询界面的设计应当是直观易用的。随着 IP v6 的全面化，探测的任务量保持持续快速增长的态势。在不断增加的任务规模下保持迅速的可用性决策能力，对系统的高性能提出了严格要求。

3.4.3　实时覆盖质量感知

前面介绍了模拟用户对该 VIP 进行探测以保证 CDN 系统的可用性，本节将介绍另一类感知——实时覆盖质量感知。与 CDN 服务可用性感知不同之处是，实时覆盖质量感知的意义在于指导调度选择最优节点。

如果将 CDN 的调度系统比作人类的大脑，将全局感知系统比作人类的神经网络，那么实时覆盖质量感知就是神经网络作用下的"非条件反射"。比如，我们的手触碰到高温物体或者遭到针刺的时候，都会下意识地缩回，这个缩手行为就是非条件反射。它无须经过大脑皮层去下达行动指令。这种行为可有效地保护人类的身体免受此类伤害。而实时覆盖质量感知也像非条件反射一样，在某些区域 CDN 节点网络环境变差时，实时覆盖质量感知可察觉相关的网络环境变化，调节在这些区域中节点的覆盖顺序，使得网络好的节点有更大的概率去覆盖用户的请求，从而提高整体的服务质量。

图 3-28 展示了在节点网络正常时，CDN 调度系统对请求的响应。从图 3-28 中可以看出，安徽电信、上海电信、浙江电信到上海电信的用户丢包率都是 0%，RTT 分别是 20ms、8ms、15ms。因此，针对上海电信的请求，实时覆盖质量感知对节点网络质量排序如下：上海电信节点、浙江电信节点、安徽电信节点。此时若有上海电信的用户请求，CDN 调度系统则根据实时覆盖质量感知的排序，优先返回上海电信的节点 VIP 来提供服务。但是节点的网络质量不是一成不变的；与此同时，外界的因素也经常影响节点的网络质量。图 3-29 展示了某一节点网络出现异常时 CDN 调度系统对请求的响应。图 3-29 中上海电信的节点出现了异常情况，丢包率为 80%。此时如果继续返回上海电信的节点给用户服务，就会引发用户体验的下降。这时，实时覆盖质量感知会实时对节点排序进行调整，质量变差的节点排名会下降。此时调度系统返回的服务节点是浙江电信节点。从上述例子可以看出，实时覆盖质量感知可以降低节点网络服务质量恶化的影响，保障用户的访问体验。

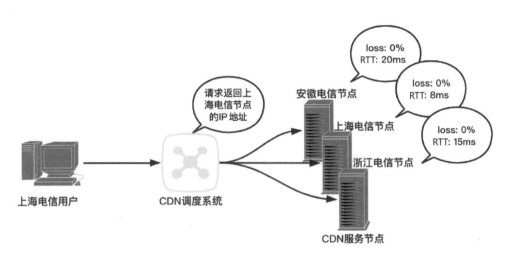

图3-28　节点网络正常时的CDN调度系统

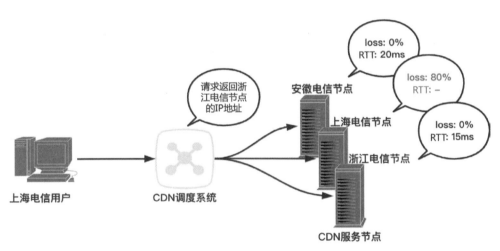

图3-29　某一节点网络出现异常时的CDN调度系统

实时覆盖质量感知是如何做到实时调整节点覆盖用户的呢？结合以上案例可总结出两个关键步骤：

- 实现全网节点对全网用户的实时探测，以获取网络覆盖质量数据（比如，丢包率、往返延时等）。为此，需要从全球 IP 地址库中挑选出能够 ping 通的 IP 地址，并结合它们的分布位置、RTT 和丢包率的稳定程度等特征，通过统计学和机器学习的方式筛选出能够代表用户区域网络特征的那些 IP 地址（其也被称为样本点）。通过在 CDN 节点上对这些样本点的 IP 地址进行定期探测，以获得相应区域的网络覆盖质量。

- 结合多种网络指标对覆盖用户的节点进行实时排序。这一过程同样需要借助机器学习的能力，要避免因瞬间的网络质量"突刺"而导致频繁切换节点排序，造成命中率损耗，进而影响用户体验。

当然，对于质量感知的提升是无止境的，当前这套系统正在朝着开放化、全面智能化方向演进。

第 4 章

CDN 节点系统

4.1 概述

阿里云 CDN 从 2009 年到现在经历了 12 年，先后经历了服务淘宝网、服务阿里集团，直至开始商业化服务外部企业用户三个不同的阶段，业务规模也从最早的几百 Gb/s 流量发展到现在几百 Tb/s 的带宽和几百万的域名。随着业务的快速发展，阿里云 CDN 节点系统的技术架构也发生了翻天覆地的变化，从经典的二层树状架构，发展到多级缓存架构，以及正在演进中的云原生架构。接下来本章重点阐述阿里云 CDN 节点系统从经典的二层树状架构向多级缓存架构的演进之路。

4.2 多级缓存架构

4.2.1 阿里云 CDN 节点系统的发展背景

阿里云 CDN 从 2009 年开始服务淘宝网，到 2012 年开始商业化，主要提供图片和视频下载服务。在这个阶段，场景相对而言还不太复杂，而且由于其刚刚开始商业化，我们更多的是聚焦于通用能力的建设上面。又由于 90% 的产品化能力都在接入层，因此我们的主要精力均集中在完善接入层功能和建设接入层对外的产品化能力方面。比如，接入层协议层面的 HTTP、HTTPS、SPDY、QUIC、WebSocket 等，以及应用层上面的鉴权、限流、请求头改写、URL 改写等。我们将这个阶段定义为传统 CDN 阶段。传统 CDN 的主要作用是，为用户提供通用性技术的能力，以及一定程度的定制化开发。在这个阶段，各大厂商主要通过价格和节点的规模优势来快速获取 CDN 的市场规模。

随着业务的快速发展，阿里云 CDN 的规模从早期的几 Tb/s 流量发展到几百 Tb/s 流量，其服务的域名数量从早期的几万域名发展到百万域名量级，产品形态也从最早的图片、点播类单一场景发展到图片、点播、动态加速、直播等各种场景。在这个阶段，接入层的产品化能力基本已经被打磨得比较成熟，各大厂商也开始从产品交付效率、成本、质量"PK"、以及定制化开发能力、多源回源能力等多个维度来全方位地完善产品的软实力；同时也希望在垂直领域实现单点的技术突破，从而增加产品的核心竞争力和产品的黏性。在这个阶段，阿里云 CDN 开始从传统 CDN 向垂直 CDN 领域发展，在满足低成本、高性能、高稳定性的前提下构建阿里云的可编程 CDN 生态。由于功能和层级强耦合、回源和缓存强耦合，因此，传统的经典二层架构在异构资源适配、层级架构扩 / 缩容、多源回源、回源可编程等方面的能力不足。经典的二层架构已经无法满足业务的快速发展。从 2019 年开始，阿里云 CDN 节点系统开始重构成多级缓存架构系统，节点系统开始从固定的二层架构演进成网状架构。

2019 年 5G 商业化逐渐成熟，边缘计算也随之变得愈加火爆。对于边缘计算概念的理解，因人而异。简而言之，所谓边缘计算就是在边缘节点上部署一套具备网络、计算、存储、应用核心能力为一体的开放平台，提供最近端计算服务。相对于传统的云计算，边缘计算更加靠近用户。边缘计算节点可以是 MEC、通信基站、自建的 IDC 机房或者用户自己的终端设备。阿里云 CDN 全球部署了 2000 个以上的边缘节点，储备带宽达到上百 Tb/s，在资源层面天然地就具备边缘计算的优势。CDN 本身就是典型的边缘计算场景。本身就是典型的边缘计算场景。如何将 CDN 业务和边缘计算进行结合，从而既解决 CDN 本身的资源利用率、稳定性、成本、研发效率等问题，又能更好地服务于未来的边缘计算场景？从 2020 年开始，我们基于云原生技术设计新一代 CDN 系统，CDN 节点系统也开始从裸金属时代向云原生技术架构时代演进。

接下来分别阐述阿里云 CDN 的经典二层架构、多级缓存架构。

4.2.2　阿里云 CDN 的经典二层架构

1. 背景

阿里云 CDN 从 2012 年商业化之初就是典型的物理二层架构。因为早期开始商业化的时候，其业务场景比较简单，主要就是提供图片和视频下载服务，而且客户需求主要集中于国内，功能相对而言也是集中于接入层的，所以，商业化早期主要还是完善基础功能，将客户快速接入进来。在成本和质量优化、命中率优化、回源产品化能力、多云回源能力等方面的诉求没有那么强烈时，早期采用的经典二层架构基本已经可以满足所有业务场景的需求了。

2. 架构介绍

经典的二层架构由接入层 L1 和回源层 L2 组合而成，L1 和 L2 在物理层面是强隔离的，从物理层到应用层都是完全隔离的，应用代码也是分别维护的。CDN 节点系统的演进历程如图 4-1 所示。阿里云 CDN 的早期产品架构如图 4-2 所示。其中，NS 是阿里云 CDN 的域名解析系统，Portal 是中台管控平台。

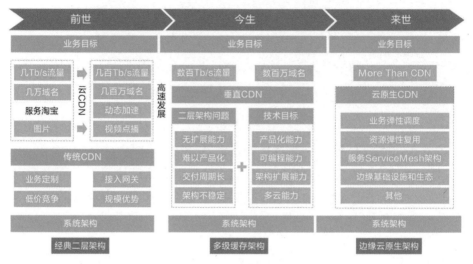

图4-1　CDN节点系统的演进历程

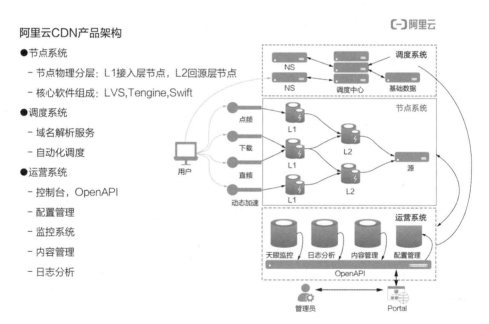

图4-2　阿里云CDN的早期产品架构

在阿里云CDN商业化之后，大量用户域名接入，很快就达到了上万的量级，这导致了以下4个问题：

- 用户更新配置需要重启接入层组件 Tengine，影响服务的稳定性。

- 上万域名的静态配置，导致存在大量的 Server 块，以致占用内存很高。

- 接入层业务的支撑难度很大。Tengine 的 C 模块开发难度很大，需要引入 lua 模块来实现业务的快速迭代和扩展。

- 功能复用和产品化难度都很大，因为没有统一的配置和 lua 模块开发框架来进行统一管理。鉴于如上原因，在经典的二层架构中将功能按照接入层 L1 和 L2 拆分，引入了基于 Tengine 的 lua 协程机制来实现的动态配置管理框架，以支持百万域名的动态配置。阿里云 CDN 的动态配置技术架构如图 4-3 所示。

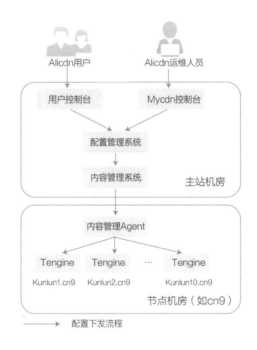

图4-3　阿里云CDN的动态配置技术架构

经典二层架构的动态配置只有接入层的动态配置，没有回源层的动态配置，只按照物理域来区分 L1 配置和 L2 配置。其主要原因是，采用二层架构的时候，回源逻辑全部由缓存组件 Swift 实现，缓存组件 Swift 不支持复杂的动态配置逻辑，因此二层架构只是在 L1、L2 的接入层 Tengine 实现了动态配置，而 Tengine 不负责回源，没法感知下一跳是否是用户源站，因此在软件架构实现上就没法区分接入层和回源层的动态配置。阿里云 CDN 的数据流逻辑架构如图 4-4 所示。

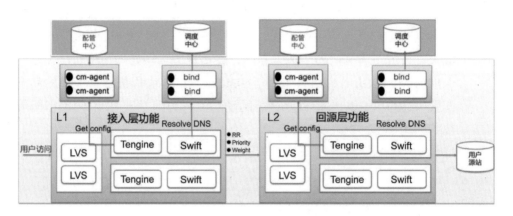

图4-4　阿里云CDN的数据流逻辑架构

3. 存在的问题

边缘节点 L1 作为接入层节点，L2 节点作为回源层节点，L1 节点实现的都是接入层功能，L2 节点实现的都是回源层功能，功能和层级强绑定，回源功能和缓存功能耦合于缓存组件 Swift 内部。随着业务的不断发展，大客户的需求千人千面，很多场景都和经典二层架构的设计相冲突，这带来了很多业务问题。比如，海外阿里云 CDN 出于成本和质量的考量，需要多个 L1 节点汇聚回源到某个 L1 节点，然后绕道新加坡和中国香港节点，之后走专线回源；对于 UGC 这种冷视频场景，阿里云 CDN 希望能够实现节点间的组环回源方案，从而提高冷视频的命中率，减少中间链路的回源量，提高存储利用率；对于网盘业务，由于其命中率太低，基本没有热点，阿里云 CDN 又希望能够在边缘就直接回用户源站或者 OSS 源站；对于"双 11"场景，淘宝网等客户希望实现快速弹性扩容到 3 或者 4 级架构，从而提高图片业务的命中率，保障"双 11"的业务稳定性；为了减少成本，我们又会有很多自建的或者合作的低成本异构节点，这种节点相当于在 L1 接入层之前又加了一层……这些场景都是和经典二层架构的设计严重冲突的。我们为了继续沿用老的二层架构，同时又要满足业务需求，以致在二层架构上面做了太多的业务适配，这导致最后的用户功能说不清道不明。经常因为一个配置调整导致大客户的业务出现故障，大客户的业务可谓危机四伏。

此外，随着"业务上云"成为一种常态，大部分客户为了保证自己的议价能力，往往同时使用多家云厂商，并不愿意仅绑定于一家云厂商。在这个时候，多云或者混合云回源能力变成了强需求。而老的二层架构回源能力和 Swift 缓存组件强耦合，类似这种业务定制化开发能力扩展起来难度很大，这导致阿里云 CDN 的回源业务交付平均时长为 3 ~ 4 个月，整个阿里云 CDN 也只有20% 的功能具备产品化能力。另外，由于固定二层架构，导致节点没法支持弹性的快速扩容 / 缩容，以致很多成本和质量优化策略没法落地。

因此，经典的二层架构已经成为阿里云 CDN 业务快速发展的瓶颈。于是，我们开始设计下一代阿里云 CDN 节点系统——多级缓存架构系统，希望通过架构的优化来解决这些问题。

4.2.3　阿里云 CDN 的多级缓存架构

1. 设计思路

设计一个新的系统，我们首先要解决的问题就是明确需求。在这里我们主要从"看自己"和"看未来"两个角度来思考这个问题。"看自己"就是看当前的痛点，我们的新架构（多级缓存架构）必然要吸取老架构（二层架构）的经验，并解决老架构的业务交付、产品化和稳定性问题；"看未来"就是看业务的未来发展。传统 CDN 开始向垂直 CDN 发展。对外，我们要给用户提供可编程和 OpenAPI 能力，这样才具备给用户定制其个性化 CDN 的平台能力；对内，我们需要具备按需的弹性扩容 / 缩容能力，具备灵活的调度转发策略，才可以给阿里云的带宽成本和用户服务质量优化提供更多的想象空间。当然，对于新架构，我们需要在架构层面实现物理层和业务层的解耦合，研发人员和运维人员只需关注业务本身，而无须关心底层的异构资源以及域名的架构层级。

因此，我们抽象了新架构需要解决的 5 大核心需求：成本质量优化、业务定制能力、产品化能力、异构资源接入能力以及网状转发能力（见图4-5）。

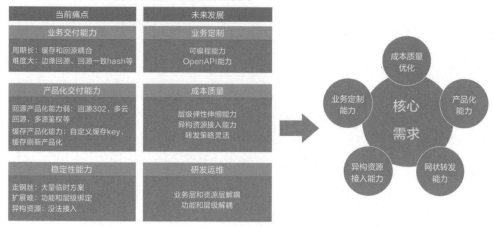

图4-5　多级缓存架构的核心需求

2. 架构设计

我们先考虑如何解决架构弹性和异构资源接入问题。其实这两个问题，最核心的就是 CDN 的网状转发能力，也就是 CDN 可以做成一张网，任意节点都可以接入、转发和回源。因此，我们首先将整个架构先按照逻辑层和物理层划分开，将所有的物理节点都定义成计算节点，去除物理 L1、L2 节点的概念，在功能层面、逻辑域上面将 CDN 功能按照接入域、转发域、回源域拆分开，每个计算节点都具备全量的接入、转发、回源和缓存的能力，通过这样的设计方案将 CDN 系统打造成网状的架构。多级缓存架构的设计思路如图 4-6 所示。

从图 4-6 中可以看出，我们在设计的时候将所有的节点都抽象成了计算节点，然后将计算节点逻辑划分成接入域、转发域和回源域，每个节点按需具备三个属性里面的一个或者多个属性，比如低成本的异构节点只具备接入域角色，自建节点同时具备接入域、转发域、回源域角色，物理 L2 节点具备转发域和回源域角色。

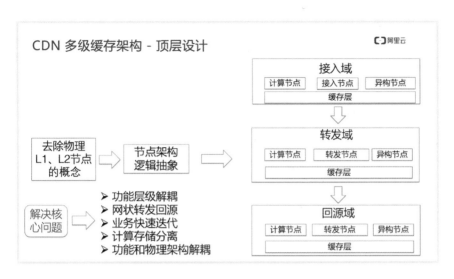

图4-6　多级缓存架构的设计思路

CDN 的每个计算节点会根据调度策略来判断自己是否回源，根据自己在转发域还是回源域来运行对应的功能，同时在回源域上面我们支持了多云和多源能力。通过如上的这些设计，我们彻底解决了架构的弹性问题，实现了异构资源接入和功能层面的解耦合。此外，多级缓存架构在转发能力上面同时具备节点间的一致性 Hash、轮询、主备、权重等不同特性的回源和转发能力，为成本和质量优化提供了更多的可能性。

3. 解决产品化和成本、质量问题

解决了网状转发问题之后，我们如何解决产品化，以及成本和质量优化问题呢？在这里我们设计了全链路的动态配置系统，节点功能按照接入域、转发域、回源域和缓存层拆分重构，也就是我们可以支持用户域名粒度全链路的不同逻辑域的动态配置，用户可以按需通过 OpenAPI 或者控制台，根据 CDN 开放的产品化功能来定制、组合自己的业务能力。

此外，为了给成本和质量优化提供更多的可能性，我们实现了自研的 HTTPDNS 调度策略，因此可以根据成本和质量按需将请求调度到不同节点的转发域 VIP 地址或用户源站的 IP 地址，节点层根据 IP 地址属性自动识别当前是回源到用户源站、第三方云服务，还是其他计算节点。

4. 解决业务定制问题

为了解决业务定制问题，阿里云 CDN 团队成员从业务流和数据流两个维度出发，在多级缓存架构上的接入域和回源域共建了两套可编程 CDN 体系，打造了 CDN 可编程生态，提供了阿里云 CDN 在垂直定制领域的核心技术竞争力。

这两套可编程 CDN 体系分别是解决业务流的 EdgeScript 和解决数据流的 EdgeRoutine 这两种可编程产品。用户通过使用阿里云 CDN 自定义的语言 EdgeScript 产品，可以实现用户自身的鉴权算法、缓存策略、HTTP 请求头等能力。此外，用户在使用阿里云 CDN EdgeRoutine 产品时，只需编写自己的 Node.js 代码，就可以基于阿里云 CDN 构建自己的 Web 业务能力，比如 SSR（Server Side Render）、ESI（Edge Side Include）等，这样用户就可以在边缘构建自己的云边端一体的全新业务架构。

4.2.4　节点系统的未来展望

阿里云 CDN 多级缓存架构在很大程度上解决了成本、产品化、稳定性等问题。但是，阿里云 CDN 多级缓存架构仍处于裸金属时代。裸金属的部署模式带来了资源利用率不高、业务弹性能力弱、新业务接入难问题；同时又由于没有在软件架构层面实现业务隔离，导致了故障影响面大、产品交付效率低等问题。

此外，互联网 4G 时代的数据目前已经呈爆发式的增长，当前物联网领域也是朝气蓬勃。随着万物互联、短视频、AI（Artificial Intelligence，人工智能）等领域的快速发展，急需探索出一条新的技术之路来解决 4G 时代的带宽瓶颈和网络延迟问题，以及解决传统互联网中心架构在万物互联时代不堪重负之忧。

2019 年 5G 产品开始进入商业化领域，5G 代表的是高带宽和低延迟能力。IDC 预测随着 5G 时代的到来，或许在四五年后带宽和客户端连接数将会呈现几十倍乃至上百倍的爆炸式增长；边缘计算也不再是"炒冷饭"，而是实实在在地即将真正迎来"盛宴"，可以说 5G 是边缘计算的最佳助手。中心式架构在面对带宽突增、连接数突增等场景时，传统方案一般都是通过限流、降速等方式来进行解决的。其实，这种做法非常影响用户体验。此外，随着 5G 和 AI 的发展，类似于智慧园区、智慧校园、自动驾驶、边缘缓存等边缘场景形态也会越来越多。传统的中心互联网架构模式并不能很好地满足这些边缘业务的需求。而鉴于 CDN 节点的天然分布式能力，其实可以将很大一部分的中心算力下沉到 CDN 边缘节点，从而做到"云端一体"，大大减轻中心技术架构方案的负载。同时 CDN 的边缘节点也可以为用户提供低延迟的能力，解决由网络路径过长而导致的时延问题。总之，我们可充分利用 5G 技术带来的各种技术"福利"。

因此，阿里云 CDN 从 2020 年开始转型云原生技术架构，希望通过业务云原生化的技术改造，既可以解决阿里云 CDN 自身的资源利用率、业务弹性、稳定性等问题，又可以将阿里云 CDN 打造成边缘计算基础设施，通过云原生领域的相关技术为用户在边缘计算领域提供更多的解决方案，给用户带来更好的服务体验。后面的章节会介绍阿里云 CDN 如何基于 CDN 业务场景，借力云原生技术完成 CDN 云原生架构的技术转型。

4.3　接入域网关组件

CDN 的七层接入网关也是业务流量的第一站，承担着流量的负载均衡、动态容灾、协议卸载、流量防御等功能，对流量的正确接入、分发有至关重要的作用。下面介绍阿里云 CDN 接入网关在协议卸载方面的一些优化手段。

4.3.1　HTTP/2 优化

HTTP/2 的多路复用、首部压缩等特性能够提升传输性能。在 CDN 接入层面，目前各家 CDN 服务商都基本支持 HTTP/2。在回源场景下，HTTP/2 也能提升传输效率，因此阿里云 CDN 将 HTTP/2 用到了回源场景，并取得了较好效果。

在小文件、远距离传输场景下，HTTP/2 具有单一连接、首部压缩等特征，能够减少回源带宽，降低首字节的响应时间。图 4-7 是 HTTP/2 回源应用场景示意图。

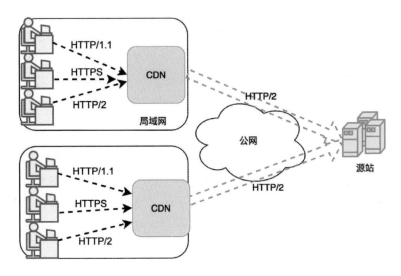

图4-7　HTTP/2回源应用场景示意图

根据线上的实际效果，在小文件高 QPS 场景下，开启 HTTP/2 回源功能，能够为客户节省 10%~20% 的回源带宽。

图 4-8 是 HTTP/2 回源架构示意图。

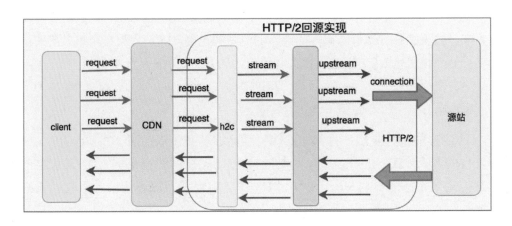

图4-8　HTTP/2回源架构示意图

HTTP/2 自适应窗口

在 HTTP/2 中引入了窗口机制，以解决在单一长连接上面各个流（stream）争抢带宽的情况。发送方通过发送"window frame"来告知接收方自己的窗口大小。在生产场景中，该窗口空间不一定能准确反映实际的网络状态。比如在一些低延迟、高带宽的传输场景下，HTTP/2 的窗口可能会影响网络带宽的充分利用，从而降低 HTTP/2 的运行效果，这在大量 POST 请求场景下表现得尤为突出。

阿里云 CDN 通过 tcprt 信息，根据当前连接的实际 TCP 相关参数计算出时延（数值）乘以带宽（数值）的乘积，动态地设置每条 HTTP/2 连接的滑动窗口，充分利用网络资源。

4.3.2　HTTPS 优化

动态配置

原生 Tengine 采用静态配置的方式来配置证书和私钥，但这种配置方式在阿里云 CDN 的场景下存在诸多弊端。

在静态配置方式下，域名开通 HTTPS 需要将证书和私钥同步到所有边缘节点。随着域名的增多，Tengine 的静态配置文件越来越大，重新加载 Tengine 服务也越来越慢，另外，这种配置方式还存在 Server 块的数量多、私钥存储不安全等一系列问题，动态配置和静态配置的对比如表 4-1 所示。所以，阿里云在做 CDN HTTPS 产品化的过程中，选择了动态证书的配置加载方式，这极大地提高了证书管理的效率和用户体验。

表 4-1　HTTPS 配置方式对比

	静态配置	动态配置
Tengine 内存占用	多 Server 块，内存占用多	只需一个 Server 块，内存占用少
Reload 情况	需要"Reload"	无须"Reload"
可扩展性	无可扩展性	可同时支持动态加密套件、协议版本等功能，可扩展性好

续表

	静态配置	动态配置
安全性	私钥用明文的方式存储在磁盘上，不安全	可加密传输、加密存储，安全
全网配置生效时间	数天	分钟级

动态证书的关键技术是借助 lua-nginx-module 提供的 ssl_certificate_by_lua_file 指令实现的。该指令通过在 SSL 握手的 Client Hello 阶段设置回调函数，对指令配置的 lua 代码进行调用，并在 lua 代码中根据 SNI（Server Name Indication）信息来获取域名证书和私钥信息。在阿里云 CDN 的 Client Hello 阶段 lua 回调流程中，我们通过发送 HTTP 请求，异步地远程拉取域名 HTTPS 配置，进行诸如证书、私钥、加密套件、协议版本等一系列参数的配置工作。

因为 Tengine 的多 "Worker" 原因，我们使用多级缓存来保存拉取到的动态配置。如图 4-9 所示，当一个 HTTPS 请求尝试获取证书配置时，将首先检查 Worker 本地内存是否存在域名配置。在本地内存不存在该配置的情况下，将尝试通过共享内存获取。若共享内存仍不存在该配置，将最终通过 HTTP 的 Resty API 方式，从配置管理系统远程拉取域名配置，并将该域名配置设置到共享内存中，以供其他 Worker 读取。

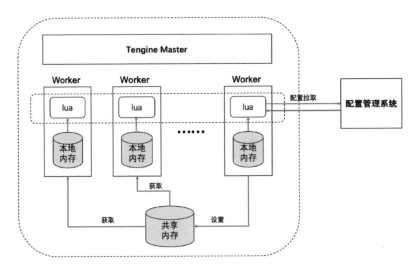

图4-9　HTTPS配置管理

除动态证书、私钥配置功能外，在动态配置拉取的支持下，阿里云 CDN 还提供域名粒度的加密套件、协议版本、HTTP/2 使能、Record Size 配置等功能。

Session（会话）复用

在 TLS 1.2 版本下，完整的 SSL 握手需要 2 个 RTT，而 Session 复用后的 SSL 握手只需要 1 个 RTT，这大大缩短了握手时间。另外，Session 复用避免了密钥交换带来的 CPU 消耗，提高了服务器性能。TLS 1.2 存在两种方式的 Session 复用。

Session ID

在该模式下，服务端将上次完整 SSL 握手的会话（Session）信息缓存在服务器上，然后将该会话信息对应的 Session ID 告知客户端，后续客户端会话复用时携带该 Session ID 即可恢复握手所需要的会话信息，生成会话密钥。

但在分布式集群环境下，Session ID 的会话复用方式存在新的问题。因为节点内机器的数量不固定，所以客户端的 SSL 握手请求到达哪台机器也不是固定的，这就导致 Session 的复用率较低。我们采用 Session Cache 分布式缓存解决这一弊端，即在节点内部署 Redis 存储组件，SSL 握手时在 Redis 中查找 Session 是否存在。若 Session 不存在，则进行完整握手，并将新的 Session 信息存储在 Redis 中，以供节点内的所有机器使用。

Session Ticket

上面讲到了 Session ID 会话复用方式在分布式集群中的弊端，而 Session Ticket 能有效避免上述问题。该方法在客户端缓存会话信息（Session Ticket），在下次 SSL 握手时，将该 Session Ticket 通过 Client Hello 的扩展字段发送给服务器，服务器用配置好的密钥解密该 Ticket，解密成功即可得到可复用的会话信息，不必再做完整 SSL 握手和密钥交换。这大大提升了 HTTPS 的整体效率和性能。这种方式无须服务器缓存会话信息，其天然支持分布式集群的会话复用。

OCSP Stapling

对于一个可信任的 CA（Certificate Authority）认证中心颁发的有效证书，

在证书到期之前，若 CA 未吊销该证书，那么这个证书就是有效、可信任的。但若存在以下这些情况，如私钥泄露、证书信息有误、CA 有漏洞而被黑客利用等，则 CA 需要对某些域名证书进行吊销。出于安全性方面的考虑，浏览器或客户端需要及时感知证书的吊销情况。通常可通过以下两种途径来查看证书情况：CRL（Certificate Revocation List，证书吊销列表）和 OCSP（Online Certificate Status Protocol，在线证书状态协议）。

CRL

CRL 是由 CA 维护的一个列表，该列表中包含已经被吊销的证书序列号和吊销时间。浏览器可以定期下载这个列表，以便校验证书是否已被吊销。CRL 只会越来越大。而且当一个证书刚被吊销后，浏览器在更新 CRL 之前还是会信任这个证书的，这造成了 CRL 的实时性较差。在每个证书的详细信息中，都可以找到对应颁发机构的 CRL 地址。

OCSP

OCSP 是一个在线证书查询接口，它建立了一个可实时响应的机制，让浏览器可以实时查询每一张证书的有效性，解决了 CRL 的实时性问题。但是，OCSP 却引入了一个性能问题：某些客户端会在 SSL 握手时实时查询 OCSP 接口，并在得到结果前会阻塞后续流程。这严重影响用户体验。

OCSP Stapling 就是为解决 OCSP 的性能问题而生的，其原理如下：在 SSL 握手时，服务器到 CA 查询 OCSP 接口，并将 OCSP 的查询结果通过 Certificate Status 消息发送给浏览器，从而让浏览器跳过自己去验证的过程而直接拿到结果。OCSP 响应本身有了签名，无法伪造，所以 OCSP Stapling 既提高了客户端的效率，也不会影响其安全性。另外，因为服务器通常有更好的网络，所以浏览器能更快地获得 OCSP 结果，同时也可以将结果缓存起来。这极大地提高了客户端的用户体验。

4.4　回源域组件

子系统简介

回源域子系统由流量负载均衡组件、业务处理组件、调度组件、域名配置组件四部分组成（见图 4-10）。当缓存层资源请求访问到"流量负载均衡组件"时，该组件会优先通过调用"业务处理组件"进行域名配置信息和源站信息的获取。如果源站有相关鉴权的要求时，"业务处理组件"会进行相关鉴权的计算，并添加到回源 URL 或 header 中。最终资源的数据流都是通过"流量负载均衡组件"进行传输的。这两个组件说明如下。

- 流量负载均衡组件：基于自研的 Tengine 软件。

- 业务处理组件：基于自研的 Dyconf 架构。

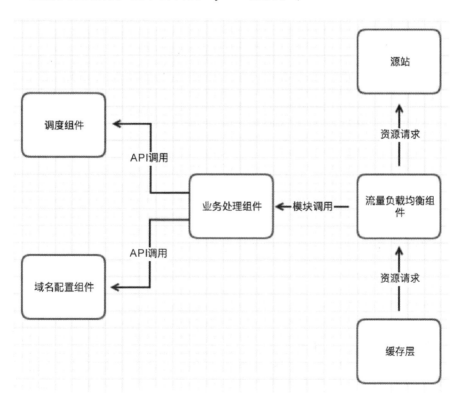

图4-10　回源域子系统示意图

标准化产品功能

回源域子系统提供了以下标准化产品功能，可以通过控制台实现客户的常规需求，回源域子系统的功能如表 4-2 所示。

表 4-2　回源域子系统的功能说明

功能	说明
设置回源 HOST	根据源站要求，设置请求 HOST 头
设置回源鉴权	支持与 OSS 兼容的对象存储回源鉴权
设置回源 SNI	根据源站要求，设置与 HTTPS 回源相关的 SNI HOST 信息
回源参数改写	改写回源请求 URL 中的参数
回源 URL 改写	改写回源请求 URL 中的 path
设置回源请求头	支持新增、删除、改写请求头的处理
设置回源响应头	支持新增、删除、改写响应头的处理
设置重定向跟随	跟随源站 302 响应，并可以对 Location 中的内容进行处理
高级回源	实现根据不同条件，请求不同源站的多源处理
设置源站重试机制	支持设置与 4xx、5xx 相关的重试逻辑

例如，某客户有多云多源站需求，比如国外的用户回源 AWS 源站，国内的用户回源 OSS 源站，并且不同源站需要携带的回源 HOST 不同。针对这种场景，就可以使用上述"设置回源 HOST"和"高级回源"两个功能来配合实现。

可编程能力

在基础标准化功能无法满足客户定制化需求的情况下，"业务处理组件"通过集成"可编程组件"，实现自定义代码的编写，从而实现需求的快速交付。

可编程组件的作用域分为两部分：

- 在请求接入时，可以实现与请求头相关、与 URL 相关的判断、改写等逻辑。

- 在请求响应时，可以实现与响应头相关的判断改写逻辑。

例如，某客户的回源鉴权并非是标准化产品功能。针对这类特殊的回源鉴权场景，用户可以在控制台中编写自定义的 es（edgescripe）代码，并选择在请求接入时执行，这样"业务处理组件"在获取域名配置的时候，发现有自定义业务代码，就会调用"可编程组件"进行 es 代码的执行，完成鉴权逻辑的处理。

4.5　CDN 缓存系统

阿里云 CDN 的缓存系统，早期使用的是开源软件。但随着阿里巴巴集团硬件性能的飞速提升，我们希望缓存系统能在高性能的机器上最大化地发挥硬件性能。在阿里云 CDN 对外商用之后，由于其业务复杂性和节点规模的急速扩张，对缓存系统软件提出了架构升级的要求。于是，阿里云 CDN 走上了缓存系统的自研之路。其设计目标是做一个轻量级、高性能、易维护、高可用性、可扩展的 Web Cache 系统。CDN 节点也从最初的接入、缓存、回源于一体的单体系统，演变为不同功能组件的分层和解耦，以及接入和回源组件逐渐与缓存独立开来的架构。目前 Swift 主要承担的是 CDN 节点中的缓存功能。缓存系统的核心技术主要分为以下四个部分：

- 高性能缓存服务器。

- 高性能存储引擎。

- 分级缓存架构。

- 刷新系统。

4.5.1　高性能缓存服务器

1. Swift 架构的特点

Swift 架构图如图 4-11 所示。

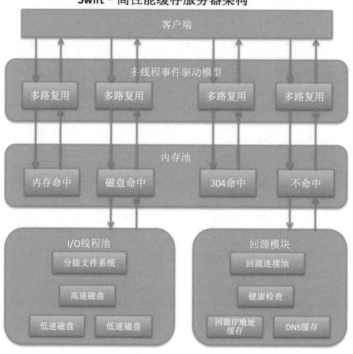

图4-11　Swift架构图

● 多核线性扩展架构

Swift 对网络请求处理采用多线程事件驱动网络模型，消除了 Squid 在万兆网卡上网络处理的瓶颈。通过采用 Libeasy 网络框架，减少了线程间的上下文切换。Swift 的请求处理能力基本做到了随着 CPU 核数的增加而线性增长。Swift 将请求处理和磁盘 I/O 放到不同的线程池，实现请求处理全异步非阻塞，最大化提升了网络吞吐能力。在我们的内部测试中，"Intel S2600GZ，2x Xeon E5-2680 0 2.70GHz，62.9GB / 64GB 1333MHz DDR3"上的 Swift 性能极值可以跑到百万 QPS。在命中内存的情况下，一个请求只需要一个线程来处理，请求延时为 0.1ms 左右。在命中磁盘的情况下，只需做一次线程的切换，如果在全 SSD（固态硬盘）的情况下，请求延时为 0.5ms 左右；在混合存储的情况下，Swift 混合盘文件系统的热点迁移可以保证 87% 的读操作都落在 SSD 中，请求延时为 2ms 左右。

- 回源和响应数据流式处理

得益于 Swift 的高性能网络框架，Swift 无须等待数据从源站完全接收完才去响应客户端，其从回源到响应客户端数据流式处理，最大程度地降低响应首字节和整体延时，保证了较好的用户体验。

- 软硬件资源池化

资源是有限的，性能的需求是无限的，所以要把有限的资源放在公共的资源池里面，保证资源被有效、公平地利用（既不能让浪费和饥饿并存，也不能让系统过载被压死而整体失去服务能力）。因此在 Swift 中对不同类型的任务处理进行了基于线程池的分组和分角色设计，将处理网络、读/写磁盘、定时任务等高效地分工协作起来；还可以通过配置指定每个模块包括每块磁盘读/写的线程数目，从而让使用者通过配置来指定 Swift 占用的 CPU 资源。Swift本身就是一个 Cache，在其内部充分利用了局部性原理，在内存分配、网络连接、DNS 记录等地方都使用了缓存池的设计。可以说在 Swift 中 Cache 无处不在，Cache 是低投入、高产的，它在性能和成本之间做到了最好的平衡。

- 精巧的算法和数据结构设计

低效的算法设计和重复的计算任务是 CPU 的最大杀手。Swift 通过高效的结构设计和 Cache 策略，最大程度地降低了 CPU 的无谓消耗。比如，以目录刷新为例：一般的方案是，基于链表的查找和字符串的比较，这在极端条件下可以将一个 CPU 的资源消耗殆尽，而 Swift 中基于 Trie 树的目录刷新优化，是一种时间复杂度为 O(1) 的查找算法，无须字符串比较，极大地节省了 CPU 的消耗。此外，为保证请求响应速度，Swift 将索引全载入内存，在保证索引尽可能缓存足够信息的同时，又尽可能地在有限的内存空间缓存尽可能多的索引，它需要对索引和磁盘结构都进行合理的设计。

2. Swift 的功能特性

- 支持 HTTP 缓存关键特性

TCP 和 HTTP 是互联网的两大基石，Swift 可很好地支持 HTTP 1.0 和 HTTP 1.1 中的 GET、HEAD、PURGE、POST 等方法，HTTP 1.1 的 KeepAlive

特性，以及拖曳用到的 RANGE 功能、gzip 压缩、cache_control 逻辑、HTTP 条件头逻辑、多副本缓存、合并回源等关键特性。除遵循 HTTP 外，Swift 还支持通过控制台配置来实现用户自定义的缓存特性需求，比如强制 Cache 和 no-Cache 等功能。其完全满足 Web Cache 软件的需求。

- Cache API

在 CDN 场景中，该缓存（Cache）通常作为源站静态内容的缓存。CDN 边缘节点拥有天然的高可用、高伸缩、全球负载均衡的特性。随着近年来边缘计算的兴起，阿里云 CDN 也在 CDN 边缘节点为客户提供了计算的能力。例如，阿里云 CDN 的 ER（EdgeRoutine）服务，具有支持在 CDN 边缘执行客户自定义的 JavaScript 脚本或代码运行时环境的能力。与此类计算服务相对应的业务，对于缓存提出了 KV 缓存能力的需求。目前阿里云 CDN 缓存的 Cache API 功能已经上线，其主要配合 ER 提供服务。其主要提供以下功能：

① 通用的临时键值存储。

② 对象存储在处理请求的本地节点，不会复制到任何其他节点。

③ 可以通过 cache-control 头指定对象的 TTL，也可以通过 expires 头指定绝对到期时间。若没有足够频繁地访问某个对象，则 Swift 可能会将其从缓存中逐出，即无法保证对象在缓存中具体停留多长时间。

- 容灾能力

Swift 的容灾能力包括源站容灾和磁盘容错。

① 源站容灾：当源站出现异常情况，导致缓存资源不能正常更新时，Swift 支持将旧缓存的内容响应给客户端。同时 Swift 也支持 cache-control 头的扩展协议头（例如 stale-if-error）和控制台自定义配置。

② 磁盘容错：在生产环境中，磁盘的年损坏率在 0.5% 左右。磁盘出错是一定会发生的事，Swift 在软件层面具有磁盘容错功能。当磁盘为只读时，就不再对其进行写操作；当磁盘不可读时，将该磁盘从文件系统中摘掉。

- 数据的一致性

Swift 既支持 HTTP 中的各种条件头逻辑（例如，使用 if-range 头功能来保证大文件各个分片的一致性），也提供了缓存自身的数据一致性功能。在 Swift 回源时实时计算分片的校验值，并在数据落盘时将校验值持久化保存到分片的元数据中，在从磁盘上读取数据后并发送给下游时再实时计算校验值，且与元数据中的校验值进行比对。当对比结果不一致时触发自动刷新机制并告警，以实现节点回源到响应的数据一致性。此功能可以作为 CDN 全链路数据一致性中的一环，最终实现客户数据在 CDN 全链路中的一致性。

- Swift 的更多特性

Swift 还具有以下特性：

① 更灵活的配置：在支持全局配置的同时，Swift 提供按照域名的个性化配置，可以针对特性的频道开启或关闭部分功能；此外，其通过与接入层 Tengine 的配合，支持请求级功能动态配置。

② 多维度的统计和监控：提供了丰富的统计接口和监控能力，可快速感知缓存异常，可实现硬件出现故障时自动容灾。Swift 提供了包括系统压力、缓存情况、系统资源的使用以及服务状态等内容，可以通过 RESTful 接口获取，方便 tsar 等工具采集和监控。

③ 自动化部署：Swift 提供统一的部署脚本，自动适配不同的机型（线上）进行磁盘分区，格式化文件系统，绑定网卡中断，以及设置磁盘调度算法等。

4.5.2　高性能存储引擎

CDN 缓存与存储系统的最大区别就是缓存并不要求数据的持久化存储。如果一个边缘节点的缓存异常，则既可以由其他边缘节点来替代故障节点服务于网民，也可由上游节点或源站兜底，以保证网民所请求的内容可正常访问。因此，一般来说缓存的数据可靠性保证在 99% 就足够了。通过适当降低数据存储的可靠性要求来换取 I/O 性能的提升，就成了缓存文件系统的主要设计思想。Swift 据此设计了自研的文件系统，对缓存场景做有针对性的优化。该系统具有以下特点（见图 4-12）。

1. 所有索引均放入内存

具体特点如下：

- 当命中数据时，寻址快。通过内存，索引就能获取文件在磁盘上的位置，没有额外的文件系统元数据索引 I/O 操作。

- 当不命中数据时则无须读盘，直接通过内存就能做出判断。

- 刷新快。只删除内存索引，即完成刷新操作。

- 如果系统启动后所有索引加载到内存中，并定期将这些索引同步到磁盘中，则在宕机时可能会丢失部分数据。

2. 薄的文件系统

具体特点如下：

- 用户态直接读 / 写裸盘，减少了文件系统的 I/O 开销，没有额外的打开文件和关闭文件操作，具有尽量少的读写 I/O 放大。

- KV 文件系统。Swift 不使用通用文件系统管理，没有常见的文件系统层级概念，无额外的元数据访问开销，对读请求来说不存在 I/O 放大问题，访问存储在慢速盘上的对象会导致平均 2.13 次 I/O 访问，访问存储在高速盘上的对象会导致平均 1 次 I/O 访问。

- 支持裸盘热拔插。

3. 高效的磁盘空间管理和磁盘负载均衡

高效的磁盘空间管理和磁盘负载均衡包括如下两方面：

- 高效的磁盘空间管理：大文件分片，小文件聚合，并统一由固定条带（Stripe）管理，无额外的磁盘空间管理开销。磁盘可以用满，无文件系统碎片等问题。

- 磁盘负载均衡：Swift 支持将大文件分片存储到不同的磁盘上。大文件的热点访问很容易造成一块磁盘的使用率达到 100%。可充分利用多块磁盘的整体吞吐能力，同时也保证了各个磁盘空间的均衡利用。

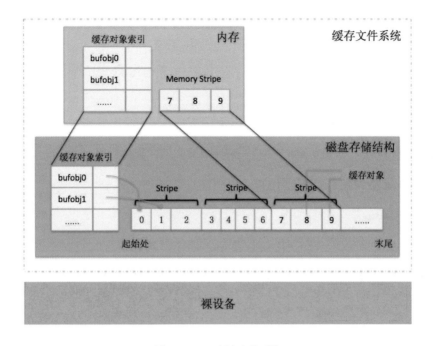

图4-12　Swift缓存文件系统

4.5.3　分级缓存架构

　　缓存的核心价值就是尽可能地提升命中率，以减少回源。在业务特征（资源带宽、资源访问集中度等）固定的前提下，如果缓存的存储空间足够多，将所有回源的资源都缓存下来，就能保证缓存命中率达到理论最优。但是，性能和成本的权衡是永恒的话题。存储资源毫无疑问不能无限投入，因此缓存必须保证在有限的存储空间下，尽可能地缓存访问热度高的资源，并把访问热度低的资源淘汰出去，以保证最优的缓存命中率，这就是缓存的局部性原理。

　　从存储硬件的性能和成本层面考虑，HDD（硬盘驱动器）存储的容量大、价格便宜，但是其 I/O 性能弱，无法满足 CDN 业务中一些 IOPS（Input/Output Operations Per Second）大压力场景的性能要求。SSD（固态硬盘）的 I/O 性能很强，但是其容量相对较小、价格昂贵。因此，目前阿里云 CDN 大部分节点采用了 HDD+SSD 的混合盘机型，以解决缓存命中率和 I/O 性能兼顾的需求（在一些特定场景，比如电商图片业务中，采用纯 SSD 机型来满足高 IOPS 需求场景）。对于混合盘机型，Swift 的存储相当于有三级缓存：内存、SSD、HDD。为了保证缓存服务器的吞吐性能，Swift 还需要保证这三级缓存的局部性原则——最热的资源放在内存中，次热资源放在 SSD 中，冷资源放在 HDD 中，即采用混合盘分级缓存架构。

Swift 的分级缓存架构主要包括以下两方面：

- 热度算法：对资源的冷热进行统计和评价的算法机制。

- I/O 策略：数据在不同存储介质间的迁移和淘汰策略。

1. 热度算法

Swift 设计了一套全局热度统计模型，该模型具有以下特点：

- 支持对每一个对象分片做热度计数，分片每被访问一次，热度计数就加一。我们将相同热度计数的对象数进行累加，就得到在系统中所有热度区间的对象数分布，该对象数分布也被称为全局热度直方图。这样我们就可以根据当前对象的热度计数，判断其在整个热度直方图分布中的位置，以判定该对象属于"冷"资源还是"热"资源。

- 全局热度分布统计根据对象的访问次数来进行冷热判定，从命中率角度看这已经足够了。但是，考虑到混合盘场景中的 SSD 容量有限和 HDD 的压力较大，可使用 SSD 来存放更多的小对象，这样就能让 SSD 承担更多的 IOPS 压力，从而减小 HDD 的 IOPS 压力。因此，缓存中的对象热度计算综合考虑了访问次数和对象大小。

- 热度算法考虑了访问次数、对象大小，但还得考虑访问时间的局部性。热度算法还会定期对对象的访问热度进行衰减。

冷热数据的分级策略如下：

- 有了热度算法，就可以直接根据对象的冷热情况，确定一个数据应放到哪一层存储了。

- 根据热度分析，支持数据在不同层级存储间迁移（见图 4-13）。

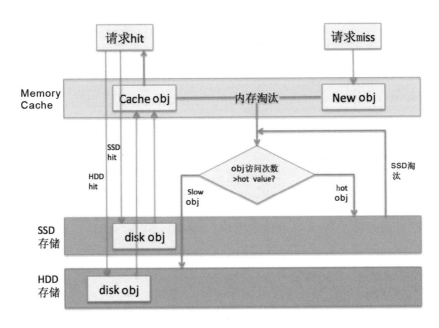

图4-13　缓存对象分级存储迁移流程图

2.淘汰和迁移机制

针对不同存储介质的I/O能力,Swift的淘汰和迁移策略做了相应的优化设计。

（1）内存采用 LRU 算法

由于内存一般比较小，一个对象在内存中存留的时间也较短，在较短的时间内访问热度并不能反映该对象真实的热度信息，且内存操作速度最快，因此内存中的对象直接采用 LRU 算法进行管理。

（2）HDD（硬盘驱动器）采用 COSS 文件系统

HDD 的 I/O 能力较弱，需要尽量控制其读 / 写放大，因此 HDD 的 I/O 策略沿用了 Squid 时代就有的 COSS 策略，即采用 FIFO 算法：磁盘从头到尾按条带循环顺序写入新数据。当一个磁盘条带上写入新数据时，条带上的旧数据会被直接覆盖（全部淘汰），因此 COSS 策略执行的是一个 100% 的 FIFO 算法。

（3）SSD（固态硬盘）——采用 TCOSS 文件系统

FIFO 算法对磁盘的 I/O 消耗较小，但是 COSS 策略直接将旧数据覆盖，并没有考虑数据热度，且 SSD 的 I/O 速度较快。因此，我们可以考虑在进行数据淘汰时，将一些热点数据进行回写来尽量留存住热点数据。Swift 基于 COSS 开发了 TCOSS 文件系统，有效提升了缓存命中率。从总体上看，TCOSS 算法相当于实现了 FIFO + 部分 LRU 算法：

- TCOSS 数据写入的流程和 COSS 相同，仍然是磁盘从头到尾按条带循环顺序写入新数据，因此其仍然采用了 FIFO 的方式来自动实现根据数据的时间局部性进行冷数据的淘汰。

- 部分 LRU 算法回写机制：LRU 算法是一种很简单，同时也很有效的热度管理策略。但是对于磁盘来说，即使是 SSD，LRU 也带来了很大的写放大问题（假设缓存的命中率为 90%，读的量是写的 10 倍。每次读到 SSD 上的数据时，都将该数据重新写入 SSD 头部，会造成 10 倍的写放大），因此 TCOSS 采用了部分 LRU 策略：读 SSD 上的数据时，检查它是否在即将被覆盖的区域（写入条带后方磁盘 10% 的空间）。如果它在该区域，将该文件重新写回。这样对于一些被频繁访问的热点资源，就不会在其每次被访问时都进行回写，而是在其即将要被淘汰之际才写回队列头。

- 混合盘场景基于热度的回写机制：LRU 并没有考虑访问热度信息，LRU 可能造成缓存被一些新的冷资源"污染"，因此混合盘场景下 SSD 的 I/O 策略综合考虑了热度和访问时间。旧数据被覆盖前会被重新读出，根据热度进行判定，"热对象"被写回 SSD，"冷对象"被淘汰到 HDD，或者"更冷的对象"直接被淘汰。与 COSS 策略相比，TCOSS 策略大大提升了 SSD 的命中率。根据我们的统计，目前线上 TCOSS 请求的命中率平均是 COSS 请求命中率的 5 倍。但是，TCOSS 的策略仍然略显粗糙，具有如下问题：

第一，"冷热数据混杂"：在新写入数据时，冷热数据共享一个条带，写入 SSD 的同一位置。在淘汰条带时，回写满足热度的对象，但是不同热度值的对象，仍然会被写到磁盘上的同一位置，下次其又在同一时间被淘汰。这样会导致 SSD 的写入速度过快。

第二，缓存算法弱：TCOSS 本质上采用的是 FIFO 算法，而文件热度统计模型不能感知每次访问的时间信息。磁盘写满一圈的时间从数天到 1 个月不等。在这段时间内，两个文件只要访问次数相同，TCOSS 就认为它们的热度是一样的。一个今天被访问了 3 次的对象 A 和一个 8 天前被访问了 3 次的对象 B，TCOSS 无法区分它们到底哪个更热。

为了解决以上问题，BOSS 文件系统应运而生。

3.BOSS 文件系统

大部分情况下，各算法 Cache（缓存）命中率的排名如下：FIFO < LRU < SLRU。SLRU 采用的是多级 LRU 链表，每次某一级 LRU 链表上的对象被访问后，此对象都会被提升到更高级 LRU 链表的头部。当整体存储空间不够时，从最低级的 LRU 链表尾向外淘汰数据，以便回收存储空间。多级 LRU 的优点就是能更细粒度地管理热度，实现冷热分层。

BOSS 是一个新的磁盘存储算法，其将磁盘条带管理起来，近似地实现了一个多级的 LRU 链表。

采用多级 FIFO 队列 + 垃圾回收池来实现冷热分层

具体方法如下。

① BOSS 维护了多个 FIFO 队列，分级 FIFO 队列实现了冷热数据分层。对应不同的热度，均有一个 FIFO 队列来管理各热度的磁盘条带。

② 在写新数据时，根据对象的热度，将对象写入不同 FIFO 队列的写缓冲区。当写缓冲区写满后，从垃圾空间池选择条带落盘，并将该条带加入 FIFO 队列中。

③ 每个 FIFO 队列管理的条带逐渐变多。当队列中的条带数达到上限后，将最早写入的条带淘汰到热度更低的 FIFO 队列中。

④ 当最下层 FIFO 队列管理的条带数量达到队列条带数上限时，则将条带挤出到垃圾回收池中。

⑤ 写入大量冷资源，会导致下层 FIFO 队列被快速淘汰，但这并不造成上层热数据也被同步淘汰。

⑥ 共享条带垃圾池，解决磁盘擦写不均问题。当一个磁盘块被挤到垃圾空间池中时，它上面的数据并不会被删除。只有当它即将被其他 FIFO 队列占用，即将被覆盖时，其上面的数据才会真正被删除。

如图 4-14 所示，为了减少写放大的情况，BOSS 在读到对象时不马上回写，而只在内存索引表中记录其"虚拟位置"。当再次读到这个对象时，则再次更新其"虚拟位置"。在即将被覆盖时，该数据才被回写到虚拟位置记录的位置。我们称这种延迟回写的机制为"懒更新"。这样，每个对象的虚拟位置其实包含了该对象的访问次数、每次访问的时间等热度信息。更新虚拟位置的不同方法对应着不同的高级缓存算法。比如：

- LRU 算法：对象每次被访问时，将该对象提升到最热位置。

- S4LRU算法：对象每次被访问时，将该对象向前提升整个磁盘的1/4距离。

- GDSF 算法：对象每次被访问时，根据对象的大小决定提升的步长。

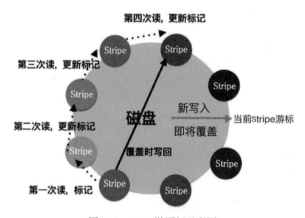

图4-14　BOSS懒更新示意图

这样做减少了由多次回写导致的写放大问题，但是其仍然存在以下两个问题：

- 浪费内存：条带的数量极多，记录虚拟位置需要占用大量内存。用虚拟的条带（简称 vstripe），可以解决这一问题。vstripe 并不占据真实的磁盘空间，虚拟条带数量比磁盘上真正的条带数要少很多。虚拟条带参与 FIFO 过程，只用于记录位置。

- 虚拟位置对应的条带其实是满的，无法接纳该对象的回写。怎么办呢？

其实算法只是想将对象写入某个热度区域而已，至于具体写入哪块条带，则影响不大，因为相近区域的条带都会在相近的时间被淘汰。我们可以在不同的热度位置，维护多个写入点，找到虚拟条带对应的写入点，回写即可。

只需调整参数，BOSS 即可以在磁盘上近似地实现多种高级缓存算法。我们在纯 SSD 机型上采用 S4LRU 算法来提高缓存命中率，并已经在上千台机器上稳定运行，这样每年可节省可观的回源带宽成本。

4.5.4　刷新系统

刷新能力在 CDN 缓存中也是对客户相当重要的功能，Swift 既支持精确刷新，也支持批量懒刷新：目录刷新和正则刷新，所有类型的刷新都能做到秒级生效。

1. 精确刷新

得益于 Swift 强大的网络处理能力和索引全放入内存的存储模式，Swift 可以支持大批量的精确刷新请求，目前单个节点的刷新能力在每秒 3 万次访问量以上。

2. 目录刷新

尽管精确刷新的处理速度已经足够快，但是对于某些客户的海量刷新需求，通过 URL 列表的方式进行精确刷新仍然是不够优雅的，因此 Swift 支持按目录进行的懒刷新。一个请求可以使一个 URL 前缀目录下的所有对象都失效。实现原理如下：采用这种刷新方式，并不是真的去遍历一个目录下的资源并逐个刷新，而是将目录刷新的规则记录下来并持久化后，就可以返回刷新成功的响应了。之后真正的刷新指的是当每个请求进来时，Swift 判断请求的 URL 与目录刷新规则是否匹配，匹配了规则时，再进行下一步的动作——强制刷新或过期校验。同时，Swift 在目录刷新的数据结构上做了精巧的设计，系统并不会因为规则的增多而使得刷新速度变慢，其时间复杂度能保证在常数级。

3. 全网并发刷新能力——"延迟刷新"

我们知道 CDN 目前是一个分层的系统，从回源的上层节点最终到服务网民的边缘节点往往有多层。为了保证一个旧资源被刷干净，一般的流程均只能从上级节点向边缘节点逐层串行刷新，只有上一级节点刷新完成后，才能继续刷新下一级节点，以避免一个旧资源被刷掉后，又从上层节点拿到旧资源而导致刷新"刷不干净"。毫无疑问，这样的串行流程会影响刷新系统的整体 QPS 能力。为此，Swift 开发了"延迟刷新"功能：Swift 中的每个缓存资源记录了从源站进入 CDN 的全局初始保存时间标签；同时 Swift 收到刷新请求并处理完后，会将该刷新记录（缓存 Key，刷新时间）缓存一段时间；节点收到正常 GET 请求时先查刷新记录，若有对应的记录，则回源携带刷新时间，上层节点收到回源请求时，就可以将该请求中的刷新时间与自身缓存资源中的保存时间进行对比，以此来判断当前资源是"新资源"还是"旧资源"。若当前资源是新资源，则直接响应给下游节点；若当前资源是旧资源，则刷新当前节点并继续向上游回源，这样就解决了"旧资源"的"脏缓存"问题。

4.5.4 缓存的未来发展

随着云计算和边缘计算的快速发展，传统的 CDN 业务也在向边缘计算的方向演进。CDN 业务本身就是边缘计算的一种特殊业务场景，同时 CDN 节点遍布各地，贴近终端，十分适合将 CDN 节点的富余计算资源和存储资源开放给边缘计算的其他业务场景。这样一来，Swift 缓存也就不限于仅仅为 CDN 业务提供缓存能力，其将主要向如下两个方向演进。

- 缓存服务器：提供边缘缓存内容在 CDN 的全网扩散能力和持久化存储能力。

- 存储资源的精细化管理：对某些客户或域名提供存储资源配额管理能力，并能实现存储资源的离线甚至是实时的弹性伸缩。

第 5 章

CDN 网络优化

CDN（内容分发网络）是互联网基础设施的重要组成部分，旨在为用户提供稳定、安全、快速的内容分发服务。分发效率是度量 CDN 系统性能的关键指标，分发效率与网络、调度、资源、缓存及其业务特性优化有重要关系，但是在有了域名后，分发效率的主要影响因素是网络。网络分为硬件网络和软件网络，其中硬件网络主要指网络硬件资源，包括边缘服务器、云上虚拟机、其他异构机器资源，以及运营商分布广泛的网络线路和节点之间的专线资源；软件网络指使用软件编码构建的网络能力，如网络二层基于 MAC 地址的数据交互能力，网络三层基于 IP 地址的数据跨域互通能力，网络四层提供的安全、信息完整、高效的数据传输能力。本章所讲的 CDN 优化侧重于软件网络优化，确切地说是侧重于网络传输优化。

网络传输优化的工作主要是克服和改良协议机制的缺陷，改良或者创新设计新的拥塞控制算法和丢包恢复算法，提升 CDN 的内容分发效率。互联网是一个开放的平台，正常的网络传输极易受到干扰，造成本来可靠的 TCP 协议变得不再可靠，甚至传输的内容被中途劫持修改，那么如何发现、诊断并溯源旁路干扰也是提升传输质量的重要一环。

本章先简介网络传输优化当前面临的挑战，然后讲解具体的优化原理，最后介绍旁路干扰的原理、识别及溯源技术。

5.1 网络传输优化的挑战

1. 拥塞控制算法

拥塞控制算法的主要思想是根据网络拥塞程序来动态调节数据发送速率。数据发送方不能直接获取网络拥塞信息，只能通过某些信号来推断。根据推断信号和推断方法的不同，拥塞控制技术可以分为四类：loss-based、delay-based、hybrid-based 和 learning-based。其中 loss-based 和 delay-based 技术因为局限于单一信号无法真实地反映拥塞状况，在复杂的网络环境下性能较差；hybrid-based 技术混合了丢包和延时信号，是目前各大 CDN 服务商的主流技术，但受限于信息的局部反馈和硬连线模型，该技术的性能及其动态适应性仍然有很大的提升空间；learning-based 技术基于数据驱动，使用机器学习等方法建立拥塞信息与拥塞控制决策之间的关系。

所有的拥塞控制算法都致力于解决链路带宽感知和预测问题，当分组交换网络中传送分组的数目大于存储、转发节点的资源承受能力时必然造成拥塞，一般会出现数据丢失、时延增加、吞吐量下降等情况，严重时会导致拥塞崩溃。丢包拥塞属于"后知"型，无法感知拥塞渐变；延时拥塞对浅队列失效且存在带宽竞争力不足的问题。另外，丢包和延时只是拥塞的表现形式，不能准确地度量拥塞。因此需要解决下面三个关键技术问题：

- 通过拥塞控制相关数据多维关联分析，研究网络拥塞控制中的闭环控制机制，通过特征学习提取拥塞指标，建立拥塞评估模型，更准确地预测拥塞。

- 根据预测的网络拥塞状况，研究拥塞状况感知的窗口控制算法，实现更灵活、高效的网络拥塞控制策略。

- 根据预测的网络拥塞状况，通过合理地控制探测速度，实现带宽探测算法的收敛性好、收敛速度快的目的。

2. 丢包恢复算法

当链路发生拥塞，网络中间设备主动 / 被动丢弃报文时，不会通知数据发送方，因此数据发送方只能通过其他线索推断报文是否丢失。

丢包恢复涉及三种核心技术：依据什么机制发现报文丢失（What），如何判定报文丢失（How），以及什么时候重传报文（When）。

（1）依据什么机制发现报文丢失（What）

社区推崇的发现报文丢失的主要手段是探测和超时，探测又分为首包探测、尾包探测、伪字节探测以及它们的组合探测，其中尾包探测数据有可能是新数据，在网络拥塞时仍然发送新数据可能会加剧拥塞。总之，CDN 服务商会基于自身业务特征和业务质量的敏感性选择不同的探测算法。不同的组合策略适合不同的场景和业务，这是一个启发式运营的结果，没有通用的模板，只有最适合的模板。

超时则借助定时器主动判定报文是否丢失，在 TCP 协议栈中最出名的定时器就是 RTO 定时器，当定时器超时发生后表示有报文丢失。

（2）如何判定报文丢失（How）

关于如何判定报文丢失，自从 TCP 协议被开发出来后，学术界、企业和开源组织就一直致力于寻找最优解。社区中主要有两种算法：基于报文发送序和基于报文发送时间序。在这两种算法出现之前，有人提出了一种高效的应答机制 SACK（Selective ACK），以及基于 SACK 的 FACK 机制，正是得益于 SACK 机制，才使得 TCP 协议栈的重传效率得到大幅提升。基于报文发送序的判定算法的核心思路是：在判定时，先发送的且未被应答的报文应该先丢失，而且为了区分丢包和乱序，也为了防止过激判定，内核定义了 tcp_reodering 变量来描述所允许的乱序程度，这个变量的默认值为 3。

基于报文发送序的判定算法虽然大幅提升了传输性能，但是由于只考虑发送顺序，不考虑报文发送的时间间隔差，导致过激判定，大量的报文丢失，反而降低了传输效率。正因如此，基于报文发送时间序的判定算法（RACK）被开发出来，它在发送顺序的基础上考虑前后报文的发送时间间隔。也就是说，当后发送的报文先被应答时，需要同时考虑前后报文发送的时间间隔差，只有当差值大于一定的阈值时才能判定报文丢失。内核也定义了 sysctl_tcp_rack_reo_wnd_ms 变量来描述该阈值，该变量在未初始化的情况下将根据连接的 RTT 自适应调节。

（3）什么时候重传报文（When）

在报文被判定为丢失后，进入重传流程，报文重传一般有两个时机：等待 ACK 报文重发的系统默认调用和系统外的自重传。其中前者为系统默认方式，这里就不赘述了；后者重传很灵活，根据业务需求自主定制。

虽然当前的丢包恢复算法已演进多年，但是其依然面临着如下四大技术难点：

- 从纷繁复杂的网络场景中提取核心特征，建立丢包判定模型，并自适应调节模型参数。

- 如何尽快地发现分组报文丢失，探索前向纠错在规模化场景中落地的可行性。

- 面向业务场景需求，研究重传性能与成本的折中关系，为业务提供弹性、分级的服务能力。

- 策略多样性与业务多样性匹配，启发式运营得到与业务最佳匹配的模式。

5.2 网络拥塞控制原理

在 CDN 的主要应用场景中，TCP 流量的占比非常高，而其他传输层协议（如基于 UDP 的 QUIC）在网络拥塞控制上与 TCP 的差异并不显著，下面以 TCP 拥塞控制为例进行讲解。

你也许对传统的 TCP 拥塞控制算法（如 CUBIC）并不陌生，本书也不会赘述慢启动、拥塞避免等过程，如果你对这部分内容感兴趣，则可以自行参考相关书籍或资料。本节将主要讲解拥塞是如何发生的，以及传统的和现代的拥塞控制思路。

1. 拥塞是如何发生的

图 5-1 描述了最简单的拥塞场景。假如 A → B 的链路中存在一条虚拟管道，这条虚拟管道对数据的流入 / 流出存在限速，流入限速和流出限速分别记为 X、Y，而 A 的发送速率（Sending Rate）和 B 的接收速率（Delivery Rate）分别记为 S、R。现假设 $X > Y$，且 $S \leq X$，则存在如下情况。

- $S \in (0,Y]$，此时虚拟管道的限速不生效，$S = R$。

- $S \in (Y,X]$，此时数据流入速率大于流出速率，$S > R$（$R = Y$）。

再假设虚拟管道存在一个队列（Buffer），用于临时缓存来不及发送的数据，队列的容量记为 L，则在时间 Δt 内存在如下情况。

情况一：$L \geq (S-Y) \times \Delta t$, $(S-Y) \times \Delta t = M$，数据被缓存在队列中，其长度记为 M。

情况二：$L < (S-Y) \times \Delta t$，数据被缓存在队列中，其长度记为 M'。

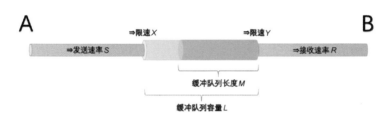

图5-1　队列长度与速率的关系

在"情况一"中，因为排队的影响，数据到达 B 的耗时将会增加，增加的时长记为 T，$T = \dfrac{M}{Y} = (S-Y) \times \dfrac{\Delta t}{Y}$，$T$、$M$ 均随时间线性增长。而在"情况二"中，超过 L 的数据将被丢弃，但丢弃的方式可能不同，如丢弃尾部的数据、随机丢弃数据等，因此 $M' \leq M$。上述两种情况恰好对应于拥塞控制中的两个关键信息：往返时延（RTT）和丢包（Loss）。这两个信息既是最基础的拥塞信号，也可以作为评价拥塞控制算法优劣的指标。图 5-2 描述了 RTT 与接收速率随 inflight（正在链路上的）数据量变化的趋势，并标注了拥塞丢包发生的时间点。

如果 A → B 的链路中只存在一条连接（一般称为一条流），则只需要控制 $S \leq Y$ 就不会增加额外的时延，只需要控制 $M \leq L$ 就不会带来丢包的问题。

而如果链路中存在多条流，多条流共享缓冲队列，任何一条流发送过快导致的拥塞都可能反馈到所有流上，一般称之为"多流竞争"。多流竞争使拥塞发生的场景更加复杂，但拥塞的本质并未改变。

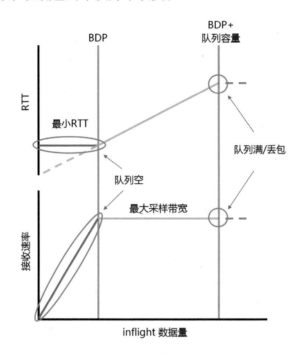

图5-2　时延与接收速率随inflight数据量变化的趋势

以上所举的例子，假设只存在一条虚拟管道，而在 CDN 的实际场景中，这样的虚拟管道通常至少有两条，分别是：用户设备接入的路由器和小区 / 企业出口限速。如果 CDN 节点的负载水位较高，则还需考虑 CDN 节点交换机 / 运营商出口的限制。例子中还假设了虚拟管道的限速是恒定的，而在 CDN 的实际场景中，很多时候流出速率会存在频繁的剧烈变化，典型的原因是用户设备通过无线接入（如 Wi-Fi、4G、5G 等），链路带宽受无线信号干扰或衰减的直接影响，可能会产生大幅波动。

虽然拥塞会导致时延增加或丢包，但时延增加或丢包不一定是拥塞导致的，链路层帧校验错误也会导致时延增加或丢包，此类非拥塞导致的丢包也被称为"随机丢包"。具体时延增加多少和是否丢包一般取决于链路层的重传次数与重传间隔。

2. 传统的拥塞控制思路

在图 5-2 中可以看到，如果以最大化利用带宽为目标，就需要 $M \in [0, L]$。当 M 较小时，如果流出限速 Y 增加了，就会发现 Y 增加的时间将更长，且在时延抖动时不能充分利用带宽；当 M 接近于 L 时，流出限速 Y 的抖动很容易导致丢包。因此拥塞控制的目标转变为：如何保持 $M \in [0, L]$，远离丢包点但又保持适当的队列长度。

为达成上述目标，传统的 TCP 拥塞控制算法一般由五部分组成：

- 选择一个或多个与拥塞相关的信号输入，通常有 Loss、RTT、BW（采样带宽）、BDP（带宽时延积）以及 ACK/SACK 等。

- 设计判断拥塞的方法。

- 设计探索带宽的方式。

- 设计拥塞发生时退避的方式。

- 选择一个或多个输出用于控制发送速率，通常有拥塞控制窗口和平滑发包速率。

最初的 TCP 拥塞控制算法选择的拥塞信号基本都是 Loss+ACK/SACK，包括 CUBIC。在固网环境下，随机丢包发生的概率非常低，Loss 是一个清晰的拥塞信号，判断逻辑也非常简单，可以基于 RTO 或者在收到重复 ACK（Dup ACK）后判断是否丢包。但选择 Loss 作为拥塞信号存在两个弊端：

- 丢包发生后再退避，带宽利用率已然受到影响。

- 随机丢包会被误判为拥塞。

为了解决第一个弊端，Vegas 等算法提出了基于 RTT 或 RTT 与 Loss 相结合的方式来进行信号输入，试图将队列长度 M 控制在接近于 0 的一定范围内，但这样做也存在两个弊端：

- 在无线网络等环境中，RTT 可能存在频繁的抖动，当链路 RTT 增大时带宽利用率不足。

- 上述主要基于 RTT 的拥塞控制算法（例如 Vegas）与基于 Loss 的拥塞控制算法多流竞争时，竞争力不足，难以均分带宽。

在带宽探索与退避的方案设计上，无论是 AIMD（Additive Increase/Multiplicative Decrease）还是某些算法提出的 AIAD（Adaptive Increase/Adaptive Decrease），也无论是二分查找还是三次曲线，其本质上都是为了达到三个目标：

- 尽快探索到最大带宽。

- 发送速率 / 拥塞窗口尽量稳定在最大带宽附近。

- 拥塞时退避到合适的发送速率 / 拥塞窗口。

此部分不同的拥塞控制算法各异，相关资料也较多，这里不再赘述。但需要重点强调的是，当拥塞发生时如何退避是一个非常关键的问题，因为这关系到评价拥塞控制算法的另一个关键指标：公平性。公平性是指当发生拥塞时各源端（或同一个源端建立的不同连接）能公平地共享同一个网络资源（如带宽、缓存等）。一个公平的拥塞控制算法应至少在两种场景下公平：

- 使用同一个拥塞控制算法的多条流同时慢启动，各流均分带宽。

- 一个公平的拥塞控制算法的一条流与其他拥塞控制算法的流同时慢启动，各流均分带宽。

更加公平的拥塞控制算法还应做到：

- 使用同一个拥塞控制算法的多条流先后慢启动，各流均分带宽。

- 一个公平的拥塞控制算法的一条流与其他拥塞控制算法的流先后慢启动，各流均分带宽。

有关拥塞控制算法公平性的问题较为复杂，此处不做过多介绍。

最后，除了上述提及的以最大化利用带宽为目标，部分拥塞控制算法还以最小化缓冲队列长度为目标，但这两个目标并不存在直接的冲突。

3. 现代的拥塞控制思路

近年来涌现出许多新的拥塞控制算法，比较有代表性的有 BBR、PCC、

Remy 等，其中 BBR 广为人知，且已在 Linux 内核和 QUIC 中实现，而 PCC 则提出了较为新颖的思路并有着令人印象深刻的表现。

BBR 与传统的拥塞控制算法相比主要有以下不同：

- BBR 能直接控制 Recovery 等状态下的拥塞控制窗口，而不是只能设置 ssthresh。

- BBR 通过控制平滑发包速率，控制 inflight 数据量在 BDP 左右，从而最小化缓冲队列长度。

- BBR 允许 inflight 数据量膨胀到至多 $2 \times$ BDP，这能有效消除 ACK 聚合或 RTT 抖动带来的影响。

- BBR 使用"一增一减六平"的发送速率循环，在能及时发现新带宽的前提下，提供了抵抗少量随机丢包的能力。

事实上，BDP 的概念并非 BBR 原创，早期基于时延的拥塞控制算法（如 Vegas、Westwood 等）也试图将 inflight 数据量控制在 $n \times$ BDP 的范围内，这在思路上与 BBR 是类似的，且在 $n \geqslant 2$ 的情况下，基于时延的拥塞控制算法也有类似于 BBR 抵抗 RTT 抖动的能力。但不同的是，传统的拥塞控制算法完全无法区分拥塞丢包与随机丢包，孤立地处理各个丢包事件，即使某些算法有所改进，根据缓冲队列长度"猜测"是否为随机丢包，也无法改变在丢包时盲目减窗的本质。而 BBR 抵抗随机丢包的方式，笔者称之为"BBR 的鲁棒性"，具体表现为：

- 不是任何丢包都会导致大幅减窗，如果随机丢包比例较低，只要在一定周期内能采样到无丢包的最大带宽，则最终 inflight 数据量就可以保持不变。

- 不是任何短时间内的突发随机丢包都会导致大幅减窗，即使随机丢包比例较高，但是只要连续随机丢包的时长短于最大带宽采样的周期，最终 inflight 数据量就可以保持不变。

BBR 的鲁棒性本质是将离散的丢包事件在时间维度上汇总为对带宽的度量。随机丢包也会导致采样带宽降低，但与拥塞丢包不同，在随机丢包比例较低时，随机丢包不减窗，其采样带宽也能恢复，而拥塞丢包不减窗，其采样带宽一定不能恢复，丢包会持续。大量或持续的丢包会导致带宽采样持续降低，并最终更新 BBR 记录的最大带宽，从而降低 BBR 的发送速率和拥塞控制窗口。事实上，如何区分拥塞丢包与随机丢包的问题也被称为丢包的二义性问题，在当前 CDN 环境下是最棘手的问题之一。BBR 并未彻底解决此问题，而是通过类似的给丢包信号添加低通滤波，将少量随机丢包视作带宽采样的噪点过滤掉，因此其对抗随机丢包的能力也是有限的，但相对传统的拥塞控制算法已经有了大幅进步。

PCC 和 Remy 分别使用了在线学习与离线学习的方式，为拥塞控制带来了新的思路，因其内容较多，这里就不展开叙述了，感兴趣的读者可以自行阅读相关论文。唯一需要注意的是，在 CDN 的应用场景下，使用假设网络状态为马尔可夫链或连续时间马尔可夫链的拥塞控制算法，因其假设了状态的无记忆性，对其假设的正确性应持谨慎和怀疑的态度。

5.3　网络丢包恢复原理

网络丢包恢复作为一般可靠传输协议（如 TCP、QUIC 等）的重要核心功能之一，在协议的传输性能上有着非常关键的作用，接下来将围绕着 TCP 协议来介绍在可靠传输协议中各种丢包恢复算法的演进迭代，同时介绍在阿里云 CDN 的应用场景下对网络丢包恢复算法的优化方向和思路。

5.3.1　概述

网络丢包恢复的原理是，数据的发送者在发送数据的过程中，需要识别哪些报文丢失了，并进行相应的重传，从而保证高效的传输效率；而在这个过程中，发送者需要面对下面两个问题：

- 对报文丢失识别的准确性。

- 报文丢失识别过程中的敏捷性。

对于上述第一点准确性，作为发送者依靠获取到的信息（包括数据接收者反馈的 ACK/SACK 信息、数据发送后的时间信息等）来推测所发送的报文是否已经丢失，在这个过程中由于受到中间网络乱序信息的影响（如发送者顺序发送了 A、B、C 三个报文，但接收者是按照 A、C、B 的顺序收到报文的，所以发送者在未收到报文 B 的 ACK 时，并不知道此时报文 B 是丢失了还是出现了乱序，只有等到报文 B 的 ACK 随后到达时，发送者才知道是出现了乱序），发送者所推测的结果不一定是准确的；而且，如果推测过于激进或者链路自身的乱序比较严重，则会导致很多本没有丢失的报文被误认为丢失，进而重传，反而有可能加重拥塞，降低了整体传输性能。

对于上述第二点敏捷性，是指丢包恢复算法根据当前已有的信息，能够多快地识别出丢包。从传输性能的角度看，当然是对丢包识别得越快越好，但过快的丢包识别可能会受到链路乱序的影响，从而导致识别不准确；而过于保守的识别策略，虽然可以降低误识别的概率，但丢包恢复的时间会过长，降低了传输效率。

所以，综上两点可以看出，识别报文丢失的准确性和敏捷性，其实是一对相互矛盾的点，而在接下来介绍的丢包恢复算法中，都是通过引入更多的信息围绕这两点进行平衡的。

5.3.2　丢包恢复算法介绍

丢包恢复算法的工作方式可以分为主动和被动两种，其中主动的丢包恢复算法包括 RTO、TLP 等，基本是发送者等待固定的一定时间后直接进行报文的重传和探测；而被动的丢包恢复算法包括 DUPACK、SACK、FACK、RACK 等，是依靠接收端反馈的 ACK 信息进行丢包的判定和重传的。

1. DUPACK

对于早期不支持 SACK 的 TCP 协议栈，在数据报文发出后，是通过统计后续接收端返回的重复 ACK 报文的数量来判定当前是否出现了丢包的。如图 5-3 所示，当 Seq 为 1000 的报文（报文大小均为 1000 字节）正常到达接收端后，接收端会返回一个 ACK 为 2000 的报文，而当 Seq 为 2000 的报文丢失后，对于后续到达的 Seq 为 3000/4000/5000 的报文，接收端所返回的都是重复的

ACK 2000（累计 ACK），所以发送端收到这些重复的 ACK 后会进行统计，当计数超过 reordering 阈值（默认值是 3）时，才会判定 Seq 为 2000 的报文丢失，从而进行重传。

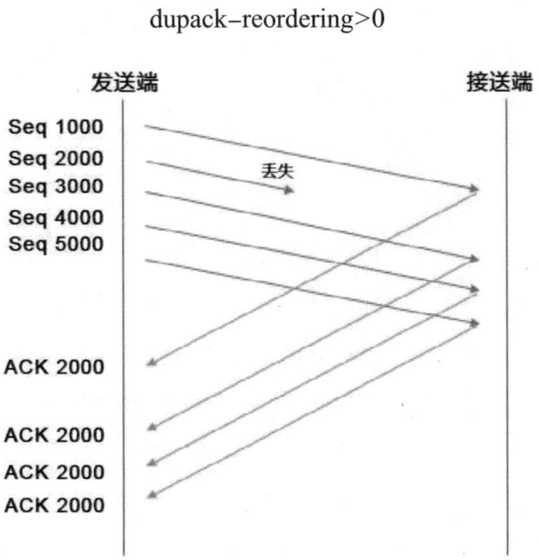

dupack–reordering>0

图5-3　DUPACK丢包应答示意图

在实际的 Linux 内核协议栈实现中，这个阈值并不是固定的，它会随着协议栈感知到的链路的乱序程度而增大，会受到一个最大阈值的限制，并且在出现超时之后又恢复到默认的阈值（具体的算法这里不再展开介绍）。

同时可以看出，在存在多个报文丢失，且只依赖 DUPACK 的情况下，重传恢复报文的效率是很低的（每一个 RTT 只能恢复一个报文），所以 TCP 协议栈引入了 SACK 机制来提升效率。

2. SACK（Selective ACK）

在 TCP 协议栈引入 SACK 选项这一功能后，重传算法便可以利用更多的信息来进行丢包情况的判定。如图 5-4 所示，当 SACK 选项开启后，接收端能够通过返回 ACK 报文的 SACK 选项，将收到报文的情况（如收到了哪些报文）以 Seq 序列号区间的方式（最多三个区间）反馈给发送端。当发送端有了 SACK 信息的辅助后，可以清楚地知道哪些报文可能丢失了，一次性进行这些报文的重传，但考虑到链路的乱序问题，当发送端收到 SACK 信息后，也不是立即重传未收到的报文的，而是会进行乱序的判断。在 Linux 内核的协议栈实现中，维护了一个 sack_out 变量，用于记录当前已发送的报文中有多少报文处于 SACK 状态（这里可以理解为对 DUPACK 的数量进行计数），只有在满足

$$sack\_out-reordering \geqslant 0$$

时，才会触发重传（其中 reordering 为乱序度，其定义和上述一致）；而重传报文的数量也由一个变为多个（当然，在实际中不一定能够全部重传出去，因为会受到拥塞控制的限制）。具体判断丢包的方法为：从发送队列的头部开始扫描，遇到没有被选择确认收到的报文即标记为丢包，直到遇到（sack_out − reordering + 1）个已经被选择确认收到的报文便停止扫描。

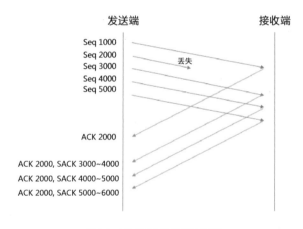

图5-4　SACK丢包应答示意图

相比单纯的 DUPACK，引入 SACK 选项能够极大地提高丢包恢复的效率，但 SACK 在丢包判定上还是相对保守了些，只对前面一部分 SACK 的空洞进行了丢包重传，并没有将 SACK 信息所反馈的所有空洞（即没有收到的报文）都判定为丢失。这样一来，在一些丢包严重或者网络乱序严重的场景中，sack_out 的值并不足以触发重传，还是会等到 RTO 的触发才能进行重传。

3. FACK（Forward ACK）

FACK 算法的设计目的是更准确地估计网络中报文的状态，从而进行更及时的重传，来解决上述 SACK 算法在部分场景中效率低的问题。FACK 算法也

是利用接收端所反馈的 SACK 信息对网络中传输的报文状态进行判断的；以 Linux 内核的 TCP 协议栈为例，在 FACK 算法的实现中，会维护一个 fack_out 变量，用于记录在当前发送队列中从最高的被选择确认收到的报文到第一个没有被确认收到的报文的报文个数，如图 5-5 所示，并且当

$$fack\_out - reordering > 0$$

时，被判定为出现了丢包（其中 reordering 为乱序度，其定义和上述一致），进行丢包恢复。通过如下公式：

$$scan = max(fack\_out - reordering, 1)$$

计算出尝试进行丢包判定的数量 scan，从发送队列头部开始扫描，扫描前 scan 个报文，将其中没有被选择确认收到的报文进行重传。所以从上述方法可以看出，FACK 是较为激进的，它将 SACK 反馈信息中的空洞（未收到的报文）都判定为丢失了，当然其中也考虑了乱序的影响，通过减去 reordering 来进行平衡。

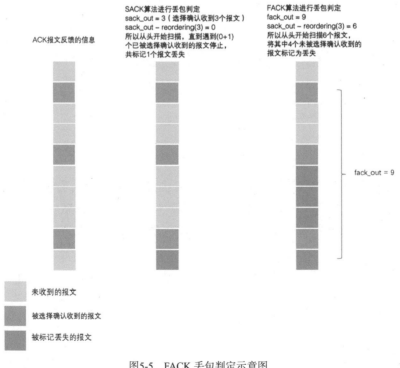

图5-5 FACK 丢包判定示意图

4. RACK（Recent ACK）

RACK 是一种基于时间顺序的丢包判定算法。由于在传统的基于 Seq 序列的丢包判定算法中，存在如下三个问题：

- 尾部丢包问题。在数据传输的最后阶段，如果只是最后一部分尾部数据丢失了，没有 SACK 信息的反馈，则只能等到 RTO 触发才会进行恢复。

- 重传丢失问题。对于上述 SACK、FACK 等算法，在丢包严重的场景中，不能很好地处理重传报文再次丢失的问题，只能等到 RTO 触发来进行恢复。

- 在乱序严重的网络场景中，上述算法中的 reordering 会逐渐增大来避免额外的无效重传，但同时也会造成 reordering 过大无法及时触发重传，从而导致不得不等到 RTO 触发进行恢复。

针对上述问题，业界提出使用 RACK + TLP 作为整体丢包恢复方案。

RACK 算法的核心思想其实就是为每个发送的报文（包括重传的报文）启用一个虚拟定时器，定时器的超时时间是最新的 SRTT（平滑 RTT）加上一个时间的乱序窗口，在定时器超时后，如果报文还没有被应答，就认为这个报文已经丢失。而在实际的实现中，是通过每次收到的 ACK/SACK 所反馈的信息，来记录最近一个被确认收到 / 选择确认收到的报文的发送时间 T 的。如果在 T 时间点之前就已经发送了报文，并且和 T 时间点的时间间隔超过了乱序阈值，那么就可以判定这些报文已经丢失。

从上述丢包判定逻辑可以看出，RACK 算法不仅可以处理首次丢失报文的情况，也可以很好地处理重传后再次丢失报文的情况（解决了上面提到的第二个问题）。而对于乱序的时间窗口阈值（默认初始值为 $\dfrac{min\_rtt}{4}$），在 RACK 算法中会动态地根据当前链路的乱序情况进行调整。在由于链路乱序增加导致出现了一些额外重传后，发送端会收到 DSACK，这个时候 RACK 算法会逐步增加时间窗口阈值，在经过 N 个收到 DSACK 的 RTT 后，时间窗口阈值变为：

$$\min[(N+1) \times \frac{min\_rtt}{4}, SRTT]$$

阈值也会有一个上限，其最大为 SRTT。而在时间窗口阈值达到最大的 SRTT 之后，RACK 会保持这个阈值一段时间再逐渐降回到默认的 $\frac{min\_rtt}{4}$，目的是在乱序消失后又能恢复到丢包探测的敏捷状态（具体逻辑不再展开介绍）。由此可以看出，RACK 通过动态适配链路乱序情况来调整自身的时间窗口阈值（解决了上面提到的第三个问题）。

5. TLP（Tail Loss Probe）

TLP 算法是与 RACK 一并被提出的，其主要针对出现尾部丢包或者链路大量丢包的场景，没有额外的 SACK 信息，或者所返回的 SACK 信息不足以触发重传，此时便会通过 TLP 发送一个探测包来触发对端返回 ACK，从而配合 RACK 算法进行快速恢复。

TLP 的定时器是在发送了新数据报文或者收到了 ACK 的累积确认更新之后进行设置的，超时时间一般为 2 倍的 SRTT，在定时器超时后，会先尝试发送一个新数据报文（如果有新数据报文且通告窗口允许的话），如果不成功，便会重传发送队列中序列号最大的一个报文。TLP 通过主动探测的思想，避免了在一些尾部丢包或者大量丢包的场景中不得不等到 RTO 触发才能恢复，提高了丢包恢复效率。

RTO 算法作为整体重传机制中一种保底的策略，在其他快速重传都没有办法生效的情况下，RTO 负责最后的重传，其原本的设计目标是在发送端长时间没有收到任何接收端的反馈信息时，重传当前发送队列中的报文。RTO 算法通过定时器实现，当定时器被触发后，RTO 算法认为当前链路已经处于一种较为拥塞的状态，会调整拥塞窗口为 1（在较新版本的 Linux 内核实现中，会根据当前协议栈预估网络中还存在的报文数量进行设置），并且重新开始慢启动，同时也会将发送队列中所有未被确认收到的报文标记为丢包，所以进入 RTO 后整体的传输效率损失是非常大的（也会使用一些其他机制来确认是否有必要进入 RTO 来避免这种损失，例如 FRTO 等，这里不做展开介绍）。

在具体实现上，对于一个正常采样到的 RTT，RTO 通过如下公式计算：

$$RTO = min[max(SRTT+4 \times rttvar, RTO_{min}), RTO_{max}]$$

$$SRTT = \frac{7}{8} \times SRTT + \frac{1}{8} \times RTT$$

$$rttvar = \frac{3}{4} \times rttvar + \frac{1}{4} \times |SRTT - RTT|$$

在初始状态下：

$$SRTT = RTT$$

$$rttvar = \frac{1}{2} \times RTT$$

5.3.3　阿里云 CDN 业务场景下的优化方向

在阿里云 CDN 的业务场景下有很多业务类型，如视频类业务、下载类业务、信令类业务等，不同业务类型所侧重的性能指标也是不同的，为了实现在满足业务性能指标的同时进一步减少重传成本（提高丢包识别的准确性，减少额外的误重传），在阿里云 CDN 上我们采用了如下优化思路：

- 不同业务类型使用不同的丢包恢复算法。例如，对于视频类业务，视频的流畅播放是比较核心的指标，这就要求丢包恢复算法较为灵敏，但由于视频流畅播放所需要的数据量是有限的（满足相应码率即可），所以在重传报文的判定上我们采取相对保守的策略，在满足一定传输速率的同时，尽量避免多余的无效重传。而对于下载类业务，对下载速度要求较高，在丢包恢复算法上更侧重于恢复的整体效率，通过搭配使用不同侧重点的丢包恢复算法，使得整体性能和成本达到最优。

- 即使对于一种业务，在全国不同省份，运营商所面临的网络质量也是不同的，使用固定的一种丢包恢复算法，在一些地区还是可能出现性能不能满足需求的情况，这时我们依靠阿里云 CDN 成熟的网络大数据系统，能够实时反馈一种业务在哪些地区的质量较差，从而动态调整这些地区的丢包恢复算法策略，来保证整体的业务质量，如图 5-6 所示。

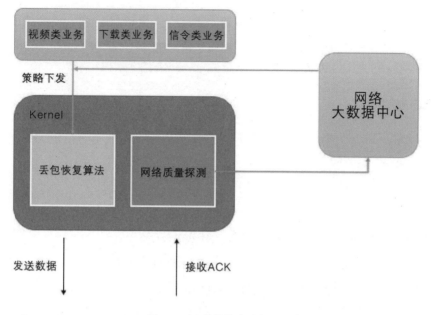

图5-6　动态重传策略示意图

5.4　网络旁路干扰技术

旁路干扰技术是一种利用中间人数据报文监听、抢答的方式，使被干扰方误信虚假报文，致使被干扰方传输层协议栈异常、应用层处理逻辑异常，从而导致数据通信无法正常进行的技术手段。

旁路干扰系统多部署于国际出口、骨干、省出口甚至小区宽带出口位置，是一种控制访问者与被访问者之间的权限行为或权限的系统，主要被使用在防止越权访问或需要进行流量牵引的场合。

然而，误用或滥用旁路干扰技术，会对网络产生严重影响，造成无法正常访问业务、访问内容被劫持甚至被恶意替换等严重影响用户体验的恶劣情况，产生严重的安全隐患。

本节将以互联网中存在的旁路干扰现象所导致的实际问题为需求根基，对常见的 TCP 握手干扰、TCP 重置干扰、HTTP 干扰、DNS 干扰的原理进行深度分析，设计出抗旁路干扰系统，对已知的四类旁路干扰起到抵抗和防护的作用，达到互联网数据传输不受旁路干扰影响的效果。

同时，本节还将针对旁路干扰技术隐蔽而难以溯源的特性，对旁路干扰技术特性进行详细分析，依据旁路干扰技术的特点提出旁路干扰溯源的方法：TTL 探测定位法，设计并实现针对旁路干扰的准确溯源。

5.4.1　背景介绍

随着互联网技术的发展日新月异，衍生出越来越多的网络控制技术，覆盖面也越来越广。从鲜为人知的黑客组织到专业的安全厂商，从某些地区某些省的总出口到小区宽带上网正在使用的 ISP，都有网络旁路干扰（或称为劫持）技术的存在。

TCP（Transmission Control Protocol）提供了面向连接、可靠的数据传输服务。TCP 是一种可靠的传输协议，它通过序号机制确保数据传输的完整性和可靠性，属于一种端到端协议。

原本 TCP 以"可靠性""流量控制""优先级和安全性"著称，深受广大使用者的青睐。然而如今，旁路干扰充斥着整个互联网，它以一种高度隐藏的方式潜移默化地对客户端和服务端进行窥探与干预，或多或少、或好或坏地对数据传输的正确性与合规性产生微妙的影响。TCP 传输不再可靠，TCP 的可靠传输机制则成为 TCP 本身的软肋。

此外，HTTP 本身也经常被干扰，在传输数据时，中间链路中的某些设备对其进行了数据劫持、篡改，改变了其原有的传输机制，使数据经过中间链路到达网络末端时与原有语义相比产生了微妙的变化，从而改变了数据特性。

不仅如此，DNS 协议本身也存在着被干扰劫持的可能，使网络末端的终端设备的工作模式与原本不同，这种改变有可能会起到提升网络质量的作用，也有可能会出现工作异常的情况。

旁路干扰产生的价值和带来的弊端是：旁路干扰对访问互联网的大型或超大型静态数据起到了完美的加速效果，但同时它也有可能被误用或滥用，给业务造成严重影响，使用户体验显著降低。不仅如此，旁路干扰还会篡改传输内容，劫持传输数据流到指定地址，欺骗及干扰数据，使数据传输中断，造成严重的安全隐患。

在实际互联网环境中，常见的异常现象有（但不限于）：

- 打开网页后看到的不是原有的页面，内容被篡改。

- 看到网页右下角被插入与页面内容无关的广告。

- 浏览器根本无法打开页面。

- 上网速度很慢，但测速发现却非常快。

- 打开网页后发现其中部分图片无法正常显示，刷新页面后这种情况有可能会消失。

- 无法正确获取所要访问的域名地址。

- 服务器正常，但始终无法建立 TCP 连接。

为了预防和消除旁路干扰造成的不良影响，需要深入分析旁路干扰的原理和技术实现细节，针对旁路干扰的技术实现来设计抗旁路干扰系统。本节重点从 TCP、HTTP、DNS 等传输层和应用层协议出发，对旁路干扰技术进行深入剖析，并针对现有的干扰技术提出抗干扰思想，设计抗旁路干扰系统，同时针对难以溯源的现状提出干扰溯源方案，最终形成一个可抗旁路干扰和可跟踪溯源的系统。

5.4.2 干扰设备部署方式

旁路干扰是一种不用改变网络拓扑，无须串接在网络中，只需将流经网络的出入向流量通过镜像、分光等方法进行数据旁路复制，通过带外分析后进行网络注入干预而影响原有网络传输的技术实现。

旁路干扰与串接控制不同，它们有着本质的区别，其对比如表 5-1 所示。

表 5–1　旁路干扰与串接控制的对比

对 比 项	旁路干扰	串接控制
部署方式	将出口流量镜像或分光后再处理	串接于网络出口位置
可控性	阻断、内容替换	阻断、内容替换、限速、网络地址转换等
控制效果	能否 100% 生效，取决于干扰目标的协议特性，以及干扰目标的网络时延	对流经的数据做到 100% 控制
可靠性	不存在单点瓶颈，若旁路干扰系统出现故障或处理性能不佳，则不会影响现有网络传输	存在单点瓶颈，一旦串接控制设备损坏或处理性能不佳，则有可能对现有网络造成时延增加甚至断网的不良影响
设备隐蔽性	具有极强的隐蔽性，被干扰方无法知道	除桥接模式的串接部署外，路由、代理、地址转换模式均不具备隐蔽性，会暴露网络接入地址

目前国内外有很多公司、组织机构针对协议干扰做了各种设计，归纳起来主要有以下几种干扰行为：

- 针对 TCP 进行干扰，即在客户端与服务端中间进行数据监听，当发现所传输的数据内容需要被干扰时，干扰源通过抢先应答的方式向客户端和服务端发送 RST 或序号错误的报文，利用 TCP 协议栈的特性迫使客户端和服务端无法正常工作。

- 针对 HTTP 进行干扰，即在客户端与服务端中间进行数据监听，当干扰条件被触发时，干扰源利用 HTTP 协议的特点对客户端进行数据报文抢答干扰，迫使客户端的 HTTP 协议处理器（如浏览器或其他 Web 组件）进行错误数据处理。

- 针对特定高层协议进行干扰。例如 DNS 协议，干扰源在客户端与服务端中间进行数据监听，当干扰条件被触发时，干扰源通过伪造错误的 DNS 响应报文优先于正常响应报文向客户端发起干扰，迫使客户端误认为收到了一个正确的有效报文并进行相应处理，从而对 DNS 客户端实施干扰。

5.4.3 工作原理简介

深入了解和掌握旁路干扰技术的原理，是设计抗旁路干扰系统的前提，本节将着重针对旁路干扰技术的实现原理及特点进行深度剖析。

所谓旁路干扰技术，是指利用旁路接入的方式，在不影响现有网络的情况下对网络实施一种特殊的攻击，利用这种攻击特性来达到干扰原有网络数据传输的目的。此技术的重点就在于网络接入方式是旁路接入，而不是串行接入。

旁路接入的好处在于设备部署简单，不用改变当前网络拓扑，不会因设备性能低下或硬件故障而影响生产网络。

如图 5-7 所示，旁路干扰系统利用网络核心节点的数据镜像或分光技术，通过数据监听获得骨干链路中的数据报文，同时也接入到骨干网络中，可以与网络内的其他终端进行正常的报文交互。

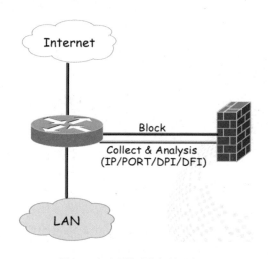

图5-7　旁路干扰系统部署示意图

旁路干扰系统利用地址匹配法、端口匹配法、深度包检测分析法、深度流检测分析法等多重手段对收集到的报文数据进行分析。

当旁路干扰系统发现有需要关注的敏感信息后，通过另一个连向网络的接口向客户端和服务端单一或同时发送伪造的虚假报文，欺骗原本处于正常工作状态下的客户端和服务端，使其断开原始连接或改变原有访问特性，从而达到破坏的目的。

旁路干扰系统的特点是：旁路接入、部署方便、隐蔽性强。

5.4.4　旁路干扰真实案例详解

1. 针对 HTTP 的虚假内容抢答干扰

当今互联网中 HTTP 的普遍度位居前三，大量的通信数据都使用 HTTP 进行传输，如网站页面、视频文件的下载等。随着旁路干扰技术的出现，涌现出很多利用旁路干扰技术提升用户上网体验的新思路。

如图 5-8 所示，当旁路干扰系统接收到特定的 HTTP 请求后，可以通过抢答的方式伪造 HTTP 报文，发送 302 跳转信息给客户端。

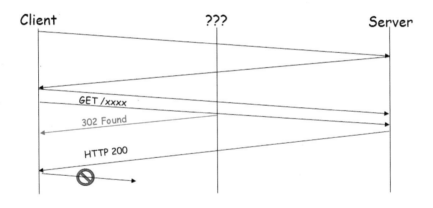

图5-8　HTTP虚假内容抢答干扰原理示意图

客户端在收到来自旁路干扰系统伪造的 302 跳转信息后，不会再接收来自服务器的真正 HTTP 报文内容，断开原有连接，利用 HTTP 特性重新打开新的 HTTP 连接，对旁路干扰系统指定跳转的新 URL 地址进行访问。

如图 5-9 所示，客户端与服务器建立连接的时间是 27ms，但是当客户端发起 150 字节的请求报文后，仅 8ms 便收到来自"服务端"的回复数据。由于服务端发出的报文携带 FIN 标记，因此客户端也发送 FIN 报文断开连接。

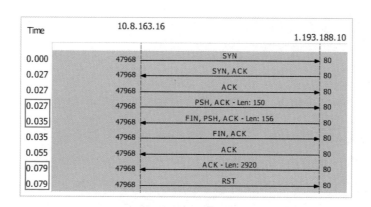

图5-9　HTTP虚假内容抢答干扰时序图

在 79ms 时，客户端再次收到来自服务端的 2920 字节的数据报文，此报文才是真正的服务器响应数据。但由于之前客户端已经收到并发出了 FIN 报文，完成了 TCP 协议的四次挥手，断开了连接并关闭了网络套接字，因此在收到数据后立刻回应 RST 报文告知服务端此数据不被接收，旁路干扰完成。

如图 5-10 所示，当遇到此类干扰时，利用 Wireshark 可以看到流化后的报文的一部分被替换为虚假内容。

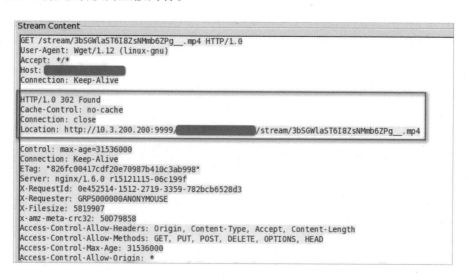

图5-10　HTTP虚假内容抢答干扰流化内容

这样做的好处在于，如果新的 URL 地址指向的服务器距离访问者更近，则传输速度会非常快，可以大大提升访问者的使用体验。这种技术多用于小区 ISP 出口位置，对电影、音乐、大型软件安装包等进行干扰使其产生访问跳转，以提升用户使用体验。

2.针对 DNS 的干扰

除对 HTTP 报文通过内容替换进行干扰外，对 DNS 域名解析请求也同样可以利用旁路抢答的方式实现干扰。

如图 5-11 所示，当北京的客户端使用美国某 DNS 服务器进行域名解析时，在 63ms、64ms 时先后收到来自"美国"服务器的响应，而在 216ms 时又再次收到一个域名解析请求的响应报文。

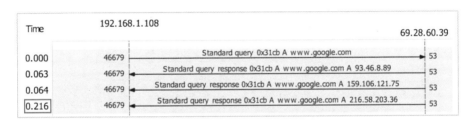

图5-11　DNS干扰客户端时序图

由于中美之间的理论最小往返时延要大于 160ms，因此在 63ms、64ms 时收到的 DNS 响应报文为虚假报文，该报文来自旁路干扰系统。

又由于 DNS 客户端的特性是以收到的第一个响应报文作为正确答案的，因此在 216ms 时收到的真正报文无法被 DNS 客户端处理，DNS 客户端使用的则是在 63ms 时收到的携带错误 IP 地址的响应数据，此时旁路干扰完成。

针对 DNS 解析的干扰多用于进行访问限制的环境，例如图 5-11 所示例子中访问的谷歌域名。

5.4.5　干扰识别技术概述

若针对 IPv4 协议进行旁路干扰，则可依赖 IPv4 头部的 TTL、IPID 等信息，以及数据包往返时延、数据包内容深度分析等手段来识别。

抛砖引玉，这里以 RTT 分析法为例。

如图 5-12 所示，这是一个在国内访问国外服务器的真实例子，当客户端 60.5.240.74 尝试与服务端 209.177.82.58 进行 TCP 握手时，握手正常建立，但随后收到服务器发来的大量 RST 报文终止了连接。

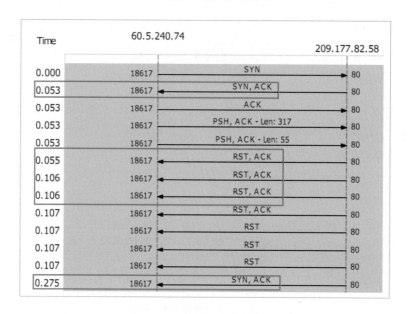

图5-12 TCP握手干扰客户端抓包

在图 5-12 中，客户端在 53ms 时收到的 SYN/ACK 是旁路干扰系统伪造的数据包，真正的 SYN/ACK 是在 275ms 时发送过来的。

客户端在 55ms 时收到的 RST/ACK 也是旁路干扰系统伪造的，受中美之间的距离限制，即使用专线往返时延也应在 160ms 以上，仅不到 110ms 就收到大量 SYN/ACK 和 RST 属于不正常现象，该数据为伪造抢答所致。

5.4.6 干扰溯源技术概述

干扰溯源一般有两种方案：TTL 差值计算法和 TTL 章鱼触手探测法。前者的特点是需要知道干扰设备的干扰方式、干扰方向、数据构造方式和大概部署位置（近客还是近源），相对来说准确率低；后者则采用 IPv4 头部的 TTL 传输特性进行针对干扰设备的诱骗，使得干扰设备自动暴露位置，其操作复杂但相对准确。

第 6 章

CDN 运营支撑

CDN 运营支撑系统是除 CDN 调度系统以及节点系统之外的第三大核心系统，该系统支持整个阿里云 CDN 的正常运转。本章将分别介绍 CDN 的管控系统、配置管理系统、内容管理系统、监控系统、日志系统等。

6.1　管控系统

管控系统是阿里云 CDN 面向用户的第一个门面，用户第一次使用 CDN 就是从管控系统开始的。阿里云是国内首家将 CDN 管控能力对外开放的云厂商。本节将主要介绍阿里云 CDN 控制台所具备的一些用户控制能力。

6.1.1　用户管理

拥有用户账号是使用 CDN 系统服务的前提，用户在阿里云官网成功开通 CDN 服务后，才能在控制台或者通过 OpenAPI 添加域名后续服务。账号信息包含用户的官网识别 ID，我们称之为 AliUid。AliUid 被用来唯一识别一个用户，用户的 CDN 账单也被推送到这个账号上。账号信息还包含用户的计费方式——是带宽计费还是流量峰值计费。用户的账号信息作为基础数据，被使用在后续的用量计费、日志收集等支持系统中。

1. 用户注册

当用户在阿里云官网开通 CDN 服务后，控制台开通服务调用底层的 AddUser 接口，如果 AliUid 不存在，则新建一个账号；如果 AliUid 已经存在，则表明用户曾经开通过服务。在数据存储层面，将 AliUid 作为数据库的唯一键，避免用户重复添加。

2. 用户销毁

当用户注册成功后，一般情况下会保持账号信息不变。在数据安全体系下，系统也提供了全流程销毁用户数据的能力，在用户发起账号销毁流程后，系统首先会检查该账号下是否有域名正在服务，或者账单是否结清，如果是，则调用底层的 DeleteUser 接口，销毁 CDN 系统中与 AliUid 关联的所有数据。

6.1.2 域名管理

CDN 提供的几种经典加速服务场景，如图片、CSS、JS 加速、安装包下载、直播、点播等都是通过内容加速来实现的。在互联网上，所有资源都可以通过统一资源标识符（Uniform Resource Identifier，URI）来实现定位，域名是 CDN 服务的载体，域名系统（Domain Name System，DNS）实现了域名和 IP 地址的相互映射，方便用户更好地使用互联网服务。域名管理是 CDN 支撑系统中不可或缺的组成部分，从 CDN 视角来看，域名管理主要是管理域名内容审核、域名备案核查、域名归属权、域名添加、域名变更和域名删除。

域名是由字母、数字、点号和连字符构成的字符串，下画线在标准的域名格式中不被支持。虽然某些 DNS 服务商可能支持域名使用下画线，但非标准做法不提倡，否则可能引发业务服务异常。

1. 域名内容审核

CDN 需要在合规的前提下提供服务，因此不是所有的域名都可以进行 CDN 加速。如果网站无实质性内容，或者内容为医药、涉黄等违规信息，则不能通过内容审核。阿里云采用系统自动审核和人工审核相结合的方式进行内容审核，即域名添加后，先处于审核中状态，如果审核通过，则进入 online 环节；如果审核不通过，则在控制台显示审核未通过，并给出审核失败原因。

2. 域名备案核查

《互联网信息服务管理办法》第四条规定：国家对经营性互联网信息服务实行许可制度；对非经营性互联网信息服务实行备案制度。未取得许可或者未履行备案手续的，不得从事互联网信息服务。中国大陆地区的 CDN 服务必须遵守上述合规规定，即域名必须取得有效的工信部 ICP 备案后，才能使用中国大陆地区的 CDN 加速服务。

阿里云 CDN 采用两种方式持续核查域名 ICP 备案信息的有效性。

- 在域名添加环节，如果选择中国大陆地区加速，则管控系统会先查询加速域名的 ICP 备案信息是否有效，如果备案有问题，则进行人工审核，用户可以通过补充真实备案材料完成添加，否则无法将域名加入阿里云 CDN 中。

- 在域名持续服务环节，定时滚动巡检备案信息是否有效，当首次巡检发现备案信息无效时，会发出预警通知用户整改，如果连续两次巡检发现备案信息无效，则管控系统会将域名服务从 CDN 下线，并通知用户。

3. 域名归属权

当用户添加域名进入 CDN 管控系统时，有必要验证用户是否拥有域名的所有权。这是为了防范用户将不属于自己的域名添加到 CDN 系统中，如果用户可以随意添加不属于自己的域名，则会引发一些安全问题，如伪造高可信域名的子域名网站对用户进行钓鱼。除了安全隐患，还会导致真正拥有此域名的用户服务被顺利地添加到 CDN 中，因为域名是排他的、全局的、唯一的，同一个域名只能被一个用户添加。

域名归属权验证，本质上是用户提供能证明其拥有域名所有权的凭证，管控系统通过校验该凭证的有效性来进行验证。就好比现实生活中的房屋产权证明，通过核验房产证的真伪来进行证明。在 CDN 实践中，原理与之类似，我们使用一种成本更低的信息校验机制。首先，我们给用户发放一个 CDN 后台生成的唯一凭证，称之为 token，并告知用户将这个 token 放到域名的源站根目录下，或者将其添加到域名的 DNS 文本解析记录中。随后在域名添加过程中，CDN 管控系统检查域名的源站根目录或者 DNS 文本解析记录，如果在检查结果中包含 token，则表明域名归属权验证通过；否则，表明域名归属权验证失败，用户可进一步配置后发起重试。

4. 域名添加

在讨论了添加域名的前置条件后，现在介绍如何将域名添加到 CDN 系统中。在添加域名前，首先要确定加入 CDN 系统的域名，然后确定为域名所选择的加速产品，如经典 CDN、全站加速 DCDN、直播产品 LIVE、点播产品等。在每一个大的加速产品下还细分为小的资源类型，如 CDN 可进一步细分为小文件、图片、大文件下载服务等。此外，还要为域名配置一个或多个源站，当 CDN 系统中的资源不存在或者资源缓存过期时，CDN 服务器会到源站拉取内容。

添加域名，除了将域名添加到 CDN 系统中，背后还完成了以下关键操作。

- 根据域名基本信息，如所选择的产品类型、细分的资源类型、用户的基本属性等，将域名关联到一组最终提供 CDN 服务的边缘节点资源上（称为调度域）。

- 为域名分配一个阿里云 CDN 管理的别名记录 CNAME，用户将自己的域名从 DNS 服务商解析到 CNAME 上，这样 CDN 的调度系统就开始接管用户域名的解析了。

- 将域名基本信息通过内容管理组件下发到边缘节点上，域名就开始 CDN 加速了。这一整套系统紧密协作，为用户提供了高质量的 CDN 服务。

5. 域名变更

当域名添加完毕后，CDN 服务稳稳地开始运行，此时可以进行域名的变更操作，如变更域名状态、扩充或缩减域名服务资源、变更域名基础属性等。

变更域名状态是指域名下线或者恢复上线。如果用户在控制台修改域名状态为停止服务，那么用户在请求资源时将会直接请求到自己的源站。变更域名状态通常由用户发起，或者管控系统发现中国大陆地区 ICP 备案过期，或者域名被监管部门通告违规，则会触发业务下线，甚至加入黑名单，拒绝再次启用恢复上线。

扩充或缩减域名服务资源是指在实际运行中，如果发现现有的服务资源与域名的业务现状不匹配，比如针对流量较大的域名则需要进一步扩充服务资源，将其加入一个更大的调度域中（称为"域名升舱"）；反之，如果域名在一个大的调度域中，但是其流量较小，不需要那么多资源即可提供服务，则会将域名变更到一个稍小的调度域中（称为"域名降仓"）。

变更域名基础属性是指用户可能会变更源站。比如将自有源站变更成更具有保障性的云托管源站；再比如对于阿里云的 OSS，用户会发起更改源站的操作。还有其他一些场景，如域名可能会更改资源细分类型，将小文件改成下载的大文件。甚至在某些情况下，域名所属的用户会发生改变，这种改变则涉及域名用户的迁移操作。

6. 域名删除

如果用户决定不再使用 CDN 加速服务，则可以删除域名。在删除域名前，首先要将域名设置为下线状态，静待一段时间，用户流量全部不走 CDN 后，即可发起域名删除操作。域名删除操作不可逆，首先会将节点上下发的域名基础信息都清除，然后通知调度系统删除域名，将域名从关联的调度资源池中移除，最后删除管控系统中的域名数据，域名在控制台中消失不见。

6.1.3　CDN 控制台

当用户开通 CDN 服务后，可以根据实际业务需求，通过操作控制台实现功能配置，快速配置加速业务。本节将主要介绍阿里云 CDN 控制台的各项功能，帮助你更快地理解这些功能及其含义。

1. 域名管理

CDN 域名管理功能如表 6-1 所示。

表 6-1　CDN 域名管理功能

分　类	功　能	说　明	默认值
批量复制	批量复制	将某个加速域名的一个或多个配置,复制到另一个或多个域名上	无
设置报警	设置报警	监控 CDN 域名的带宽峰值、4xx/5xx 返回码占比、命中率、公网下行流量和 QPS 等监控项。当报警规则被触发时,阿里云监控会根据设置通过短信和邮件发送报警信息	无
标签管理	绑定标签	标记域名或域名分组	无
	使用标签管理域名	使用标签快速筛选域名,进行分组管理	无
	使用标签筛选数据	使用标签快速筛选域名,查询相关数据	无
基本配置	修改基础信息	修改加速区域	无
	配置源站	修改源站配置	无
回源配置	配置回源 Host	修改回源 Host 域名	开启
	配置回源协议	CDN 根据设定的协议规则回源。回源使用的协议和客户端访问资源的协议保持一致	未开启
	开启阿里云 OSS 私有 Bucket 回源授权	开通加速域名访问私有 Bucket 资源的权限	未开启
	配置回源 SNI	当源站 IP 地址绑定多个域名,且 CDN 节点以 HTTPS 协议访问源站时,设置回源 SNI,指明具体要访问的域名	关闭
	配置自定义回源 HTTP 请求头	当 HTTP 请求回源时,可以添加或删除回源 HTTP 请求头	关闭
	配置回源请求超时时间	根据实际需求设置 CDN 回源请求的最长等待时间。当回源请求的等待时间超过配置的超时时间时,CDN 节点与源站的连接断开	30s

续表

分　类	功　能	说　明	默认值
缓存配置	配置缓存过期时间	自定义指定资源的缓存过期时间规则	无
	配置状态码过期时间	配置资源的指定目录或文件后缀名的状态码过期时间	无
	配置 HTTP 请求头	配置 HTTP 请求头，目前有 10 个 HTTP 请求头参数可供自行定义取值	无
	配置自定义页面	根据所需自定义 HTTP 或者 HTTPS 响应返回码跳转页的完整 URL 地址	404
	配置重写	对请求的 URI 进行修改和 302 重定向到目标 URI	无
HTTPS 安全加速	配置 HTTPS 证书	提供全链路 HTTPS 安全加速方案，仅需在开启安全加速模式后上传加速域名证书 / 私钥，并支持对证书进行查看、停用、启用、编辑操作	关闭
	设置 HTTP/2	二进制协议带来更多的扩展性、内容安全性、多路复用、头部压缩等优势	未开启
	配置强制跳转	在加速域名开启 HTTPS 安全加速的前提下，支持自定义设置，将原请求进行强制跳转	未开启
	配置 TLS	在开启 TLS 协议版本后，加速域名开启 TLS 握手。目前只支持 TLSv1.0、TLSv1.1、TLSv1.2 和 TLSv1.3 版本	关闭
	配置 HSTS	HSTS 的作用是强制客户端（如浏览器）使用 HTTPS 与服务器创建连接	关闭
访问控制	配置 Referer 防盗链	通过配置访问的 Referer 黑名单和白名单来实现对访客身份的识别与过滤，从而限制访问 CDN 资源的用户，提升 CDN 的安全性	未开启
	URL 鉴权	通过配置 URL 鉴权来保护用户站点的资源不被非法站点下载盗用	未开启
	IP 黑白名单	通过配置 IP 黑名单和白名单来实现对访客身份的识别与过滤，从而限制访问 CDN 资源的用户，提升 CDN 的安全性	未开启

分　类	功　能	说　明	默认值
	配置 UA 黑白名单	通过配置 User-Agent 黑名单和白名单来实现对访客身份的识别与过滤，从而限制访问 CDN 资源的用户，提升 CDN 的安全性	未开启
性能优化	页面优化	删除页面中无用的空行、回车符等内容，有效缩减页面大小	未开启
	智能压缩	支持多种内容格式的智能压缩，有效减小传输内容的大小	未开启
	Brotli 压缩	在对静态文本文件进行压缩时，可以开启此功能，有效减小传输内容的大小，加速分发效果	未开启
	过滤参数	当 URL 请求中携带"?"和参数时，CDN 节点在收到 URL 请求后，判断是否需要携带参数的 URL 返回源站	关闭
高级配置	配置带宽封顶	当在一个统计周期（如 5 分钟）内产生的平均带宽超出所设置的带宽最大值时，为了保护域名安全，此时域名会自动下线，所有的请求都会回到源站	关闭
视频相关配置	配置 Range 回源	开启 Range 回源功能，可以减少回源流量消耗，并且提升资源响应时间	关闭
	拖曳播放	在开启拖曳播放功能后，在播放音视频时，可以随意拖曳播放进度，而不会影响音视频的播放效果	未开启
	听视频	在开启听视频功能后，CDN 节点会将视频文件中的音频分离，并返回给客户端，以节省流量	关闭
	音视频试看	在开启音视频试看功能后，用户可以试看音视频	关闭
配置CDN WAF 防护	配置 WAF 防护	CDN 结合 WAF 能力，对业务流量进行恶意特征识别及防护，将正常、安全的流量回源到服务器	未开启
IPv6	IPv6 配置	在打开 IPv6 开关后，IPv6 的客户端请求将支持以 IPv6 协议访问 CDN，CDN 也将携带 IPv6 的客户端 IP 信息访问用户的源站	关闭

2. 监控查询

用户在使用 CDN 提供的加速服务时，可以根据实时监控数据和历史数据来分析其运行情况，通过用量和账单及时了解其收费明细，更好地进行业务决策。

用户可以通过监控查询功能执行相关操作，如表 6-2 所示。

表 6-2　监控查询功能

功　能	说　明
数据监控	通过资源监控和实时监控，可以了解 CDN 的运行情况
统计分析	通过查看历史的离线分析数据，可以了解 CDN 的运行情况
用量查询	查询指定时间、域名和区域下的计量数据，包括流量、带宽、请求数等
账单查询	按日或按月查询当前 CDN 用户下的所有账单。CDN 支持按流量计费、按峰值带宽计费、按增值服务计费和按实时日志条数计费查询账单
账单导出	按日或按月导出当前 CDN 用户下的所有账单，并下载保存为 PDF 格式
明细导出	根据所需创建账单导出任务，并下载保存为 Excel 表格
查看资源包	如果你已购买 CDN 资源包，则可以查看资源包详情，并根据实际情况合理使用资源包

3. 刷新和预热

CDN 提供了资源的刷新和预热功能。通过刷新功能，用户可以强制 CDN 节点回源并获取最新文件；通过预热功能，用户可以在业务高峰期预热热门资源，提高资源访问效率。

- 刷新功能是指用户在提交 URL 刷新或目录刷新请求后，CDN 节点的缓存内容将会被强制过期，当用户向 CDN 节点请求资源时，CDN 会直接回源获取对应的资源返回给用户，并将其缓存。刷新功能会降低缓存命中率。

- 预热功能是指用户在提交 URL 预热请求后，源站会主动将对应的资源缓存到 CDN 节点，如果是首次请求，则可直接从 CDN 节点缓存中获取最新的请求资源，无须回源获取。预热功能会提高缓存命中率。

刷新和预热功能如表 6-3 所示。

表 6-3　刷新和预热功能

分　类	说　明	生效时间
URL 刷新	通过提供目录下文件的方式，强制 CDN 节点回源获取最新文件	5 分钟内
目录刷新	通过提供目录及目录下所有文件的方式，强制 CDN 节点回源获取最新文件	
正则刷新	通过提交含有正则表达式的 URL，对符合该表达式的 URL 进行大批量刷新	
URL 预热	将指定的资源主动预热到 CDN 的二级节点上，用户首次访问即可直接命中缓存	

4. 日志管理

通过日志管理功能，用户可以对 CDN 日志执行相关操作，如表 6-4 所示。

表 6-4　日志管理功能

功　能	说　明
日志下载	查询指定时间、域名下的日志，并下载保存
日志转存	目前 CDN 离线日志默认只能保存 1 个月。如果需要将日志保存更长的时间，则可以将日志转存至 OSS 中，方便用户根据实际情况对日志进行保存和分析
配置实时日志推送	通过实时日志推送功能，可以将 CDN 日志实时推送至日志服务中，并进行日志分析，便于快速发现和定位问题

5. 安全防护

用户在使用 CDN 加速服务时，需要了解其提供的安全防护功能，更好地保障域名安全。通过安全防护功能，用户可以执行相关操作，如表 6-5 所示。

表 6-5　安全防护功能

功　能	说　明
安全加速	如果站点经常受到攻击，则建议使用安全加速 SCDN

续表

功　能	说　明
配置 WAF 防护	CDN 结合 WAF 能力，对业务流量进行恶意特征识别及防护，将正常、安全的流量回源到服务器
配置 HTTPS 证书	HTTPS 证书为 CDN 的资源提供了更好的保障，客户端在极速访问资源的同时，可以更安全、有效地浏览网站资源
图片鉴黄	在开通图片鉴黄功能后，系统会自动检测通过 CDN 加速的图片是否涉黄，违规图片的 URL 将会被记录下来供用户导出和删除

6.2　配置管理系统

本节将主要介绍阿里云配置管理系统是如何管理用户配置的，以及阿里云配置管理系统的演进路线。

6.2.1　用户配置

阿里云 CDN 的域名管理提供了丰富的功能配置，用户在域名上配置的功能生效依靠的就是用户配置，用户配置实际上就是边缘缓存组件的业务配置。每个域名都有一份独立的用户配置，所以不同域名配置的功能不会相互影响。另外，用户配置是动态更新的，不需要边缘缓存组件重启，从而支持用户在控制台修改了域名功能后，该功能可以实时生效。

当用户配置了域名功能之后，首先会渲染更新域名配置，然后通过内容管理基础能力下发到 CDN 边缘节点上，边缘缓存组件收到通知更新业务配置。当用户请求到 CDN 节点时，节点上的缓存组件解析域名动态配置使功能生效。

6.2.2　软件配置

整个 CDN 系统想要真正地服务于用户，除了进行用户的业务配置，还要进行系统软件的基础配置。这部分配置是组成 CDN 系统的重要配置，所有的业务都允许依赖这些基础配置，比如 LVS 的 keepalive.conf、Nginx 的 nginx.conf。对这些基础配置的管理实际上也属于运维自动化 DevOps 的范畴。由于

DevOps 体系庞大，这里就不详细介绍了。本节重点介绍阿里云 CDN 的软件配置是如何管理的。

常见的软件配置管理模式有两种，其中一种是基于过程的管理，一般互联网初创公司通常使用这种管理模式。其服务架构相对简单，分为 Agent 受控端和 Server 控制端，如图 6-1 所示。

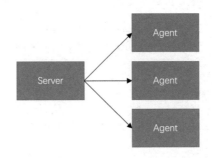

图6-1　基于过程的管理模式服务架构图

在该管理模式下，通信协议一般是系统自定义的。Agent 执行 Server 发送或者拉取过来的配置任务。比如要更新配置文件 keepalive.conf，Agent 收到 keepalive.conf 的更新任务后，通常会统一从 Server 下载最新的配置文件，并存储为 /etc/keepalived/keepalive.conf。待配置文件更新完成后，Agent 会执行相应的 Keepalived 的 reload 命令。至此，一次软件配置更新就完成了。如果要进行其他软件配置的升级，则需要针对特定的软件对 Agent 进行定制化开发。

另一种是基于状态描述的管理，其服务架构如图 6-2 所示。目前业界开源的 DevOps 软件大多采用这种管理模式，如 Puppet、Chef、SaltStack、Ansible 等。

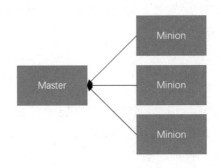

图6-2　基于状态描述的管理模式服务架构图

在这种管理模式下，一般有如下几个概念。这里以 SaltStack 为例进行介绍，其他配置管理软件与之大致相同，只是叫法不同。

- Master 控制端（在 Chef 中称为 Server）。

- Minion 受控端（类似于 Agent，在 Chef 中称为 Node）。

- State 模块（状态描述文件，在 Chef 中称为 CookBook）。

在这种管理模式下，软件配置管理相对比较通用化，Master 和 Minion 不需要进行定制化开发。在进行软件配置管理时，系统维护人员通过预定义好的 State 模块，可以轻松地将软件配置部署到指定的受控端。这种模式下的配置管理还有一个好处是，重启软件不再使用命令形式，通常开源组件可以通过定义 keepalive.conf 配置文件的变化状态来决定是否要执行 reload 命令，而且同一个软件的 State 模块可以反复执行。

如图 6-3 所示，这是上面阐述的在 keepalive.conf 更新场景下 State 模块的例子。

```
$tree
├── config.sls
├── init.sls
├── install.sls
└── service.sls

0 directories, 4 files

[linxiao.jz@cdn-login1.eu6 /home/linxiao.jz/keepalived]
$cat service.sls
keepalived-service:
  service:
    - running
    - name: keepalived
    - enable: True
    - require:
      - pkg: keepalived
    - watch:
      - file: /etc/keepalived/keepalived.conf
```

图6-3　State模块的例子

阿里云 CDN 系统现在使用的是一种基于终态的管理模式，该模式是从开源软件的状态管理模式演变而来的，我们增加了版本控制层、终态数据采集层和调度层。整个系统架构如 6-4 所示。

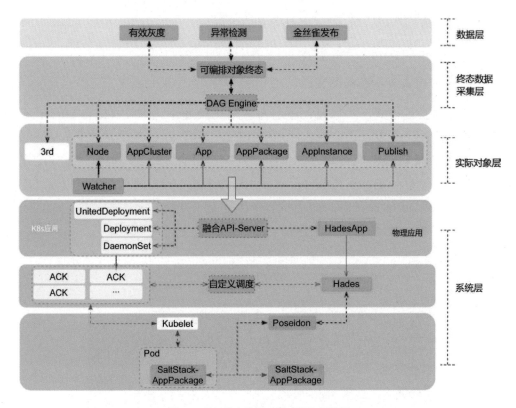

图6-4　基于终态的管理模式服务架构图

在这种管理模式下，软件配置管理人员还是按照状态管理的模式来编写 State 模块。但不同的是，基于版本控制层可以实现灰度发布、金丝雀发布。基于终态数据采集层及调度层，Agent 会定期上报当前软件的版本，以及是否已经达到状态描述的终态。如果状态描述没有执行成功，则调度层会尽快在下一个调度周期进行状态描述的重复执行，以确保配置达到终态；反之，则延长调度周期，在更长的时间后进行下一次检测，保证软件配置始终逼近描述状态。基于终态数据的采集，管理人员还可以在系统中清楚地看到当前软件部署的具体版本实例的详细情况。

6.3　内容管理系统

本节将主要介绍阿里云 CDN 系统中支撑配置分发、刷新任务、管控命令、内容封禁的基础中间件内容管理系统。

6.3.1　基础能力

内容管理系统是 CDN 相对核心的基础组件，其基础能力就是将一些控制指令、配置信息、封禁指令等小类型的数据分发到全球各地的节点设备上。我们的业务配置分发、内容刷新、内容预热都是基于这条数据通道对外提供服务的。这里与 CDN 原理不同的是，CDN 是被动同步与源站保持一致的，而内容管理是主动将数据分发到全球设备上的。

阿里云 CDN 的内容管理系统是基于一种名为 Gossip 的最终一致性协议来实现的，该协议的特点是支持海量的设备，去中心化管理接入能力。我们可以将它理解成 P2P 协议的一个变种，通过广播的形式将消息散播到全网的设备上。它的消息传播方式与病毒传播方式类似，所以起名叫 Gossip。我们基于开源的 Gossip 协议进行二次开发，现在全网的节点 99.9% 的消息能够在 250ms 内发送到设备上。

6.3.2　内容刷新

我们知道 CDN 就是通过提供缓存服务来提高访问效率的，那么用户如何主动更新缓存呢？例如，淘宝卖家在做一场活动时，会在商品展示图片上加入一些活动的内容，在活动开始时挂上活动图片，在活动结束后再恢复到原有图片。这里就用到了刷新能力。下面我们来介绍具体如何实现。

使用内容管理系统，当用户更新了源站的内容后，需要在 CDN 侧提交对应 URL 的刷新指令，响应的内容管理系统就可以接收到这个指令，并将指令下发到 CDN 的所有节点上，节点上的内容管理组件收到消息后，执行清理缓存的动作，这样缓存中的相应图片就被清除了，当有新的请求访问这个图片时，CDN 发现没有缓存，就会到源站拉取最新的图片，这样终端用户看到的就是最新的图片了。

从上面的过程我们能够看到，内容管理系统下发指令的效率非常重要，尤其是对于对时间非常敏感的用户。另外，还要确保全网生效或者在对应的调度范围内生效，避免在访问资源时，一会访问到的是新资源，一会访问到的是旧资源。

6.3.3 内容预热

预热与刷新是两个反向过程，预热是指在 CDN 没有缓存的情况下，将用户的资源从源站拉到 CDN 节点上进行缓存，以达到加速的效果。例如，在移动端的应用商店中，每款软件都有几百 MB，有些大型游戏甚至达到 GB 级别，这么大的流量，如果都去访问用户的源站，一是效率很低，二是用户的源站可能也无法承受这么大的流量突增。所以在一个新的 App 上线前，可以提前在 CDN 节点上预热资源，这样终端用户就可以直接从 CDN 节点上下载资源，既提高了访问效率，又降低了源站的压力。

用户可以在 CDN 控制台上提交一个资源预热指令，内容管理系统会接收到这个指令，并将指令下发到 CDN 节点上，CDN 节点上的内容管理组件收到消息后会模拟一次用户请求，将资源从源站拉到 CDN 节点上。

为了防止预热给源站带来压力，通常会对 CDN 节点进行分层设计，越靠近源站的层节点越少，一般预热靠近源站的这一层就可以了，这样可以有效减少对源站的并发请求。一些对时延比较敏感的用户，也有可能要求预热全网，这时内容管理系统也可以做到分批预热。

6.3.4 内容封禁

当 CDN 节点上存在违禁资源时，则会用到封禁功能。使用封禁功能的用户可能是 CDN 的用户，也可能是 CDN 服务商自己。当收到用户投诉或者监管部门反馈，或者用户自己或 CDN 服务商检测出违禁资源时，则需要调用封禁功能禁用资源。这时可能有读者会说，直接调用刷新功能清理缓存不就可以了吗？其实在清理缓存后，源站上的资源还是存在的，我们需要做到让该资源无法访问的效果。

一般的实现方式是用户在 CDN 控制台上提交一个封禁指令，内容管理系统会接收到这个指令，并将指令下发到 CDN 节点上，CDN 节点上的内容管理组件收到消息后将内容提供给负责封禁的组件，该组件通常会维护一个哈希黑名单，当终端请求访问该资源时，判断其是否命中黑名单，若命中则返回403，以达到封禁的目的。

6.4　监控系统

监控对于任何一个线上系统来说都是不可或缺的，尤其对于 CDN 而言，复杂和不可控的网络、机房环境，再加上业务多样性，监控不仅可以保障基础设施、系统平台的稳定性，而且充当了质量调度这一角色，主动发现业务问题，并通过调度解决问题。

6.4.1　CDN 边缘监控的特点

CDN 是一个节点遍布全球的分布式多级缓存系统，其网络复杂度、业务复杂度导致了它不可能像中心应用那么稳定，所以监控对于 CDN 来说尤为重要。监控技术在计算机领域已经很成熟，有非常多开源的解决方案，利用这些方案可以快速构建出一个监控体系，但是由于 CDN 业务自身的一些特点，决定了 CDN 的监控系统无法照搬业界开源的方案。下面我们先了解一下 CDN 边缘监控的一些特点。

1. 数据特点

数据是监控系统的核心，而数据的准确性和实时性是保证监控可用性最重要的两个指标。CDN 的数据来源于每次用户访问的数据和系统自身的性能数据，访问数据散落在每台机器上，如图 6-5 所示。

面对复杂的网络环境，如何将海量的数据从遍布全球的节点上收回来，保证数据的完整性、实时性是一个非常大的挑战。

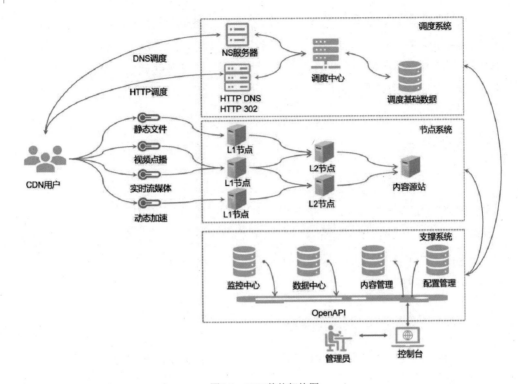

图6-5　CDN整体架构图

2. 主要监控场景

（1）网络问题监控

CDN 是部署在公网环境中的分布式多级缓存系统，其面临的最不可控的因素就是网络，我们要做的是如何快速感知网络问题，并将流量切走。CDN 要监控节点到用户侧的网络情况，还要监控一级节点和二级节点之间的网络链路问题。为了监控这些链路的网络情况，我们会依赖实际的网络传输数据，也会通过探测手段对覆盖的区域和回源网络进行周期性探测，探测手段包括 http、tcp、udp 等不同探测方式，通过不同的探测手段能够更精准地发现网络问题。

（2）业务监控

网络只是影响 CDN 服务的一个重要因素，此外还有软件问题、硬件问题、配置问题等，但是对于这些问题是否会导致服务异常不是很明确，所以我们还需要单独针对 CDN 服务的核心指标进行业务监控，如错误码、响应时间、下载时间等。对于商业 CDN 来说，服务于大量的用户，长尾用户尤其多，如果针对用户粒度进行监控，则不但成本高，而且误报多，容易掩盖真正的问题。所以针对业务监控，我们会选择节点上有代表性的域名进行监控，例如选择节点内部头部带宽的用户。

（3）告警自动化

商业 CDN 的特点是节点多、用户多，表现在监控告警上就是告警量巨大，如果这些告警都依赖人工来处理，一是投入成本非常高，二是很难保证快速恢复，肯定会对服务有影响。由于 CDN 是一个分布式多级缓存系统，服务几乎都是无状态的，所以对于大部分服务异常告警，都可以通过下节点、下机器、切走流量等手段进行自动化处理。针对影响服务的问题进行影响面评估，问题根因自动化定位，然后联动运维、调度平台，可以有效地快速解决问题，很好地保障了服务的稳定性。

6.4.2　智能化监控

前面我们介绍了 CDN 边缘监控的一些主要场景，这些场景大多数是传统的监控告警策略无法有效覆盖的，因此需要引入更智能的手段来帮助我们更好地感知线上问题和处理问题。接下来介绍 CDN 智能化监控主要被应用在哪些方面，以及都解决了什么样的问题。

1. 智能化异常检测

在网络监控、业务监控场景中，不同的网络链路、不同的节点，其服务质量是不一样的，不同的域名所表现出来的响应时间、错误码也不一样，传统的告警策略没办法很好地覆盖这些告警，为不同的监控目标配置不同的策略，在海量监控目标面前是不可行的方案，所以需要引入智能化手段来帮助提升告警的准确性。目前我们实践比较好的算法主要有以下这些：

- 时序数据异常检测算法：STL、EWMA、WMA、ARIMA。
- 机器学习算法：SVM、KDE、Isolation Forest。
- 深度学习算法：VAE、LSTM、RNN。

针对不同的场景，可以选择不同的算法或者算法组合来提升告警的准确性。例如，针对系统的指标告警，我们会选择时序数据异常检测算法；针对不同用户的业务指标，我们会选择 STL 周期性算法；针对海量监控目标，如数十万条网络链路，我们会采用深度学习算法。

2. 告警收敛

商业 CDN 的节点数量多、服务的用户体量大，可以毫不夸张地说，线上每时每刻都在产生告警，大量的告警容易让人麻木，还很容易掩盖真正急需处理的紧急故障，所以需要对无效的或者不紧急的告警进行有效收敛。目前比较好的告警收敛手段主要有两种：一是基于影响面的收敛；二是基于根因的收敛。

（1）基于影响面的收敛

当发生大量告警时，如果无法很好地评估每一个告警所对应故障的影响面，那么运维人员就很难区分哪些告警需要优先处理，从而导致故障影响时间变长。目前故障影响面智能评估主要围绕如下几个方面来展开。

- 指标异常程度：通过该指标历史基线计算出当前指标的异常程度。因为同一个指标类型对于不同的监控对象来说，趋势是不一样的，所以不能用同样的标准来衡量指标异常程度。

- 影响的带宽大小。

- 影响的时间长短。

- 预测未来走势：基于历史数据预测该异常是否会持续。

对于影响程度不是很严重的告警，后续通过运营数据突出，推进问题的排查和修复。

（2）基于根因的收敛

由于CDN是一个分布式多级缓存系统，一个节点（网络、硬件、软件）异常，可能会引起大范围的其他节点服务异常告警，产生告警风暴，对告警进行处理是一个巨大的挑战。为了能够更好地收敛告警，基于根因进行收敛是必要的。

目前根因定位分为两种，其中一种是由发布导致的告警的根因定位；另一种是日常告警的根因定位。

- 发布监控联动。将域名配置事件、软件发布事件、调度事件和相应目标的异常事件进行关联，优先将异常事件告警推送给变更来源。

- 多指标根因定位。针对多指标进行关联关系学习、专家经验沉淀，形成决策树进行根因自动定位。

3. 根因自动定位

根因自动定位是目前 AIOps 领域很火的一个概念。在 CDN 场景中，由于业务复杂、体量大，如果完全依赖运维人员人工进行问题定位，则不仅工作量非常大，而且会直接影响故障恢复时间。为了降低运维成本，提升系统的稳定性，迫切需要引入根因自动定位。目前根因定位过程如图 6-6 所示。

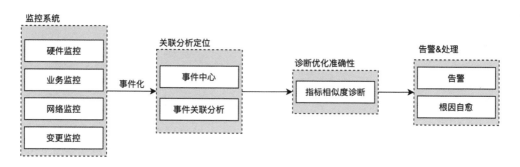

图6-6　根因定位过程

事前：

- 通过对历史异常数据进行关联关系分析（采用 Apriori 算法），得到多指标之间的关联关系，再结合运维人员的"专家经验"进行裁剪，得到一个较为准确的 KPI 指标异常和根因的关联关系。该操作是为了缩小根因探索的范围，因为在 CDN 场景中指标非常多，如果不缩小范围，探索的数据量会非常大，成本很高。

- 通过上面梳理出的关联关系，构建决策推理规则，目前我们选用的是决策树推理（方便研发和运维自助可视化构建），在事件关联分析平台上构建出推理决策树。

事中：

- 针对所有涉及的指标分别进行异常检测。

- 将异常结果、变更事件通过格式化数据存入事件中心。

- 关联分析平台持续运行事前构建的决策树，结合上游产生的事件，推理出可能的根因。

- 针对不同的根因，执行下一步的诊断优化，判断异常事件对应的指标趋势是否与 KPI 指标趋势一致（采用 Pearson 相似度算法）。

- 考虑相似度和根因影响系数进行加权算得最佳根因。

- 针对问题的根因指定归属团队处理告警和自动化处理。

事后：根据运营数据，进一步优化决策树和影响系数，优化上游异常检测算法。

6.5 日志系统

日志系统是 CDN 系统采集、清洗、处理和存储日志的子系统，除了用于服务诊断、信息查找，它还是 CDN 中诸如系统监控、计量计费等场景的重要数据来源。

6.5.1 日志使用场景和挑战

日志作为一种信息载体，可以记录丰富的原始信息，并且将数据分析过程与具体业务处理解耦。在 CDN 整个运行和运营过程中，大多数数据都是从日志中获取的，如基础的流量带宽、访问次数、QPS、命中率、下载速度、用户分布等，这些数据被不同的系统使用，完成各自的工作。

1. 使用场景

最常见的日志使用场景如下：

（1）计费场景

CDN 是一个相对传统的行业，已经形成了一套行业规范和习惯。计费对日志的依赖性很高，是 CDN 与众多云产品计费方式不同的一点。多数 CDN 用户通过审计 CDN 访问日志来核对账单数据的准确性，甚至部分 2B 大客户直接将访问日志作为缴费依据，完全基于日志来计算用量，确定账单数额。

（2）调度场景

调度系统是 CDN 的"大脑"。调度系统通过对实时流量的监控和预测，结合自身的调度规划和策略，对来自互联网的不同请求进行分配，使互联网用户的访问体验更好，同时降低了服务成本。传统 DNS 调度的最小单元是域名＋地区＋运营商，结合 CDN 节点流量数据，可以在相对较短的时间内（一般在 10 分钟左右）将特定域名、特定地区和运营商的请求调度到所需要的节点和机器上。HTTPDNS 可以做到基于 URL 维度的调度，并且由于 HTTPDNS 的 TTL 可以做到更短（一般在 1 分钟左右），因此需要更细粒度、更小延迟的监控数据，目前这些数据都是基于日志来实时计算产生的。

（3）监控场景

用户通过 CDN 控制台，可以实时地看到某个域名的运行情况，如带宽、QPS、命中率等，也可以基于这些数据配置告警规则，实现快速发现和定位问题。监控场景对数据实时性要求很高，也对数据传输和快速分析提出了更高的要求。

（4）运营场景

业务运营需要的很多数据都是从日志中获取的，如用户分布情况、业务热点、营收及成本等。运营数据的特点是维度不固定，随机性比较大。每个用户衡量自己业务的标准不同，获取数据的方式也不同，需要日志系统为用户提供良好的定制分析能力，快速支持运营分析需求。

2. 挑战

很多系统都基于日志实现了数据采集，CDN 日志的使用场景也大致相同。但由于 CDN 系统在架构和业务上的特殊之处，给日志系统带来了一些独特的挑战。

（1）规模挑战

经过近几年的快速发展，阿里云 CDN 已经成为拥有 2800 余个全球节点、数百万个域名、峰值 QPS 过亿的大规模内容分发平台。在世界杯期间，阿里云 CDN 承载了国内 70% 的赛事直播流量，最高 2400 万人同时在线观看。海量的服务带来了海量的日志，仅仅 CDN 访问日志，每天就有数 PB 的数据产生，高峰期每秒钟有数千万条日志产生并被实时采集和分析。分析结果和原始日志都需要在最短的时间内，从全球各地传输回数据中心进行汇总和分析，以支持下游业务系统的数据需求。如此大规模的数据量，分布在如此复杂的地理和网络环境下，不仅带来了资源的巨大消耗，而且对系统容灾能力也提出了更高要求。

（2）业务挑战

目前 CDN 上跑的业务比几年前要丰富得多，如直播、点播、动态加速、安全等，每种服务都有自己独特的日志、数据和分析方式。以直播为例，CDN 常见的几项监控数据如命中率、QPS 等在直播场景下毫无意义，在线人数、卡顿率等数据也是 CDN 所不具备的，因此需要日志系统能在 CDN 访问日志的基础上，支持不断涌现出的新产品和分析方式。

另外，CDN 作为一个大客户主导的行业，客户定制需求非常普遍，其中有非常多的定制集中在访问日志的交付和分析上。部分融合 CDN 厂商，由于无法很好地协调各个服务商的数据标准，因此便要求各个服务商都按照相同的格式生成日志，并且在规定的时间内交付。例如上海某厂商，要求将所有日志 JSON 化后，以秒级延迟写到日志服务器；还有某电视台，要求将日志按所需内容生成好之后，打包发送到对方的 FTP 服务器上，并保证文件内容的有效性。据统计，目前有四分之一的 CDN 访问日志根据用户要求做了不同程度的内容定制和交付方式定制。

（3）合规挑战

阿里云 CDN 作为全球加速服务，其节点和用户遍布全球各地，它在扩展业务的同时，也接触到了各地区对 CDN 行业及数据隐私方面的合规要求。例如国内工信部提出的《内容分发网络服务信息安全管理系统技术要求》中的 6.4

部分，以及全国人大颁布的《中华人民共和国网络安全法》中的第二十一条，均对日志的采集和存储方式提出了明确要求。

欧盟提出的 GDPR（General Data Protection Regulation）法案，对数据的采集、存储、处理和披露都提出了要求，所涉及的个人数据不能离开欧盟存储和分析。

6.5.2　报表

在 CDN 平台上报表可以反映用户的带宽分布及峰值、QPS 分布及峰值、地区分布、客群分布等大量重要信息，所以报表交付的实时性以及数据的完整性也成为各 CDN 厂商服务能力的衡量标准不可缺少的部分。报表的数据来源是 CDN 节点上用户的每一条访问日志，对于拥有 2800 余个边缘节点、几百万个用户的 CDN 厂商来说，访问日志的规模巨大，每天要产生几 PB 的数据量，这么大的数据量给下游系统带来了很多挑战，例如数据的按时交付、系统处理能力以及稳定性等。对于报表交付，也不是所有的报表都需要实时交付，比如按天粒度统计的数据，需要前一天的数据都准备好后才能生成报表（这类报表被称为"离线报表"）；而对于按小时粒度统计的数据，则要尽量保证实时性，使用户可以看到上一个小时发生了什么（这类报表被称为"实时报表"）。所以按照时效性划分，报表可以分为实时报表和离线报表。

实时报表的延迟要尽可能小，这在数据规模大的情况下是一件很有挑战性的事情。我们知道，报表的数据一般都是经过计算中心汇总算出的最终结果，也就是说，要把 CDN 上各个节点的日志全部收集到一起并进行计算，这就需要各个节点的数据都向中心传递，从而导致中心的网络 I/O 和计算压力都非常大，所以需要对某些数据进行分层汇总。比如对于对实时性要求比较高的数据，在边缘就按照较高的维度进行汇总。汇总一般会选择用户、域名、产品、节点等与用户或系统相关抽象程度很高的维度，这样节点在发送数据到中心时，会减少很大一部分数据量，使中心的网络 I/O 和计算压力降低，保证数据尽可能快地产出，达到实时报表的时间要求。当然，也不是所有维度的分析都适合这种高维度的抽象，例如 TopIP 的分析，因为全网的 IP 地址总数非常大，再加上近些年 IPv6 的逐渐普及，也让 IP 地址数增加了几倍，未来 IP 地址只会越来越多，按照 IP 地址维度进行数据汇总，并不会减少太多的数据量，所以一般对 IP 地址的统计分析都会采用离线报表的方式。

对于离线报表的交付延迟相对来说不太敏感，并且其大部分统计都是按天、周、月等时间粒度进行分析的，所以一般按照 $T+1$（延迟一天）的策略交付即可。在面对这么大数据量的背景下，时间范围跨度大的数据查询会导致计算中心的压力飙升，所以一般离线分析需要采用大数据分析处理相关技术，如 MaxCompute、Hadoop 等。

下面列出常用的报表以及一些计算口径。

- 实时报表：域名粒度的总带宽、总流量、总访问次数、带宽峰值、QPS、命中率、地区分布、运营商分布、回源带宽、回源流量等。

- 离线报表：PV、UV、TopURL、回源的 TopURL、TopReferer、TopDomain、TopIP 按地区分布等。

6.5.3　常见数据场景和交付

基于 CDN 的结构特点，距离用户最近的 LastMile 是 CDN 的边缘节点。如果希望得到用户访问情况的相关数据，则离不开 CDN 厂商提供的数据交付能力。由此不难看出，数据交付对 CDN 用户的重要意义。

CDN 本身是一套分节点部署的系统，而数据交付是中心化的，这就需要日志系统从各个 CDN 节点上回收数据并在中心进行统一存储和计算。

在日志系统的定义范围内，有三种数据需要交付，即原始访问日志、监控数据和用量数据。

1.原始访问日志

所谓原始访问日志，即每个请求产生的访问日志，是 CDN 系统产生的最原始、最初级、最详细的数据之一。对于用户进行自身业务分析和厂商进行质量分析、问题排查等都有着重要的实际意义。也正因为原始访问日志是最详细的数据，所以它也是体量最大的数据。在原始访问日志场景下，其吞吐量是惊人的。尤其是在小文件场景下，日志吞吐量与业务吞吐量的比值是极大的，这也对 CDN 的运营成本提出了挑战。另外，面对错综复杂的国际政治形势及政策环境，对原始访问日志的传输限制也是最大的。因此对于全球化的 CDN 厂商来说，海外链路的传输效率和政策限制也是必须要考虑的重要内容。

整个原始访问日志的交付链路主要包含三个阶段，各阶段内容及其需要特别关注的地方如下：

- 日志打印阶段，即从节点软件对日志进行打印输出的阶段。在这个阶段，对输出内容的全面性和打印效率应该重点关注。在输出内容上，通常使用动态配置对不同租户采用不同的日志格式来权衡传输成本和数据内容。

- 日志回传阶段，即从边缘节点拉取日志到中心的阶段。在这个阶段，对网络和磁盘的吞吐量提出了较高的要求。通常厂商应该建立多个数据中心，来避免跨国链路不稳定的情况和政策风险，也应该采取有效办法降低日志传输对运营成本的影响。

- 日志交付阶段，即将回收的日志数据交付用户的阶段。在这个阶段，应该关注存储能力和检索能力，分布式文件系统及文件索引是必不可少的。此外，鉴于不同用户对日志格式的要求不同，日志交付阶段的定制能力也是至关重要的。

另外，除了传统的文件交付方式，面对用户日益提高的实时性要求，也应提供准实时的日志交付方案，通过日志管道将边缘产生的数据尽快交到用户手中。

2. 监控数据

监控数据是对 CDN 服务质量的一个概要描述。监控数据来自原始访问日志的聚合计算，其对实时性和完整性的要求比较高，甚至在某些场景下对用户业务系统的运行也会产生影响，例如部分用户会采信 CDN 系统的监控数据来变更自身的调度策略。

监控数据实际上来自原始访问日志，但是鉴于原始访问日志的体量非常大，通常 CDN 厂商会在边缘使用特定软件对节点产生的原始访问日志进行初步分析，得到必要的聚合数据，再实时发送到中心。

中心对回收到的各节点数据再次进行聚合计算,并根据不同的使用场景来存储数据。用户需要在控制台多维度查询监控数据,这就对存储方式和查询效率提出了更高的要求。一般可以采用存储换效率或者分库分表等方式进行处理。

3. 用量数据

用量数据是指向用户提供的账单的数据,其同样来自原始访问日志的聚合计算。用量数据与监控数据的不同点在于,其对实时性要求稍有降低,而对完整性要求极高。在 CDN 全球节点部署的背景下,网络质量和频繁的节点上下线等操作对完整性提出了不小的挑战。

用量数据通常与监控数据是同源的,应该与各维度的监控数据保持一致的结果。并且需要指定一个可更新时间,在可更新时间内用量数据可以是变化的,但过了这个时间则应该是稳定的、不可变的。

对于用量数据,除了可以在线存储、查询,还可以在成本低、延迟高的分布式文件系统中再次存储,用来支持付款周期较长的用户进行对账等动作。

6.5.4 边缘分析

日志除用于检索进行日常问题排查外,其往往还蕴藏着丰富的数据价值,比如用来监控、计量计费等。CDN 的日志处理与中心化的产品不同,中心化的产品一般会将日志集中存储,然后进行在线分析或者离线分析。而 CDN 的服务器覆盖全球,在地域和网络环境上都存在很大的限制,很难可靠、低延迟地对日志进行集中采集和存储。因此,CDN 的日志分析蕴含着边缘计算的思想,整个分析流程分为两级:边缘侧 + 中心侧,两级协作完成整个数据处理流程。

边缘侧日志分析流程如图 6-7 所示。

每个边缘节点都如同一个小型的数据中心,对日志进行短时间的存储,并提供访问接口给下游分析和读取数据。日志分析程序将计算逻辑下沉到节点内,边缘节点对日志进行分布式的聚合和降维,大大降低了数据规模,然后再收集到数据中心进行最终的数据生产。

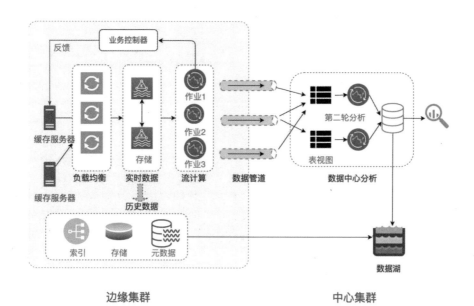

图6-7　边缘侧日志分析流程图

　　分布式的多级分析流量将大大降低 CDN 日志分析的成本，提高处理的时效性，并使得整个日志系统的处理能力不再受限于数据中心的容量，可以方便地做到平行扩展。但是，这也加大了管控的难度，给 CDN 的运维、监控体系带来不小的挑战。

第 7 章

CDN 产品概述

7.1 视频点播简述

"点播"这个词最早出现时是相对于"广播"而言的。

早期的电视广播是对录制好的录影带，用电视台的广播发射装置调制信号，通过无线电发射出来，电视机通过天线来接收信号，然后对信号解调之后显示画面。年龄大一点的朋友可能还会有一些印象，有时候电视机的内置天线不怎么好用，必须用手扶着天线，画面才能清楚一些，手一离开，它就满屏雪花。而外置天线的效果就好得多，但是不同的频道，有时候也需要转电线杆来找信号方向。后来随着技术的发展，广电系统的有线电视网络得到了大范围的普及，收看电视节目再也不用担心有雪花了。

不过无论是无线电视广播，还是有线电视广播，人们接收节目的方式都是被动的，只能是电视台播放什么，人们就看什么，如果错过一个精彩的节目，那么也只能期待它来日重播。

于是人们就会想，有没有一种办法，想看（听）什么节目就可以看（听）什么节目呢？也许有人还记得，早期广播电台和广播电视台都有一个叫作"点歌台"或者"点播台"的栏目，人们可以打电话进行点播，在指定的时间段播出观众或者听众点播的节目。

然而，这其实不是真正意义上的点播，它虽然有一些点播的特征，但是其本质上仍然是广播，因为在播放的过程中，观众（或者听众）无法参与交互，仍然是被动接收，既没有办法让它暂停，也不能回退或者回放精彩的内容。

20 世纪 90 年代中期到 21 世纪之初，中国互联网开始加速发展，早期人们使用一根电话线通过拨号上网的方式来获取互联网上的资源，有一个 56Kb/s 的 Modem 就算不错了，但是这个速度，不用说看视频，就是浏览图片都不会感觉很流畅。不仅如此，它还不能和电话同时使用，打电话就不能上网，上网就不能打电话。

后来出现了以太网、电力线（电力猫）、Cable Modem、ADSL 等接入互联网的方式，速度比拨号上网有了很大的提升，其中以太网接入方式，由于其可以提供高达 100Mb/s 的高速带宽，曾经一度被看好，认为是比较理想的接入互联网的方式。这给视频点播业务的发展提供了可能。

于是一些企业开始尝试基于社区宽带，提供视频点播和组播的解决方案，将点播服务器和组播服务器部署在社区局域网内，用户通过机顶盒既可以享受点播服务，也可以收看电视节目。中环宽频、世纪鼎点、北大青鸟等都做过差不多的方案，一些生产 VCD/DVD 的厂商，也纷纷投入机顶盒的生产，比如实达、裕兴等知名企业。

顺便说一句，机顶盒的英文名称是 STB，即 Set Top Box 的缩写，"机顶盒"其实是对这个英文名称的直译，STB 远没有 OTT 洋气。那个年代的电视机体积比较大，机顶盒是放在电视机上面的（一直觉得"机顶盒"这个名字很"土"，但是它表达的意思又真的很明确）。

视频点播服务器，在 2002 年前后时，大多是国内企业代理的国外的产品（比如康柏、nCUBE）。服务器的服务能力也比较有限，半米高的一台视频点播服务器，最大并发才能支持 2000~3000 路 MPEG-2 的点播流。

机顶盒加点播服务器的模式面临两个主要问题，一个是内容来源，一个是维护成本，这在当时都不是很容易解决的问题。所以这种模式最成功的案例可能就是 KTV 了。面向家用场景的视频点播服务，在当时似乎时机还不是很成熟，最早一批做视频点播服务的前浪被拍死在了沙滩上。

后来 ADSL 以其低成本、应用简单和易于推广等优势，得到了电信运营商的追捧，在激烈的市场竞争中一骑绝尘。在 2003 年及随后几年，尝到甜头的运营商继续大力发展 ADSL，用户数量和网速都在提升，这为视频点播在广域网上的分发奠定了基础。

与此同时，视频编码技术也在随着硬件能力的提升而进步，从 MPEG-1、MPEG-2 到 MPEG-4、H.264/AVC，编码压缩率进一步提升。

2005 年和 2006 年两年间诞生了土豆网、56 视频、优酷、酷 6、六间房等一大批视频网站，2006 年甚至被优酷的掌舵人古永锵称为网络视频的元年，视频点播迎来了蓬勃发展的最佳时机。随着"宽带中国"战略、光纤入户、3G/4G/5G 技术的发展，速度进一步提升，资费进一步下降，给视频点播带来了真正的繁荣，也推动了 HEVC、AV1 等视频编码技术的发展。

在市场繁荣的背后，是一系列需要解决的问题，企业在拥有大量用户的同时，也需要为此支付巨大的带宽投入、内容投入、版权保护投入。

阿里云 CDN 点播服务为客户提供了丰富的功能，帮助客户解决这些现实问题。通过长时间的积累，点播服务沉淀了大量的防盗链技术，结合自身和客户打击盗播的系统，能最大限度地提供内容保护。

2019 年 7 月，网速测试公司 Ookla 公布了截至 2019 年 6 月全球网络平均速度的情况，中国固网的平均下载速度大概是 84Mb/s。而到了 2020 年 6 月，这个数据是 133.60Mb/s，全球排名第 17 位；移动网的平均下载速度是 103.67Mb/s，全球排名第 3 位，如图 7-1 所示。

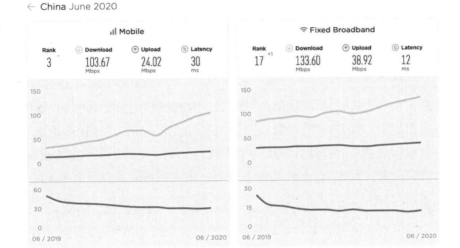

图7-1　2020年6月中国固网和移动网的平均下载速度

与此相对应，从 CDN 上的数据可以看到，目前比较常见的视频码率仍然以 500Kb/s 到 2Mb/s 的区间为主，如图 7-2 所示。

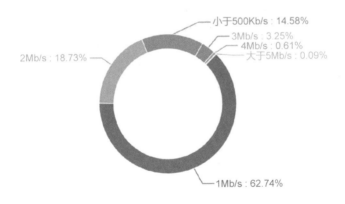

图7-2　视频码率分布

满足在线视频播放流畅的基本条件是，视频的传输速度大于视频码率，在一定程度上就可以达到流畅播放。而如果平均下载速度远超平均视频码率，则意味着什么？

用户在手机上刷视频，可能有很多视频，用户都没兴趣观看，但是下载已经在瞬间完成，这对于内容提供商来讲，意味着由此产生了不必要的带宽浪费。

阿里云 CDN 提供的自适应限速方案，可以帮助内容提供商，在不影响他们的用户播放体验的同时，降低带宽成本。

2021 年年初，网上有关于国内视频的画质和 Netflix 对比的讨论，网友认为国内视频画质宣传"注水"严重。众所周知，决定画质的关键因素是码率，码率越高，相对来讲，画质会越好。那么，国内的视频公司为什么不提升码率呢？答案很简单，提升码率同时也意味着更多的带宽支出，而节省宽带支出这一项是企业为数不多的降低成本的一个手段。然而，提升码率也是大势所趋，所以自适应的流控措施，在这种场景下会更好地发挥帮助客户降低成本的作用。

如果客户对成本有更苛刻的要求，那么除了自适应限速，阿里云 CDN 还能提供全网级别的流控方案，可以精准地控制业务的整体带宽消耗，不过这是以损失用户体验作为代价的。

对于视频网站来讲，一个节目往往既需要 MP4 格式，又需要 HLS 格式，以适应不同设备和场景需求。视频往往需要存储多份，阿里云 CDN 提供的特有的转封装技术，可以在源站只提供 MP4 这一种格式的情况下，实时输出 HLS 流，为客户节约存储成本和回源成本。

早期的一些视频是使用 FLV 格式存储的，而 Adobe 官方在 2020 年年底已经彻底停止了 Flash 更新，Chrome 等浏览器也宣称不再继续支持 Flash。这些 FLV 格式的视频，也可以通过阿里云 CDN 提供的转封装技术，在线转化成 HLS 流来对用户提供服务，而不用重新对视频发起转码。

除对视频提供边缘的处理能力外，阿里云 CDN 还提供了图片边缘处理能力，帮助客户解决不同终端的图片适应需求。

随着互联网内容的爆炸式增长，一些违规违禁的内容也会随之迅速增长，如何高效、可靠地帮助客户封禁异常的内容，也是 CDN 提供的重要能力之一，这可以帮助客户规避影响网站运营的法律法规风险。

这一切都是围绕着帮助客户降低成本、提升体验、保护内容安全而做的特定的功能，提供给客户更多的选择。

7.2　视频直播简述

互联网直播技术的发展大致分为 4 个阶段，分别是创新期、演进期、量产期和瓶颈期，如图 7-3 所示。

图7-3　互联网直播技术演进示意图

互联网上第一场比较有名的直播还要追溯到 20 多年前，那是 20 世纪的最后一年，维多利亚秘密（Victoria Secret）在线上直播了其时尚走秀，也就是大家今天比较熟知的维密秀，尽管画面极其不清晰，但也吸引了数以百万的观众，充分展现了直播这个新事物巨大的吸引力，要知道今天全球著名的流媒体公司 Netflix（奈非）当时还在靠 DVD 租赁来维持生计。这个时期被称为互联网直播技术的创新期，这一时期革命性地将观众的观影体验从离线文件下载和 DVD 租赁升级到了线上，但体验还是比较差的，体现在时延上是分钟级的并且经常卡顿。

接下来，伴随着互联网基础设施的演进，流媒体技术也得到了长足的发展，其中典型的代表是流媒体技术演进出一种对 CDN 非常友好的模式，即媒体流切片模式，媒体流被分割成 2~10s 不等的切片文件，并通过 CDN 来进行分发。这种特性很好地适应了互联网时延抖动，从而提供了一种相对流畅的观影体验，并且将时延从数分钟压缩到数十秒。这个时期被称为互联网直播技术的演进期，这一时期的直播应用主要以电视台体育赛事为主。

时间来到 2016 年，随着移动互联网迎来 4G 时代，美女主播、游戏主播等应用兴起，互动直播开始爆发，各种直播 App 如雨后春笋般涌现。这一时期，网红们可以通过自己的手机随时随地开播，此时国内主流的协议有大家耳熟能详的 RTMP、HTTPFLV、HLS 等，由于底层的传输仍然采用 TCP 协议，时延普遍在 5~10s 之间，但画面已经比较清晰和流畅了。

阿里云视频直播服务（ApsaraVideo Live）是基于领先的内容接入、分发网络和大规模分布式实时转码技术打造的音视频直播平台，提供便捷接入、高清流畅、低延迟、高并发的音视频直播服务，如图 7-4 所示。

阿里云视频直播在服务端主要提供直播流接入、分发、实时流媒体处理服务。

- 主播通过采集设备采集直播内容后，通过推流 SDK 推送直播流，视频直播服务通过边缘推流的方式将直播流推送至阿里云直播中心，所推送的直播流通过 CDN 边缘节点进行加速，以保证上行传输的稳定性。

- 将视频流推送至阿里云直播中心后，可按需对视频流进行转码、时移、录制、截图等处理。

- 通过 CDN 将处理好的视频流下发至观众的设备中进行播放。移动端的播放设备可以集成阿里云提供的播放器 SDK 进行开发。

- 对直播视频除了可以进行转码、截图等操作，还可以进行直播转点播的操作，将录制下来的视频转存至点播系统中再进行点播播放和短视频云剪辑，方便直播与短视频内容生产和传播的联动 。

时至今日，互联网直播经过了 4 年的高速期发展，用户对体验的要求越来越高，传统的 5~10s 时延导致很难进行实时互动，比如时下很火的直播带货和在线教育业务，主播和观众、老师和学生的实时互动体验还是有很大的改进空间的。此外，随着 5G 时代的到来，新的场景如 AR/VR 沉浸式直播、4K 全息投影远程直播都要求更大的带宽和更低的延迟。但直播技术近几年却未能有本质性的突破，互联网直播技术遇到了瓶颈，甚至开始阻碍业务的发展。

那么，如何才能在时延上有所突破呢？要解决这个问题，首先需要剖析直播时延的整体分布，如图 7-5 所示。互联网直播全链路可以分为 7 个环节，分别是采集、编码、发送、分发、接收、解码和渲染。

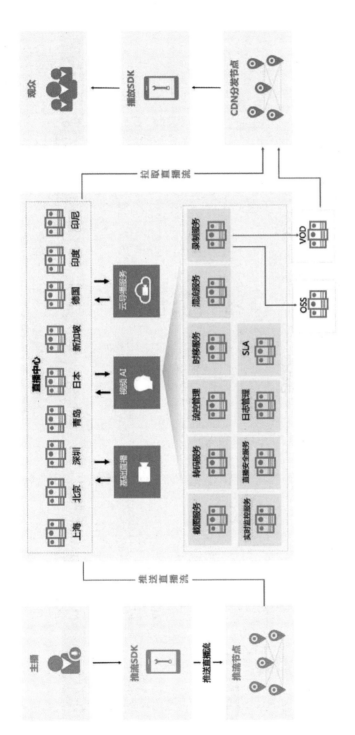

图7-4　阿里云视频直播服务示意图

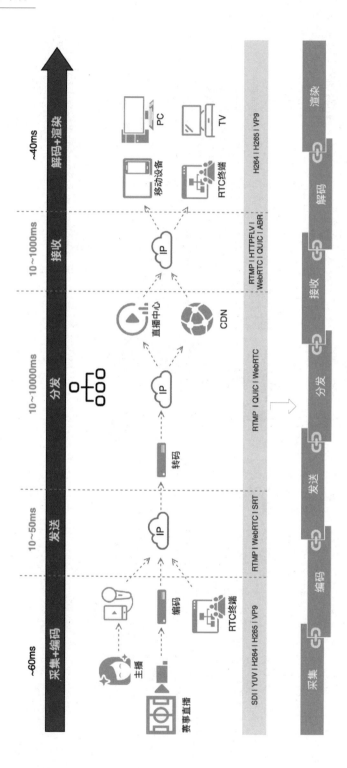

图7-5　直播延时整体分布示意图

其中采集＋编码、解码＋渲染的总体时延比较固定，共 100ms 左右；变动比较大的部分是分发和接收，从数十毫秒到数秒不等，主要取决于链路时延抖动、协议栈的优化情况，以及 CDN 资源的覆盖情况。

在传统架构中，上述 7 个环节相互独立，互不影响，其好处是团队分工比较明确，但问题是优化手段很难做到跨界融合，导致无法做到系统级优化。比如，如果编码器考虑发送时的拥塞情况来实时调整码率，就可以在一定程度上缓解拥塞，从而降低时延。再比如，在传统的流媒体传输中，媒体数据发送和底层的传输是相互独立的，底层的 TCP 拥塞控制算法是一个通用算法，它不会考虑媒体的特性，这样的分层结构是很难形成即时反馈系统的，那么为了保障流畅度，缓存区的大小设计会相对保守一些，从而牺牲了端到端的时延；而如果传输层和应用层是一体化的，QoS 控制针对媒体特性来专门设计，同时配合编码侧的码率控制，就能通过组合拳的方式，大大降低时延。

所以上述各个环节应该是环环相扣的，只有做到全链路相互感知才能将时延压缩到极致。

业界主流的 5 种流媒体协议和技术包括 WebRTC、QUIC、SRT、CMAF、LLHLS，下面从提出时间、完备度、传输层协议、类型、场景、标准化、时延和终端支持 8 个维度对它们进行对比，如图 7-6 所示。

	WebRTC	QUIC	SRT	CMAF	LLHLS
提出时间	2010年	2012年	2012年，2017年（开源）	2016年	2019年
完备度	☆☆☆☆☆ 采集、编解码、传输、渲染	☆☆ 传输	☆☆ 编码、传输	☆☆☆ 封装、传输	☆☆ 封装、传输
传输层协议	UDP	UDP	UDP	TCP	TCP
类型	流式、不可靠	流式、可靠	流式、可靠+不可靠	ABR切片式、可靠	ABR切片式、可靠
场景	端到端音视频通信	通用协议	媒体远程制作（第一公里）	下行分发、CDN友好	下行分发、CDN友好
标准化	RFC/W3C	RFC Draft	Haivision SRT联盟(270+)	ISO MPEG	Apple
时延	端到端~250ms	>2s	>2s	>3s	>2s
终端支持	H5, iOS, Android	Chrome	编码器 VLC, FFMPEG	H5	iOS

图7-6　流媒体协议和技术对比

从提出时间来讲，WebRTC 是最早提出的，QUIC 紧随其后，最晚提出的是 2020 年 Apple 新发布的 LLHLS。

我们来看完备度，这里的完备度主要关注该技术是否涉及前面提到的直播全链路中的各个环节。比如我们认为 WebRTC 是全覆盖的，它涉及从采集到渲染所有环节，所以严格来讲，WebRTC 并不是一个协议，而是一个开放的实时流媒体通信框架；QUIC 是一个正在被 IETF 标准化的新一代传输协议；SRT 在 2017 年刚开源时只是一个视频传输协议，但随着越来越多编码器厂商的支持，它开始影响编码侧的码率，从而保持相对稳定的时延。

从传输层协议和类型来讲，WebRTC、QUIC、SRT 都是基于 UDP 的，而且都是流式传输，而 CMAF 和 LLHLS 都是切片方式的，底层基于 HTTP。

从标准化和终端支持情况来看，WebRTC 已经是 W3C 标准，并且使用了大量的 IETF RFC 规范，目前几乎所有的浏览器和手机操作系统都支持 WebRTC；QUIC 预计在 2021 年年底会正式成为下一代 HTTP 标准，即 HTTP/3，目前 Chrome 已经支持。

在场景和时延方面，WebRTC 是为实时音视频通信场景设计的，端到端时延在 400ms 以内；而其他几个协议要做到在 2s 以内，还需要很多额外技术的投入。

综合各方面因素考虑，阿里云的超低时延直播服务选择了 WebRTC 技术，不仅时延低，而且生态的发展和技术的前景也都非常好。

阿里云的低时延直播服务 RTS（Real-time Streaming）是视频直播服务（ApsaraVideo Live）的重要增值功能，其提供了易接入、毫秒级时延、高并发、高清流畅的视频直播服务。RTS 在阿里云视频直播的基础上，进行全链路时延监控、CDN 传输协议改造、UDP 等底层技术优化，通过集成直播播放端 SDK，支持千万级并发场景下的毫秒级时延直播能力，弥补了传统直播 3~6s 时延的问题，保障了低时延、低卡顿、秒开流畅的极致直播观看体验。阿里云低时延直播服务架构如图 7-7 所示。

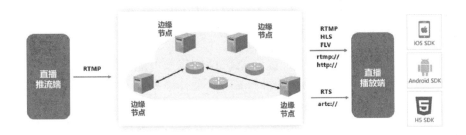

图7-7　阿里云低时延直播服务架构图

RTS 适用的典型场景如下。

- 教育直播：大班课可以支持超大规模数量的同学同时在线与老师互动，且时延低。
- 电商直播：实时与买家互动答疑，交流商品信息。
- 体育直播：精彩竞技、电竞等赛事，让观众实时了解现场情况。
- 互动娱乐：及时反馈增强互动，极大地优化了观众送礼时的嘉宾反馈互动体验。

接下来介绍阿里云视频直播服务的落地案例和业务价值。

比如淘宝直播，目前淘宝直播已经全量使用阿里云的超低时延直播产品，并且顺利保障了淘宝"6·18"直播大促。和传统的 HTTPFLV/RTMP 方式相比，在用户体验上，RTS 端到端时延降低了 80%，卡顿率降低了 30%。再比如某在线学习平台，使用 RTS 产品后，流畅度得到了很大的提升，时延降低了 70%，同时结合阿里云的窄带高清媒体处理技术，在相同的清晰度下带宽节省了 30%，最终客户满意度提升了 2 倍。

7.3　全站加速简述

长期以来，传统 CDN 公司一直致力于静态文件的分发，在提高命中率、降低回源带宽方面做了大量的优化和改进，也取得了众多技术突破，成为互联网流量分发领域的基础设施。从内容的生产角度来看，静态内容本质上是将源站的流量分流到 CDN 边缘网络中，往往只有当源站的内容有改动时，才会产生 CDN 和源站的流量交互，但由于静态文件在内容上呈现高度一致的特性，从而做到了一次拉取全网可用的效果。

而随着移动互联网的崛起，以及 4G/5G 网络服务能力的大幅提升，越来越多的互动类、推荐类、交易类的动态内容出现在网络中。动态内容的业务往往对时延、抖动和可用性等要求很高，而且在内容上也出现了明显的个性化差异，不能简单粗暴地通过缓存来分发。大部分客户面对这种情况时，都是通过让广大的终端用户直接访问源站内容的方式来提供动态服务的，在这种情况下，服务质量就面临诸多很棘手的问题和挑战。

- 动态内容加速效率低。由于网络复杂引起抖动、丢包、劫持等原因，造成动静态内容混合、纯动态内容网站，跨地区回源耗时久，用户体验差。

- 动静态内容混合。很多中小客户或者站点的动静态内容规划不是很清晰，导致不仅动静态域名没有分离，而且对文件的管理也无太多规律可循，所以需要 CDN 能够针对源站的动静态内容做智能区分，并给予对应的加速。

- 流量激增，弹性扩容难。活动及流量激增，造成站点响应时间慢、源站压力大、多源站负载不均衡等，短期无法通过扩容源站解决增量需求。

- 机器流量影响正常流量。大量无效的机器流量造成源站的压力呈指数级增长，影响正常的用户访问，使业务受损，增加了业务的额外成本支出。

- 内容、数据安全受到威胁。存在内容被篡改、DDoS、CC 攻击及 SQL 注入等安全风险，用户登录、交易、支付等行为因传输不安全而造成资产损失。

全站加速产品就是旨在解决上述问题而诞生的一个解决方案，其核心产品力主要体现在稳定、快速、易扩展三个方面。

（1）稳定

- 充足的节点保障：阿里云在全球拥有超过 2800 个节点，全网带宽输出能力在 150Tb/s 以上，支持亿级 QPS 并发，提供稳定的加速服务。

- 先进的分布式系统架构：全网负载均衡，保证节点的可用性。

- 稳定、高效的性能指标：静态缓存可达 95% 以上的命中率，性能提升 100%~200%。

- 优化的传输协议：支持 HTTP/2 高效的传输协议，实现快速、稳定的数据传输。

（2）快速

- 精准缓存：利用智能对象热度算法，多级、分层缓存热点资源，实现资源精准加速。

- 高速缓存：高性能的缓存系统设计，均衡使用 CPU 多核处理能力，高效、合理地使用和控制内存，最大化 SSD IOPS 和吞吐量。

- 高速读 / 写：各节点具备高速读 / 写 SSD 存储、配合 SSD 加速的能力，减少用户访问的等待时间，提高可用性。

- 高效回源：借助会话（Session）保持功能。

  ○ 根据客户端 IP 地址划分回源路径，保证不会跨源站访问登录会话信息，解决了多源站信息不共享的问题。

  ○ 提供 Failover 重试机制，保证高效回源和信息同步。

- 智能调度：数据化实时调度，支持节点级别的流量预测，提升调度质量和准确性。

  ○ 多级调度策略：部分节点故障不会造成服务不可用。

  ○ 多系统联动：与安全防御系统、刷新系统、内容管理系统等协调工作，达到各模块的最佳性能。

  ○ 有序回源：针对突发流量，自动做出响应和调整，全站加速提供回源 QPS 限速，保护源站的可用性；Waiting Room 方案可自定义等待页面、等待时长和放行规则，最大程度地提升用户体验。

（3）易扩展

- 资源弹性扩展：按实际使用量付费，接入即可实现跨运营商、跨地域的全网覆盖。

- 自主管理：自助化配置域名的添加、删除、更改、查询，丰富了可定制的配置项，提供自定义缓存策略、HTTP 响应头等功能。

- 开放 API：提供开通服务、刷新内容、获取安全监控数据、下载分发日志等功能。

- 性能优化：

  - 智能压缩：智能压缩网络传输内容，有效减少网络传输的字节数，缩短数据传输时间，提升加速效果。

  - 页面优化：去除页面的空格、换行符、Tab 字符、注释等冗余内容，减小页面大小，将多个 JavaScript/CSS 文件的请求组合成一个请求，从而减少请求数。

  - 刷新预热：提供刷新缓存，以及将资源提前预热到节点上的功能。

7.4 安全防护简述

本节主要介绍线上服务面临的安全风险，以及如何构建 CDN 多层次纵深防护体系。

7.4.1 线上服务的安全风险

线上服务一般会面临如下安全风险。

1. DDoS 攻击

这里侧重于四层 DDoS 攻击，攻击者通过伪造报文就可以直接发起攻击。随着互联网上 IoT 设备的增多，可被攻击者控制的傀儡主机的数量也更多了，攻击者发起的 DDoS 攻击带宽动辄达上百 Gb/s 甚至几百 Gb/s。这样的攻击带宽很容易导致企业的上联带宽拥塞，最终导致企业在线服务不可用，影响企业服务的业务以及形象。

从近些年的统计数据来看，超过 100Gb/s 的攻击带宽比较常见，而且超过 500Gb/s 的攻击带宽也已经成为常态。防御 DDoS 攻击依然是企业投入去应对的首要问题。

2. CC 攻击

CC 攻击通过向受害的服务器发送大量请求来耗尽它的 CPU、内存等资源。常见的攻击方式是发送大量需要服务器进行数据库查询的相关请求，使服务器负载以及资源消耗迅速飙升，导致服务器响应变慢甚至不可用。

3. Web 攻击

常见的 Web 攻击包括 SQL 注入、跨站脚本攻击（XSS）、跨站请求伪造（CSRF）等。与 DDoS 和 CC 以大量报文发起的攻击相比，Web 攻击主要是利用 Web 设计的漏洞达到攻击的目的。一旦攻击行为实施成功，就会导致网站的数据库内容泄露，或者网页被挂马。数据库内容泄露会严重影响企业的数据安全；网页被挂马会影响企业网站的安全形象，以及被搜索引擎降权等。

4. 恶意爬虫

根据报告显示，在互联网总流量中，超过 40% 的流量来自 Bot，而在 Bot 流量中恶意爬虫流量占比较大。恶意爬虫，一方面爬取企业网站的关键信息，比如核心内容或者价格信息；另一方面也会加重 Web 服务的负担。

当前，含有价格信息、以内容为核心的网站已经成为爬虫爬取的主要对象。这类爬虫流量的占比超过 50%。

5. 劫持篡改

访问网站的流量一旦被劫持，一般就会导致网页的内容被篡改、被嵌入广告等，严重的可能会导致网站的用户访问流量减少、用户流失。如果内容被篡改为非法违规的内容，则会引起政策性风险。

7.4.2　CDN 多层次纵深防护

根据 7.4.1 节的分析，攻击和安全风险存在于网络传输的各个层面，因此需要构建 CDN 多层次纵深防护体系，来降低每个环节可能遭遇的安全风险。

- 在网络层实现四层 DDoS 攻击的清洗。

- 在传输层之上实现加密传输，实现基于 SSL 的 TCP/UDP。针对 HTTP 业务进行 HTTPS 交互，确保访问网站时能够校验其真实性，避免网站被劫持。

- 在应用层方面，不仅要针对流量型的 CC 攻击进行防御，还要增加业务场景防护，包括防爬、防刷等，在源站以及 Web 系统上也需要部署 WAF 监测，拦截恶意请求，避免数据库注入、跨站等行为。

CDN 多层次纵深防护体系示意图如图 7-8 所示。

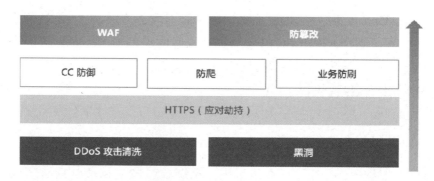

图7-8　CDN 多层次纵深防护体系示意图

　　基于 CDN 边缘全方位、多层次的防护体系，阿里云 CDN 发布了政企安全加速解决方案，提供了全面的安全能力，包括 DDoS 防御、WAF、内容防篡改、全链路 HTTPS 传输、高可用安全、安全合规等。

第 8 章

CDN 视频点播

8.1 视频点播应用场景

目前在 CDN 整体流量中，点播视频是占比最大的一部分。客户将原始的视频文件存储在自己的源站，使用 CDN 进行缓存和分发。CDN 可以根据策略对原始的视频文件做一系列的处理和优化，将处理后的内容缓存在 CDN 边缘节点上。在传输到客户端的过程中，CDN 还可以基于视频文件的属性对缓存内容做进一步的处理，这样客户最终得到的数据就是经过 CDN 做了一系列计算后的内容。

在实际的业务场景中，客户需要通过参数传入开始时间来实现拖曳功能，CDN 通过开始时间返回对应位置的视频内容给客户。另外，客户可以在源站只保存一种视频格式，通过 CDN 的实时转封装功能按需转为其他格式后返回给客户。同时 CDN 还针对客户端的一些常用功能如试看、试听视频等，提供了对应的服务端产品化方案支持。下面展开介绍各种常用的视频点播功能。

8.1.1 视频拖曳

1. 常见的视频格式

常见的视频格式包括 FLV、MP4、M3U8、TS 等。通常 CDN 会对这些视频格式做各种处理，包括元信息提取、拖曳播放、媒体动态转封装等。

（1）FLV 格式

如图 8-1 所示，一个 FLV 文件由 FLV Header（文件头部）和 FLV Body（文件实体）两部分组成。

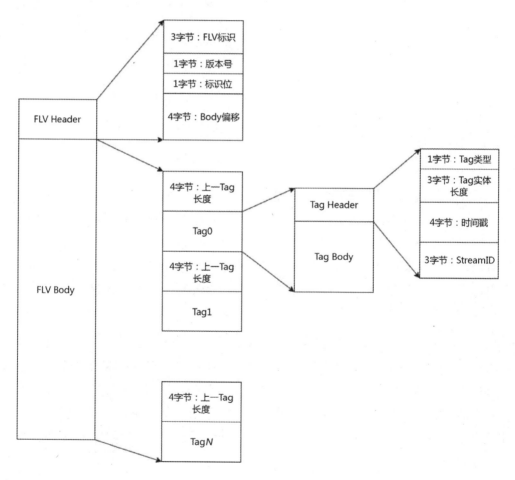

图8-1　一个典型的FLV文件结构图

FLV 文件头部有 9 字节，其中前面的 3 字节是固定的"FLV"标识，用十六进制表示为 0x464C56，用于快速判断是否为 FLV 文件，接下来的 2 字节是版本号和标识位，最后的 4 字节为 FLV 文件实体在整个文件中的偏移量，其值在 FLV 的第一版中始终为 9，在后续版本中可能会被修改以适应更大的 FLV 文件头部。

FLV 文件实体以 4 字节的上一 Tab 长度和 Tag 本身交替出现，其中首个上一 Tab 长度总是 0，Tag 是 FLV 文件格式的基本组织单元。了解 Tag 的结构是理解 FLV 文件格式的关键。下面看一下 Tag 的结构。

Tag 分为 Tag Header（头部）和 Tag Body（实体）两部分。Tag 头部有 11 字节，分别为 1 字节的 Tag 类型、3 字节的 Tag 实体长度、4 字节的时间戳信息和 3 字节的 StreamID。Tag 类型主要分为 audio、video 和 script 三种，我们常说的 FLV 元信息就存储在 script 数据 Tag 中。Tag 实体长度标识了紧跟在 Tag 头部之后的 Tag 实体的长度。Tag 实体根据 Tag 头部中类型字段的不同而存储不同的数据，主要包括音频数据、视频数据和脚本数据。

要对 FLV 文件做拖曳播放或转封装，其中最重要的一步就是解析 FLV 视频的关键帧信息，这些信息被称为 FLV 的元信息，保存在 script 数据 Tag 的名为 onMetaData 的对象中。onMetaData 是一种对象数组类型，其保存了关于该 FLV 媒体的各种信息，比如 FLV 媒体是否含有关键帧、是否含有视频、是否含有音频、是否含有信息，以及媒体时长、视频宽高、帧率、关键帧信息、文件大小等。其中关键帧信息被保存在两个子数组中，分别为 filepositions 数组和 times 数组，这两个数组分别存储了该 FLV 视频每个关键帧的位置偏移量和时间偏移量。

关于 audio 类型 Tag 和 video 类型 Tag 的详细格式，这里不再解释。

（2）MP4 格式

我们知道 FLV 主要以 Tag 组织文件结构，类似地，MP4 主要以 box 组织文件结构（在有些规范中也称为 Atom），所有数据都被封装在 box 中，这些 box 以树形结构的方式组织。box 可以嵌套，包含子 box 的 box 被称为容器 box。

box 结构由头部和数据两部分组成，其中头部标识了 box 的大小和类型，数据紧随其后。

如图 8-2 所示，一个 MP4 文件通常以一个类型为 ftyp 的 box 开始，通过该 box 可以快速确定目标文件是否是一个标准的 MP4 文件。

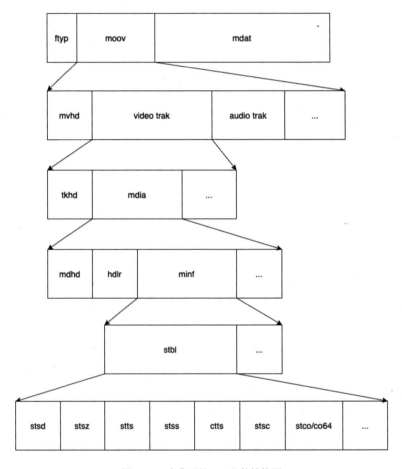

图8-2　一个典型的MP4文件结构图

MP4 文件的媒体数据通常被存储在一个类型为 mdat 的 box 中，这里的数据就是实实在在的可播放的音视频数据。

MP4 文件中用于索引媒体数据的元信息通常被存储在一个类型为 moov 的 box 中。在介绍 moov box 之前，我们先来了解几个概念。

- track：track 是按时间序列排列的 sample 的集合，其主要包括音频 track 和视频 track。

- sample：sample 是关联了某一特定时间戳的音视频数据。一个 sample 可以是一个单独的视频帧，也可以是连续的若干视频帧，还可以是一段连续的音频数据。一个 track 中的任意两个 sample 不可能具有相同的时间戳。

- chunk：chunk 是一个 track 中连续若干 sample 的集合。sample 与 chunk 的关系如图 8-3 所示。

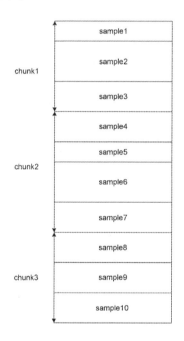

图8-3　sample与chunk的关系

MP4 文件的元信息 moov box 是一个容器 box，其主要包含两类子 box，即 mvhd box 和 trak box。

- 在 mvhd box 中定义了媒体相关信息，包括媒体创建时间、媒体修改时间、媒体时间尺度、媒体时长、播放速率、播放音量、视频转换矩阵等。

- trak box 也是一个容器 box，其中存放了媒体的单一 track 信息。在一个媒体文件中可以包含一个或多个 track，每个 track 承载了独立的媒体时间和空间信息，这些信息被存放在 mdia box 中。

完整的 trak box 结构较为复杂，有兴趣的读者可以查阅官方标准文档来了解。下面介绍与媒体索引有关的 stbl box。

stbl box 也是一个容器 box，其位置为 trak box → mdia box → minf box → stbl box，它包含了一个 track 中所有媒体 sample 的时间和位置索引。借助 stbl box，可以按照时间偏移和字节偏移进行拖曳播放。有了任意时间偏移拖曳播放的能力，把对应的 MP4 媒体数据转封装成 TS 分片，就可以实现 MP4 文件的 TS 转封装功能。

在 stbl box 中与时间 / 位置相关的信息主要被保存在如下子 box 中。

- stsd box：sample 的描述信息，记录了编码类型和初始化解码器需要的信息。

- stsz box：记录了每个 sample 的字节大小。

- stts box：记录了每个 sample 的解码时间。

- stss box：记录了视频关键帧的序号。

- ctts box：记录了每个 sample 的合成时间和解码时间的差异，用于计算 sample 的显示时间戳。

- stsc box：记录了 sample 到 chunk 的映射表。

- stco/co64 box：记录了每个 chunk 的文件偏移量。

以上 box 的具体含义不再详述，读者可以查阅官方标准文档来了解。

下面给出一个更完整的 MP4 box 结构说明图，如图 8-4 所示。

Box types, structure, and cross-reference (Informative)							
ftyp						4.3	file type and compatibility
pdin						8.1.3	progressive download information
moov						8.2.1	container for all the metadata
	mvhd					8.2.2	movie header, overall declarations
	meta					8.11.1	metadata
	trak					8.3.1	container for an individual track or stream
		tkhd				8.3.2	track header, overall information about the track
		tref				8.3.3	track reference container
		trgr				8.3.4	track grouping indication
		edts				8.6.4	edit list container
			elst			8.6.6	an edit list
		meta				8.11.1	metadata
		mdia				8.4	container for the media information in a track
			mdhd			8.4.2	media header, overall information about the media
			hdlr			8.4.3	handler, declares the media (handler) type
			elng			8.4.6	extended language tag
			minf			8.4.4	media information container
				vmhd		12.1.2	video media header, overall information (video track only)
				smhd		12.2.2	sound media header, overall information (sound track only)
				hmhd		12.4.2	hint media header, overall information (hint track only)
				sthd		12.6.2	subtitle media header, overall information (subtitle track only)
				nmhd		8.4.5.2	Null media header, overall information (some tracks only)
				dinf		8.7.1	data information box, container
					dref	8.7.2	data reference box, declares source(s) of media data in track
				stbl		8.5.1	sample table box, container for the time/space map
					stsd	8.5.2	sample descriptions (codec types, initialization etc.)
					stts	8.6.1.2	(decoding) time-to-sample
					ctts	8.6.1.3	(composition) time to sample
					cslg	8.6.1.4	composition to decode timeline mapping
					stsc	8.7.4	sample-to-chunk, partial data-offset information
					stsz	8.7.3.2	sample sizes (framing)
					stz2	8.7.3.3	compact sample sizes (framing)
					stco	8.7.5	chunk offset, partial data-offset information
					co64	8.7.5	64-bit chunk offset
					stss	8.6.2	sync sample table
					stsh	8.6.3	shadow sync sample table
					padb	8.7.6	sample padding bits
					stdp	8.7.6	sample degradation priority
					sdtp	8.6.4	independent and disposable samples
					sbgp	8.9.2	sample-to-group
					sgpd	8.9.3	sample group description
					subs	8.7.7	sub-sample information
					saiz	8.7.8	sample auxiliary information sizes
					saio	8.7.9	sample auxiliary information offsets
		udta				8.10.1	user-data
	mvex					8.8.1	movie extends box
		mehd				8.8.2	movie extends header box
		trex				8.8.3	track extends defaults
		leva				8.8.13	level assignment

图8-4　MP4 box结构说明图

moof							8.8.4	movie fragment
	mfhd					*	8.8.5	movie fragment header
	meta						8.11.1	metadata
	traf						8.8.6	track fragment
		tfhd				*	8.8.7	track fragment header
		trun					8.8.8	track fragment run
		sbgp					8.9.2	sample-to-group
		sgpd					8.9.3	sample group description
		subs					8.7.7	sub-sample information
		saiz					8.7.8	sample auxiliary information sizes
		saio					8.7.9	sample auxiliary information offsets
		tfdt					8.8.12	track fragment decode time
		meta					8.11.1	metadata
mfra							8.8.9	movie fragment random access
	tfra						8.8.10	track fragment random access
	mfro					*	8.8.11	movie fragment random access offset
mdat							8.2.2	media data container
free							8.1.2	free space
skip							8.1.2	free space
	udta						8.10.1	user-data
		cprt					8.10.2	copyright etc.
		tsel					8.10.3	track selection box
		strk					8.14.3	sub track box
			stri				8.14.4	sub track information box
			strd				8.14.5	sub track definition box
meta							8.11.1	metadata
	hdlr					*	8.4.3	handler, declares the metadata (handler) type
	dinf						8.7.1	data information box, container
		dref					8.7.2	data reference box, declares source(s) of metadata items
	iloc						8.11.3	item location
	ipro						8.11.5	item protection
		sinf					8.12.1	protection scheme information box
			frma				8.12.2	original format box
			schm				8.12.5	scheme type box
			schi				8.12.6	scheme information box
	iinf						8.11.6	item information
	xml						8.11.2	XML container
	bxml						8.11.2	binary XML container
	pitm						8.11.4	primary item reference
	fiin						8.13.2	file delivery item information
		paen					8.13.2	partition entry
			fire				8.13.7	file reservoir
			fpar				8.13.3	file partition
			fecr				8.13.4	FEC reservoir
		segr					8.13.5	file delivery session group
		gitn					8.13.6	group id to name
	idat						8.11.11	item data
	iref						8.11.12	item reference
meco							8.11.7	additional metadata container
	mere						8.11.8	metabox relation
		meta					8.11.1	metadata
styp							8.16.2	segment type
sidx							8.16.3	segment index
ssix							8.16.4	subsegment index
prft							8.16.5	producer reference time

图8-4 MP4 box结构说明图（续）

（3）HLS 协议

HLS（HTTP Live Streaming）最初是由苹果公司提出的基于 HTTP 的流媒体网络传输协议，该协议适用于媒体播放器、网络浏览器、移动设备和流媒体服务器。其工作原理是将流媒体分割成若干基于 HTTP 协议的小片段，这些小片段由一个后缀为 M3U8 的文本播放列表文件统一索引。

① M3U8 格式

以下是一个 M3U8 文件示例。

```
#EXTM3U
#EXT-X-TARGETDURATION:10
#EXTINF:9.009,
http://media.example.com/first.ts
#EXTINF:9.009,
http://media.example.com/second.ts
#EXTINF:3.003,
http://media.example.com/third.ts
#EXT-X-ENDLIST
```

M3U8 文件是一个所有媒体片段的播放列表文件，播放端在获取到 M3U8 播放列表后依次播放每个媒体片段。该文件是一个文本文件，由两类文本行组成：以 "#" 开头的预定义 Tag 或注释行，以及不以 "#" 开头的媒体分片 URL 行。具体来说，文件以 #EXTM3U 开始，#EXT-X-TARGETDURATION 标识了分片的最大时长，#EXTINF 标识了当前分片的媒体时长，对于非直播 M3U8 文件，播放列表以 #EXT-X-ENDLIST 结尾。

② TS 格式

TS 数据包是 TS 流数据的基本单元，一段 TS 流通常是由一系列 TS 数据包组成的。整个 TS 数据包共 188 字节。每个 TS 数据包都以 1 字节的同步字节和 3 字节的固定头部字段开始，后面可能跟着若干可选头部字段，剩下的部分就是 TS 流的载荷数据，如图 8-5 所示。

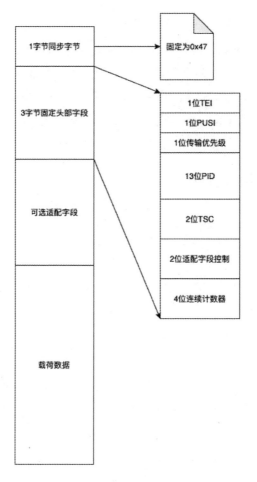

图8-5　TS封包格式示意图

1 字节的同步字节固定为 0x47（ASCII 码大写字母"G"）。

3 字节的固定头部字段包括：

- 1 位 TEI（传输错误指示位），当数据包传输错误时置位。

- 1 位 PUSI（载荷单元起始指示位），当一个完整的数据包开始时置位，表示携带的是 PES 或 PSI 第一个数据包。

- 1 位传输优先级，当当前数据包比其他相同 PID 的数据包具有更高优先级时置位。

- 13 位 PID，数据包的唯一标识符，描述实体数据。

- 2 位 TSC（传输加扰控制），"00"表示载荷数据未加密。

- 2 位适配字段控制，"01"表示无适配字段，后面只有载荷数据；"10"
  表示只有适配字段，无载荷数据；"11"表示适配字段和载荷数据都存在，
  载荷数据紧跟在适配字段之后；"00"未使用。

- 4 位连续计数器，从 0x00 到 0x0F 取值的数据包序列号。

可选头部字段就是适配字段，只有当适配字段控制标志为"10"或"11"时，
该适配字段才存在。适配字段也包括固定适配字段和可选适配字段，具体的不
再赘述。

最后就是载荷数据，只有当适配字段控制标志为"01"或"11"时，才存
在载荷数据。载荷数据可以是 PES 包、PSI 包或其他数据。

为了使 TS 流保持固定码率，流生成器通常会在流中插入空 TS 数据包，
空 TS 数据包的 PID 为 0x1FFF，其数据实体使用"0"填充，流接收端会在收
到空 TS 数据包时忽略其内容。

2. 常见的视频拖曳

视频的拖曳播放是点播系统服务端根据客户端播放器请求参数实现对音视
频媒体数据随机访问的功能。服务端根据客户端请求参数确定播放器需要的数
据范围，通过媒体的元信息获取对应的实际音视频数据，发送给播放器。视频
的拖曳播放可以有效提升用户播放体验，并节省回源带宽。

视频拖曳通常分为字节拖曳和时间拖曳，即通过 HTTP 请求的参数指定需
要播放数据的字节范围和时间范围。由于视频是有关键帧概念的，通常拖曳的
分界点必须为关键帧位置，因此需要在请求指定的起止字节或起止时间附近找
到最近的关键帧，进而将起止关键帧之间的媒体数据发送给客户端，达到拖曳
播放的目的。

视频拖曳主要产生于视频点播场景，当用户在客户端拖动进度条时，会向服务
端发送类似于这样的请求：http://www.test.com/test.mp4?start=10&end=20，服务端处

理该请求后，不是返回整个 MP4 文件，而是返回该 MP4 文件从第 10 秒开始到第 20 秒截止的数据（对于时间拖曳来说）。

CDN 支持如上拖曳请求，其中 start 和 end 参数可以单独存在，也支持自定义开始和结束参数。

视频拖曳播放得以实现的前提条件是：

- 源站需要支持 Range 请求，使得 CDN 可以自由获取任意所需字节内容。
- 视频资源必须携带元信息，元信息中存储了视频关键帧的时间偏移量和字节偏移量，这对于拖曳播放是必需的。
- 为了提高效率，视频的元信息最好存在于视频文件的头部，这使得服务端可以对视频的元信息进行流式解析和发送。

阿里云 CDN 支持常见的视频封装格式文件的拖曳播放，主要包括 FLV 视频和 MP4 视频。

字节拖曳和时间拖曳的原理类似，下面以时间拖曳为例，分别对 FLV 视频和 MP4 视频的拖曳播放原理进行说明。

（1）FLV 视频拖曳

FLV 视频拖曳的处理流程大致如下：

① 获取拖曳请求的起止时间。

② 解析 FLV 文件的元信息，找到对应的起止关键帧的文件偏移量。

③ 组装新的 FLV 文件，并计算出新的文件长度。

④ 发送新的 FLV 文件数据。

值得说明的是，在发送实际的拖曳数据之前，除了发送 FLV 文件的元信息，还发送了第一个音频 Tag 和第一个视频 Tag。这是有原因的。解析音频码流必需的配置信息被保存在 AudioSpecificConfig 结构中，而这个结构通常被保存在 FLV 文件的第一个音频 Tag 中。同样，第一个视频 Tag 中含有 AVCDecoderConfigurationRecord 结构，该结构中保存了解析视频码流必需的

SPS 和 PPS 信息，在发送视频数据到 AVC 解码器之前，必须先发送 SPS 和 PPS 信息，否则解码器不能正常解码。

（2）MP4 视频拖曳

MP4 视频拖曳的处理流程和 FLV 视频拖曳类似，但由于 MP4 是基于嵌套的 box 结构组织数据的，因此处理逻辑会更复杂一些。MP4 视频拖曳示意图如图 8-6 所示。

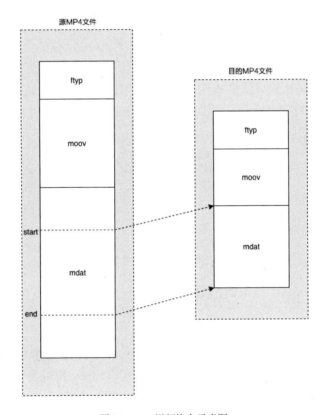

图8-6　MP4视频拖曳示意图

MP4 视频拖曳的处理流程大致如下：

① 获取拖曳请求的起止时间。

② 解析 MP4 文件的元信息，主要是得到这些结构信息：stts box、stss box、ctts box、stsc box、stsz box、stco/co64 box。

③ 通过联合查找上一步中得到的元信息，分别计算得到拖曳起止时间对应的文件偏移量。

④ 重新组装新的 MP4 文件的元信息和拖曳数据。

⑤ 发送新的 MP4 文件数据。

8.1.2 动态转封装

动态转封装是在处理用户视频请求时将一种封装格式文件动态转换成另一种封装格式文件的过程。由于 HLS 协议是一种常见的流媒体网络传输协议，很适合互联网直播和点播的场景，因此常见的动态转封装包括 FLV 和 MP4 格式分别转封装到 HLS 协议格式两种形式。这使得用户的源站不需要支持 HLS 协议，仅需要保存对应的 FLV 或 MP4 文件，即可支持客户端的 HLS 协议格式文件的播放。

阿里云 CDN 支持 FLV 和 MP4 格式到 HLS 协议格式的动态转封装。

1. FLV 动态转封装

（1）FLV 动态生成 M3U8 文件

利用 FLV 文件的元信息，动态生成 M3U8 播放列表文件。

FLV 文件支持动态转封装的前提条件是：

- 源站支持 Range 请求。

- FLV 文件必须包含视频时长和关键帧信息。具体来说，就是 FLV 的 script 数据 Tag 中含有 filepositions 数组和 times 数组，这两个数组分别标识了 FLV 文件的视频关键帧对应的文件偏移量和时间偏移量。

FLV 动态生成 M3U8 文件的请求示例如下：

```
http://example.com/test.flv/playlist.m3u8?args
```

其中：

- /test.flv，指示了动态 M3U8 文件对应的原始 FLV 文件。

- /playlist.m3u8，固定后缀，可通过控制台配置，表示这是一个动态 M3U8 文件。

当 CDN 接收到上述请求后，动态生成相应 M3U8 文件的步骤如下：

① 去掉固定后缀 M3U8，还原出原始的 FLV 文件请求。

② 使用原始的 FLV 文件请求，按照分片回源的方式获取到 FLV 文件对应的视频时长和关键帧列表。

③ 根据视频时长、关键帧列表以及配置的 TS 分片时长，将整个文件时长分割成不同的 TS 分片，并保证每个 TS 分片中至少包含一个关键帧。

如此，便可以生成一个符合 HLS 协议标准的 M3U8 文件，将其发送给客户端。

以下是生成的 M3U8 文件的具体格式。

动态生成的 M3U8 文件含有固定开始串：

```
#EXTM3U
#EXT-X-TARGETDURATION:< 配置的 TS 分片时长 >
#EXT-X-VERSION:3
```

其后，是每个特定的 TS 分片信息：

```
#EXTINF:<TS 分片时长 >,
TS 分片 URL
```

根据视频时长、关键帧列表以及配置的 TS 分片时长，就可以将整个 FLV 文件时长分割成不同的 TS 分片。特别注意，需要保证每个 TS 分片中至少包含一个关键帧，否则分片播放可能存在问题。TS 分片 URL 需要包含至少两个参数，即 ts_start 和 ts_end，分别表示该 TS 分片在 FLV 文件中的起止时间偏移量。

最后，追加上 M3U8 固定结束串：

```
#EXT-X-ENDLIST
```

（2）FLV 动态转封装 TS

根据起始时间和结束时间，提取 FLV 文件中的媒体数据，并转封装成 TS 包。

FLV 动态转封装的请求示例如下：

```
http://example.com/path/to/test.flv/1.ts?ts_start=0&ts_end=5
```

该请求获得的 TS 数据是由原始 FLV 文件的最开始到第 5 秒的音视频数据经过转封装处理得到的。其中：

- /path/to/test.flv，指示了 TS 数据来源的源视频文件。

- /1.ts，在生成动态 M3U8 文件时由转封装程序添加，从"1"开始累加的分片编号和后续的转封装时间戳一一对应。

- ts_start 和 ts_end，转封装起止时间参数，由转封装程序根据预设的分片时长和源文件的关键帧情况共同确定。

FLV 文件的 TS 转封装流程如下：

① 解析请求，获取转封装的起始时间（ts_start）和结束时间（ts_end）。

② 从头获取视频文件数据，并解析视频的元信息，分别得到关于关键帧信息的两个数组，即字节偏移数组（filepositions）和时间偏移数组（times）。

③ 获取 FLV 文件的第一个音频 Tag 和第一个视频 Tag，其中包含了音视频解码必需的信息，比如视频的 SPS 和 PPS 信息。

④ 利用 times 和 filepositions 两个数组，将请求的起始时间戳和结束时间戳转换为起始字节偏移量（ts_start_pos）和结束字节偏移量（ts_end_pos），这两个数组的索引方式和 FLV 视频拖曳播放的处理方式相同。

⑤ 获取视频编码数据。

⑥ 获取音频编码数据。

⑦ 组装 TS 格式数据。

- 组装 PAT 数据包。

- 组装 PMT 数据包。

- 将视频编码数据转为 TS 封包格式数据。

- 将音频编码数据转为 TS 封包格式数据。

⑧ 将组装好的 TS 格式数据发送给客户端。

2. MP4 动态转封装

（1）MP4 动态生成 M3U8 文件

利用 MP4 文件的元信息，动态生成 M3U8 播放列表文件。

MP4 文件支持动态转封装的前提条件是：

- 源站支持 Range 请求。

- MP4 文件必须包含视频时长和关键帧信息。具体来说，就是 MP4 文件含有 moov box，moov box 内部包含存储关键帧信息的 stbl box，其具体结构见前面的 "MP4 格式" 部分。

MP4 文件动态生成的 M3U8 文件的结构和 FLV 文件动态生成的 M3U8 文件的结构类似，请参考前面的 "FLV 动态生成 M3U8 文件" 部分，这里不再赘述。

（2）MP4 动态转封装 TS

根据起始时间和结束时间，提取 MP4 文件中的媒体数据，并转封装成 TS 包。

MP4 动态转封装的请求示例如下：

```
http://example.com/path/to/test.mp4/1.ts?ts_start=0&ts_end=5
```

该请求各组成部分的含义和 FLV 动态转封装的请求完全一致，具体解释见前面的 "FLV 动态转封装 TS" 部分。

MP4 文件的 TS 转封装流程和 FLV 文件的 TS 转封装流程类似，主要是查询元信息获取音视频数据的过程不同。具体流程如下：

① 解析请求，获取转封装的起始时间（ts_start）和结束时间（ts_end）；

② 从头获取视频文件数据，并解析视频的元信息，主要是得到 stbl box 中的各子 box 信息，以及视频的 SPS 和 PPS 信息。

③ 通过从视频 trak box 中获取到的 stbl box 信息，索引得到视频起止时间对应的起止字节偏移量。

④ 通过从音频 trak box 中获取到的 stbl box 信息，索引得到音频起止时间对应的起止字节偏移量。

⑤ 获取对应的视频数据。

⑥ 获取对应的音频数据。

⑦ 组装 TS 格式数据。

- 组装 PAT 数据包。

- 组装 PMT 数据包。

- 将视频编码数据转为 TS 封包格式数据。

- 将音频编码数据转为 TS 封包格式数据。

⑧ 将组装好的 TS 格式数据发送给客户端。

8.1.3 试看试听

现在各大视频网站都推出了 VIP 业务，普通用户充值成为 VIP 用户后，可以免费观看一些收费的视频资源，而非 VIP 用户在观看收费的视频时可以试看一段时间。并且听书 App 越来越多，试听的需求也随之增加。

试看一般是在客户端控制的，那为什么要在服务端做呢？服务端做的是防盗链。现在盗链的现象比较普遍，这对视频厂商来说损失比较大，所以大家绞尽脑汁做各种防盗链技术。比如试看，用户不需要破解，想办法获取到请求，不在客户端播放，就会逃脱试看的限制，而观看完整内容。

通过服务端实现，我们会根据试看时长计算出对应的位置，无论用户从什么端获取到请求，我们都会控制输出内容的时间不会超过试看时长。通过把试看时长字段计算到防盗链信息里，盗链者不能随便修改试看时长而看到更多的内容，这样就为客户的音视频资源提供了保障，并且也节约了客户的成本。

阿里云 CDN 支持大多数常用视频格式，之前没有涉足过 MP3，但是在分析了听书市场行情后，也对 MP3 提供了支持。目前试看试听支持的视频格式包括 FLV、MP4、M3U8、TS、MP3。

8.1.4　听视频

为了满足用户的如下需求，现在各大视频公司的 App 都有听视频的功能。

- 用户在 4G 网络下听视频可以节约流量，因为和视频流量相比，音频流量占比比较小。

- 用户走在路上不方便看时，听视频可以节约电量，而且在听视频时可以锁屏。

- 支持后台播放，用户可以一边听视频，一边用手机做其他事情。

一般实现方式有如下几种。

- 在生产资源时多路转码生成一路音频文件。当听视频时，请求跳转到这个音频文件。缺点：额外的音频文件会浪费转码资源和存储资源。

- 只是简单地盖住屏幕，播放器不播放视频流。缺点：虽然视频没有播放，但是也下载了，浪费了用户的流量。

由于存在上述缺点，我们在服务端实现听视频这个功能。原理是在服务端通过流式实时分析音视频数据，将视频数据丢弃，只将音频数据发送给客户端，这样客户端收到的就是纯音频数据。

这样做对客户有什么好处呢？首先，可以减少多路转一路时浪费的转码资源和存储资源。有的客户在中途要新上听视频功能，但还需要对历史资源做一次批量转码，代价很大。其次，使用我们提供的功能，对于 CDN 来说，并没有额外的流量费用支出，但却可以节省存储和转码的成本。

通过市场分析得知，目前使用听视频功能的用户比例非常低，而且被用户选择听视频的资源都非常集中。也就是说，少数适合听的视频会被用户选择听，大量视频很少或者不会被用户选择听。如果客户为了使用听视频这个功能，而把自己的全部视频都转成一路音频文件，那么对于大型视频网站来说，无论是视频总数还是转出来的全量音频文件大小都是比较可观的，而且大部分转出来的资源都是没有用的，这将造成非常大的浪费。而通过在服务端做音视频分离，可以很好地解决这个问题。

目前听视频支持的视频格式包括 FLV、MP4。

8.1.5 视频分析

目前 CDN 流量的主要部分是视频点播流量。我们可以对大量的视频进行统筹分析，对一些视频属性按用户粒度进行全局分析。

和普通视频分析不同，阿里云 CDN 是在服务端对视频做流式解析的，整个解析过程在请求传输中完成。我们会分析视频的一些属性，如码率、帧率、分辨率、音视频编码、首帧时长、慢速比等。

视频分析的价值有哪些呢？以慢速比为例，以前的做法是按下载速度分档，比如分为小于 1000Kb/s、大于 1000Kb/s 小于 2000Kb/s 和大于 2000Kb/s 小于 3000Kb/s 三档。我们知道视频分超清、高清、标清等，那么如何定义慢速呢？其实客户端观看视频只要卡顿就算慢速，发生卡顿一般是因为下载速度比视频码率小，导致播放器获取不到足够播放的数据。针对不同清晰度的视频肯定标准不同，使用按视频码率计算的慢速比可以完美地解决这个问题。通过用下载大小除下载时间得到下载速度，再与码率比较，如果小于码率播放就会卡顿，这样计算的慢速比更加合理。

首帧时长也是客户端比较关注的一个指标，在发送视频流的过程中能实时探测到首帧的位置，从而计算出首帧时长。

此外，视频分析还有如下价值。

- 支持网络优化，把实时解析的码率信息和首帧大小信息下发给协议栈，协议栈会针对不同请求采取不同的发送策略。

- 调度调优，利用视频分析得到的平均码率通过限速做消峰处理，节约成本。

- 对服务质量调优和问题排查也都有作用。

- 视频分析数据可以为客户分析业务情况提供支持。

目前视频分析支持的视频格式包括 FLV、MP4、TS。

8.1.6　图片处理

目前端的种类极多，有手机、平板电脑、计算机、电视机等。在不同的设备上访问同一张图片，需要不同的分辨率或格式，此时客户会有如下需求：

- 源站上只保存一张原图，但是客户端会访问各种不同尺寸的目标图。

- 为了节省流量，要将图片转换为 WebP 格式，如果浏览器不支持 WebP 格式，则需要转换为其他格式。

- 压缩图片，降低图片质量，以节省带宽。

- 做头像需要内切圆。

- 旋转、锐化等。

这些工作可以在源站上完成，也可以在 CDN 上完成。在 CDN 上完成这些工作的好处是，可以节省客户的源站存储成本，并且新上传图片时也不需要转码很多份，有的可能不会被用到。此外，很多客户的源站可能不具备图片转换的能力，需要在 CDN 层面实现——通过参数指定要转换的目标图，非常灵活。

首先要定义支持哪些图片处理功能，然后通过市场需求调研，将这些功能产品化。用户可以通过参数传递要转换的操作，有缩放、裁剪、格式转换、内切圆、质量调节、锐化、旋转、自旋转等功能。

- 图片缩放，操作名称：resize。

  - 按固定长边自适应等比缩放。示例：image_process=resize, l_200。

  - 按固定短边自适应等比缩放。示例：image_process=resize, s_200。

  - 按固定宽度自适应等比缩放。示例：image_process=resize,w_200。

  - 按固定高度自适应等比缩放。示例：image_process=resize, h_200。

  - 按固定宽高缩放。示例：image_process=resize, fw_200, fh_200。

  - 当任意参数值为负时，不处理，返回原图。

- 图片裁剪，操作名称：crop。

- 按指定 x、y、width、height 裁剪，以 x 和 y 为起点，裁剪 width × height 大小的图片内容。示例：image_process=crop, x_10, y_10, w_400, h_200。

- 从图片居中部分裁剪指定 width、height 的图片内容。示例：image_process=crop, mid, w_400, h_200。

- 当任意参数值为负时，不处理，返回原图。

- 图片质量调节，操作名称：quality。

  - 按绝对质量进行转换，转换成指定大小的质量。如果当前图片的质量小于待转换的质量，则不转换。示例：image_process= quality, Q_90。假如当前图片的质量是 80，经过转换后，质量仍为 80。

  - 按相对质量进行转换，根据当前图片的质量乘以待转换系数，得到最终要转换的图片质量。示例：image_process=quality, q_90。假如当前图片的质量是 80，经过转换后，质量为 72。

  - 质量值范围：0 < quality < 100，且 quality % 5 == 0。其他值都不支持。

- 图片锐化，操作名称：sharpen。

  - 对图片进行锐化，使图片更清晰，只支持 50、100、150、200、250、300 六个锐化参数。示例：image_process=sharpen, 100。

- 图片旋转，操作名称：rotate。

  - 将图片按顺时针 + 指定的角度进行旋转，只支持 90°、180°、270° 三个角度。示例：image_process=rotate, 180。

- 自适应方向，操作名称：auto-orient。

  - 某些手机拍摄出来的照片可能带有旋转参数，可以设置是否对图片进行旋转。示例：image_process=auto-orient。

- 图片格式转换，操作名称：format。

  - 将图片转换为指定的格式。示例：image_process=format, webp。

另外，为了方便客户接入 CDN 图片转换，我们开发了很多自适应接入的功能，无须改造，一键配置即可生效。

- 图片瘦身：用户可以针对全量图片进行统一压缩，以节约成本。

- 自适应 WebP：自动识别请求的客户端是否支持 WebP 格式。针对支持 WebP 格式的客户端，则将图片自动转为 WebP 格式后再传给客户端，以达到节省流量的目的。

- 自适应网络压缩：在发送图片前，可根据当前请求的网络环境而选择压缩为不同质量的图片，以达到在弱网环境下用户也能尽快访问图片的目的。

CDN 首次对图片进行转换后，会缓存该目标图，下次对于同样的图片转换请求可以直接命中，而不需要再进行转换。另外，用户可以通过刷新原图，把该图片对应的所有转换的目标图都刷新掉。

8.2　视频点播关键技术

视频点播涉及自适应限速、全网限流、点播防盗链、点播封禁等技术，下面分别进行介绍。

8.2.1　自适应限速

传统的限速都按固定值进行，对于目前点播视频具有多种清晰度的情况，这种限速其实并没有达到最优的效果——限速值设高了，对低清晰度的视频就不能很好地进行限速；限速值设低了，高清晰度的视频就会发生卡顿。

自适应限速的原理是根据码率信息来限速，对于每个请求都可以根据其自身码率计算出特有的限速值，真正做到请求级别的完美限速。按时间和按 GOP 限速也是同样的道理，前 3MB 不限速对于不同清晰度的视频可观看时长是不同的，而前 10s 或前 4 个 GOP 视频内容不限速更合理。

按码率限速是非常合理的限速方式，但是要实现它需要付出一点代价。视频的信息都在头部，如果是一个 Range 请求，则需要发起一个子请求来获取视频码率信息，然后再开始传输数据并限速。其实这个时间很短，但是仍然会影响用户的首屏时间。为了消除用户的顾虑，我们又进一步开发了异步限速功能。异步限速就是用户请求到来后马上开始发送数据，然后以异步非阻塞的方式发起一个子请求来解析码率，当解析成功后，再更新限速值，这样既不影响用户的首屏时间，也达到了按码率限速的目的。

目前自适应限速支持的视频格式包括 FLV、MP4。

8.2.2 全网限流

随着 CDN 业务的发展，CDN 整体水位随之快速增长。无论是从客户需求、还是从 CDN 自身保障的角度来看，CDN 全网限流功能已成为 CDN 必不可少的一种能力，被广泛应用于大促活动水位保障、客户成本控制、突发流量控制等场景中。

CDN 业务类型复杂，可细分为直播、点播、图片、下载、动态加速等。每种业务都有其特点，不同业务需要采用不同的限流方式，才能将限流时对业务服务质量的影响降到最低。

从 CDN 架构、CDN 业务、客户需求等多个维度思考，支持多应用场景的限流能力：

- 在限流方式上，支持全网限带宽和全网限 QPS。

- 在 CDN 层级上，支持多层级全链路的限流能力。

- 在业务应用上，针对点播、直播、下载、动态加速等业务场景，支持不同的限流方式。

- 在应用层协议上，支持 HTTP、HTTPS、RTMP、RTS、ARTP、FLV、HLS 等多种协议限流。

- 在条件限流上：

  ○ 支持将多个域名绑定到一起合并限流。

  ○ 支持按 URI 限流、按节点限流、按运营商限流、按区域限流、按国家限流等。

- 在限流后请求处理方式上，支持多种处理方式。

  ○ 限速：当超过阈值后，对所有请求或新请求进行限速。

  ○ 拒绝：当超过阈值后，拒绝新请求。

  ○ 302 跳转：当超过阈值后，新请求 302 跳转到其他页面。

1. 全网限带宽

以域名为粒度，对域名的全网总带宽施加限制，控制在设定的阈值之内。同时考虑限流对业务服务质量的影响，在控制全网带宽的同时，将对业务服务质量的影响降到最低。针对不同的业务场景，支持两种限流模式。

（1）单阈值模式

- 功能介绍：以域名为粒度，将域名的全网 L1 总带宽控制在设定的阈值之内，如果超过阈值，则对所有请求进行动态速率限速。

- 适用场景：适用于点播、下载、节点自保等业务场景。

（2）多区间模式

- 功能介绍：一个域名可被设定多个阈值，如 level1、level2、level3，全网总带宽达到不同的阈值可进行不同的限制操作。比如总带宽在 level1 以下，不做任何操作；达到 level1，新请求按"速率 1"限速；达到 level2，新请求按"速率 2"限速；达到 level3，拒绝新请求。此功能可针对处于不同区间的请求进行不同的限流操作，在控制总带宽的前提下，保障一部分用户的服务质量。

- 适用场景：适用于大活动直播、点播等业务场景，可保障一部分用户的观看体验。

2. 全网限 QPS

以域名为粒度，将域名的全网 QPS 控制在设定的阈值之内，如果超过阈值，则按比例拒绝新请求。其适用于流量小、QPS 高的场景，如 DCDN。

8.2.3　点播防盗链技术

当前互联网涉及生活的方方面面，近年来随着购物、生活服务、音视频等PC 端和移动端应用的兴起，不断有人利用技术来获取第三方资源，如图片、音视频等媒体资源，导致内容提供方的服务器资源浪费、内容版权等无法得到保护，于是各厂商对自己的资源、版权保护逐渐重视起来。

防盗链技术是客户保护自己的内容不被盗播的主要技术手段之一。下面就介绍一下盗链相关概念，以及 CDN 在防盗链方面提供的一些技术和服务。

1. 关于盗链

（1）什么是盗链

盗链其实是指 A 将 B 中的一些资源的地址链接到自己的网站或者所提供的服务中。一般是一些没有名气的小网站来盗取一些有实力的内容丰富的大网站的地址（比如音乐、图片、软件的下载地址），然后放置在自己的网站中，或者是一些媒体播放服务引用或间接访问不属于自己的多媒体资源，如音视频等播放地址，用来谋取利益等。盗取服务器资源的链接被称为盗链。

（2）盗链的影响

盗链给内容提供方造成了服务器资源、网络带宽等的浪费，使其服务质量受到影响，增加了成本，并且提供了服务却没有得到回报，或者不能将用户引流到自己的网站或应用上，降低了用户量。

2. CDN 防盗链体系

（1）Referer 防盗链

什么是 Referer ？ Referer 是 HTTP 协议中 Request Header 的一部分，当浏览器向 Web 服务器发送请求时，一般会带上 Referer，告诉服务器自己是从哪个页面链接过来的，服务器基于此可以获得一些信息用于处理。如果 Referer 信息不是来自本站，就阻止访问或者跳转到其他链接。比如 "^(http|https):\/\/(.+\.)?xyz\.com(\/.*)?$" 这样的正则配置，代表所有以 http、https 开头，含 xyz.com 的 Referer 地址全部允许访问或者全部禁止访问等行为，达到了 Referer 防

盗链的目的。

（2）UA 防盗链

UA（User-Agent）防盗链，也叫作客户端白名单，依据的就是 User-Agent 字段，其原理和 Referer 防盗链类似。UA 防盗链通常被应用在手机 App 或者一些可自定义 User-Agent 的应用上。User-Agent 和 Referer 一样，易于伪造，服务器可以进行过滤，比如"Python|VLC|libcurl.*$"这样的正则配置，达到了 UA 防盗链的目的。

（3）URL 频次限制和 IP 地址访问次数限制

- URL 频次限制：是指对用户访问的指定特征的 URL，针对该特征计算在单位时间内允许访问的最大频次，超过规定次数的访问将被禁止，防止同一个资源被多个非法用户播放，达到防盗链的目的。

- IP 地址访问次数限制：是指对用户访问的指定特征的 URL，针对该特征统计访问的 IP 地址个数，超过指定的 IP 地址个数的访问则被禁止或者指定其他行为，防止同一个资源被多个非法用户播放，达到防盗链的目的。

（4）Token 防盗链（时间戳防盗链）

什么是 Token 防盗链？ Token 防盗链是指通过对与时间有关的字符串进行签名，将时间和签名信息以一定的方式传递给 CDN 节点服务器作为判断依据，CDN 节点则会根据 URL 的加密形式，取出对应的过期时间和当前服务器时间进行比较，确认请求是否过期，如果过期则直接拒绝；如果未过期，CDN 节点将根据约定的签名算法和密文，将计算后的值和 URL 中的原始加密串进行比较，通过之后，请求会被认为是合法的。对于不合法的请求，可以禁止访问或进行其他操作。

Token 防盗链是很多厂商惯用的方案，其实现简单、相对有效。

（5）远程鉴权

远程鉴权通常是指 CDN 服务上的每个用户请求，都会对访问的 URL 进行处理，然后转发到指定的远程鉴权服务进行防盗链规则的校验。

- 优点是，避免 CDN 厂商泄露密钥、加密算法，提高了安全性，从而实现自己拥有 Key、鉴权算法等关键信息。

- 缺点是，对首屏时间、拖曳播放有一定的秒级延迟，且对鉴权服务的稳定性和 QPS 处理能力有一定的要求。

（6）源站鉴权

源站鉴权是指在访问 CDN 资源，没有 HIT（命中）的情况下，回到加速域名的源站后才会进行鉴权。其特点是可以保护源站资源的安全，使其不会被随意访问，一般会配合其他防盗链策略来使用。

（7）动态换 Key

这种方式往往由客户通过 API 定时触发换 Key 操作，从而增加盗链破解的难度。

常见的防盗链组合方案如下：

- UA 防盗链 +Referer 防盗链 +Token 防盗链。

- UA 防盗链 +Referer 防盗链 +Token 防盗链 + 远程鉴权。

- UA 防盗链 +Referer 防盗链 +Token 防盗链 + 源站鉴权。

- UA 防盗链 +Referer 防盗链 +Token 防盗链 +URL 频次限制和 IP 地址访问次数限制 + 远程鉴权。

- UA 防盗链 +Referer 防盗链 +Token 防盗链 +URL 频次限制和 IP 访问次数限制 + 源站鉴权。

- UA 防盗链 +Referer 防盗链 +Token 防盗链 +URL 频次限制和 IP 地址访问次数限制 + 源站鉴权 + 限速。

8.2.4　点播封禁技术

1. CDN 海量 URL 过滤系统

CDN 作为海量网络流量的第一站，承担着重要的流量接入与流量转发的功能。基于 CDN 在整个网络流量系统中占据入口位置，很多与资源过滤相关的场景都需要在 CDN 上实现，最典型的当属识别非法资源并进行拦截等相关场景。例如，一些涉黄、涉恐等资源在网上传输不仅会损害相关客户方，也会给 CDN 本身造成不良的社会影响。

阿里云 CDN 提供了基于 URL 粒度的海量过滤系统，能够及时检测出非法资源并进行全网过滤，执行相关动作。检测系统通过检测 CDN 提供的 URL 资源来判别是否是非法资源，若是非法资源，则将 URL 下发到执行系统，执行系统根据下发命令执行相关动作，检测系统和执行系统构成阿里云 CDN 的 URL 过滤系统。

在海量 URL 过滤场景中主要存在三个问题。一是效率问题。CDN 作为所有流量的入口，如何快速地从海量的入口流量中识别出非法资源而不影响整个系统的性能？这是必须要解决的问题，否则 CDN 就失去了其本身的意义。二是容量问题。对于海量的非法资源，将以何种形式进行表示？当达到一定的数量级后，很多看似简单的逻辑将变得棘手。三是实时性问题。非法资源从下发到在遍布全网的 CDN 节点上生效如何保证？

如图 8-7 所示，阿里云 CDN 自研的海量 URL 过滤系统通过布隆过滤技术巧妙地实现了速度与容量的平衡，能够在海量的请求中快速（小于 1ms）识别出非法资源并执行相关动作，且以极低的存储成本支持千万级别的黑名单，同时通过配置同步系统能够保证在秒级时间内下发的黑名单在全网实时生效，实现在功能、性能、成本等方面的平衡。

布隆过滤技术一般用在白名单系统中，阿里云 CDN 过滤系统反向利用布隆过滤技术实现误差动作。另外，在布隆过滤技术中只能进行元素的加入操作，不能进行元素的删除操作，如果要对黑名单中的元素进行删减，则需要对其进行改造才能进行；否则，随着黑名单的持续增长，布隆过滤系统会变得越加庞大。阿里云 CDN 过滤系统通过定期重新构造新的过滤器来解决该问题。

阿里云 CDN 的动态海量 URL 过滤系统支持实时增加、删除黑名单，有效地保障了客户利益，同时也使 CDN 避免了技术风险。

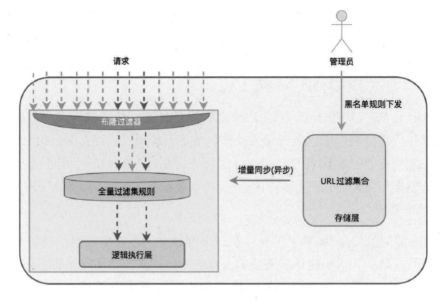

图8-7　阿里云CDN海量URL过滤系统示意图

2. 异步鉴权系统

在 CDN 服务场景中，经常会对请求进行鉴权：CDN 收到用户请求后，会对该请求进行鉴权，判断其是否拥有获取该资源的权限。通常的鉴权过程是将该请求相关信息转发给第三方鉴权服务，在获取到第三方服务的鉴权结果后，CDN 会做进一步判断：允许该请求继续访问，还是对该请求进行拦截或者限速。这种鉴权方式一般称为同步鉴权，在获得鉴权结果之前该请求将被阻塞。

在对资源权限要求非常严格的场景中，同步鉴权的预期效果往往更好，但是会有较大的延迟，用户体验不是很好。为了提升用户体验，阿里云 CDN 提供了异步鉴权系统：CDN 收到用户请求后，异步地对请求进行鉴权处理，同时该请求继续服务，当收到鉴权结果后再对请求进行响应处理，如图 8-8 所示。这种鉴权方式，用户体验更好。

异步鉴权系统需要解决的核心问题是当鉴权结果返回后，如何在大量的请求中找到与之相关的请求。异步鉴权的过程不在主请求生命周期内，需要用标识符对相关主请求进行打标。阿里云 CDN 异步鉴权系统通过 epoll 多路复用技术，将异步请求加入 epoll 系统实现与主请求的脱钩，同时在异步鉴权请求中设置回调钩子，将主请求变量与该回调钩子关联，当回调钩子被调用时说明鉴权结果已经返回，这时取出相关主请求变量对主请求进行处理。注意，异步请求和主请求都是通过 epoll 事件触发的，二者相当于两个独立的请求且相互关联，但在软件架构层面通过多路复用技术将这两个请求分离，达到完全异步、互不干扰的效果。

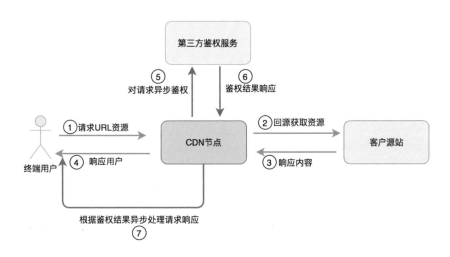

图8-8　阿里云CDN异步鉴权系统示意图

阿里云 CDN 异步鉴权系统大大提升了用户体验，特别是在一些长视频类资源场景中，在鉴权服务能力不足的情况下，能有效改善资源卡顿的情况。

第 9 章

CDN 实时流媒体

9.1 实时流媒体基础原理

9.1.1 RTMP

1. RTMP 消息结构

RTMP(Real Time Messaging Protocol，实时消息传输协议)消息结构如图 9-1 所示。

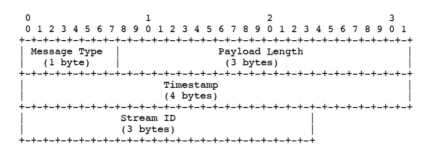

图9-1　RTMP消息结构

RTMP 消息的字段及其含义如表 9-1 所示。

表 9-1　RTMP 消息的字段及其含义

字段	字段长度	字段含义
Message Type	1 字节	消息类型如下。 1：set chunk size 2：abort message 3：acknowledgement 4：user message、stream begin、stream EOF、setbuffer length 等 5：Windows scknowledgement size 6：set peer bandwidth 8：audio message 9：video message 15：amf3 meta 16：amf3 shared 17：amf3 cmd，如 connect、createStream、publish、play 和 pause 等 18：amf meta 19：amf shared 20：amf cmd，如 connect、createStream、publish、play 和 pause 等 22：aggregate
Payload Length	3 字节	Payload 的长度
Timestamp	4 字节	消息的时间戳
Stream ID	3 字节	消息流的 ID

2. chunk 简介

RTMP 协议在网络中并不是以消息方式传输的，而是被切割为 N 个 chunk，然后在 TCP 上收发。握手结束后，在发送侧根据 chunk size 和 chunk stream id 对每个即将被发送的消息进行切割，在接收侧根据 chunk size 和 chunk stream id 对所有 chunk 进行消息合并。可以通过 set chunk size 设置 chunk 的大小。chunk 传输方式把大数据分解成较小的数据，可以防止大的低优先级数据（如视频）阻塞较小的高优先级数据（如音频或控制数据）。

3. chunk 格式

chunk 格式如图 9-2 所示。

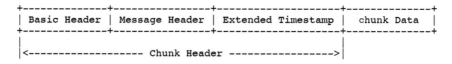

图9-2　chunk格式

chunk 的字段及其含义如表 9-2 所示。

表 9-2　chunk 的字段及其含义

字段	字段长度	字段含义
Basic Header	1~3 字节	主要包含 chunk stream id 和 chunk type，长度取决于 chunk stream id
Message Header	0、3、7、11 字节	包含发送的消息信息，长度取决于 chunk type
Extended Timestamp	0 或 4 字节	长度取决于 chunk message header 中的时间戳（Timestamp）或时间戳增量（Timestamp Delta）
chunk Data	可变大小	chunk 的有效负载，最大为 chunk size

4. chunk Basic Header 格式

chunk type 简写为 fmt，占 2 位，它决定了其后 Message Header 的格式。

chunk stream id 简写为 cs　id，用来标识一个特定的流通道，用户可以使用的 cs　id 范围是 [3，65599]，0、1、2 是保留值。

Basic Header 有 3 种格式，如图 9-3~ 图 9-5 所示。

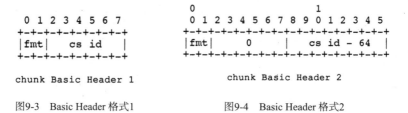

图9-3　Basic Header 格式1　　　　图9-4　Basic Header 格式2

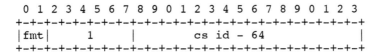

```
 0 1 2 3 4 5 6 7 8 9 0 1 2 3 4 5 6 7 8 9 0 1 2 3
+-+-+-+-+-+-+-+-+-+-+-+-+-+-+-+-+-+-+-+-+-+-+-+-+
|fmt|     1     |           cs id - 64           |
+-+-+-+-+-+-+-+-+-+-+-+-+-+-+-+-+-+-+-+-+-+-+-+-+
```

chunk Basic Header 3

图9-5　Basic Header 格式3

chunk Basic Header 的字段及其含义如表 9-3 所示。

表 9-3　chunk Basic Header 的字段及其含义

字段	字段长度	字段含义
chunk Basic Header 1	1 字节	cs　id 取值范围是 [2，63]
chunk Basic Header 2	2 字节	cs　id 取值范围是 [64，319]
chunk Basic Header 3	3 字节	cs　id 取值范围是 [64，65599]

5. chunk Message Header

chunk Message Header 的字段长度由 chunk type 决定。chunk Message Header 的字段及其含义如表 9-4 所示。

表 9-4　chunk Message Header 的字段及其含义

chunk type（fmt）	字段长度	字段含义
0	11 字节	Timestamp：3 字节。 Message length：3 字节，消息的长度。 Message type：1 字节，表示音、视频或控制消息。 Stream id：4 字节，表示该 chunk 所在的流 ID 与 cs　id 一致。 在消息的首个 chunk 中会使用这个格式
1	7 字节	Timestamp+Message length+Message type，没有 Stream ID，表示这个 chunk 使用前一个 chunk 的 ID，比如视频数据在第一个 chunk 之后就会使用这个格式
2	3 字节	只有 Timestamp，与上一个 chunk 有相同的 ID 和长度
3	0 字节	当该 chunk 与上一个 chunk 连时间戳都一致时，使用这个格式

6. RTMP 的应用

RTMP（Real Time Messaging Protocol，实时消息传输协议）是 Adobe 公司发布的音、视频流传输规范。以推流为例，需要经过 Handshake、Connect、Create Stream、Publishing Content 等交互命令才能传输音频 audio 数据和视频 video 数据。在直播中一般用 OBS、ffmpeg 或其他推流工具向 CDN 推送 RTMP 直播流，然后通过播放器拉取 RTMP、HTTP-FLV、HLS 及 RTP 直播流并进行播放。

优点：开源项目和技术文档较多，应用广泛。

缺点：建联协议流程复杂。

RTMP 协议交互流程如图 9-6 所示。

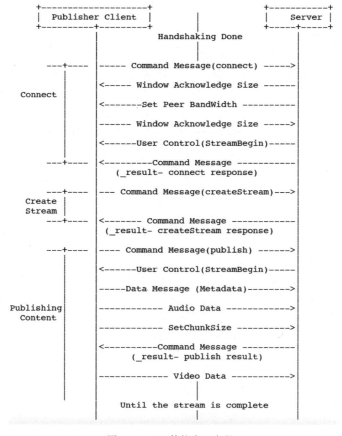

图9-6　RTMP协议交互流程

9.1.2　HTTP-FLV

1. flv 消息结构

HTTP-FLV 是基于 HTTP 传输 flv 封装的音、视频流式数据，flv 由 flv header 和 flv body 组成，flv header 是固定长度的，flv body 是由 N 个 Tag 组成的音、视频媒体数据，可实现持续不断的传输。

flv 消息结构如图 9-7 所示。

图9-7　flv消息结构

2. flv header

flv header 结构如图 9-8 所示。flv header 为固定的 9 字节，"flv" 可以被视作起始标志。

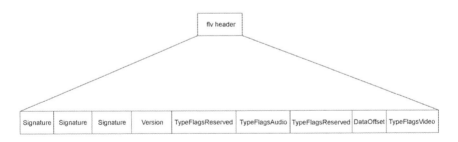

图9-8　flv header结构

flv header 的字段及其含义如表 9-5 所示。

表 9-5　flv header 的字段及其含义

字段	字段类型	字段含义
Signature	UI8	'f'
Signature	UI8	'l'

字段	字段类型	字段含义
Signature	UI8	'v'
Version	UI8	版本号
TypeFlagsReserved	UB[5]	0
TypeFlagsAudio	UB[1]	1：有 Audio Tag 0：没有 Audio Tag
TypeFlagsReserved	UB[1]	0
DataOffset	UI32	header 的大小
TypeFlagsVideo	UB[1]	1：有 Video Tag 0：没有 Video Tag

3. flv body

PreviousTagSize0 的值一直为 0，PreviousTagSize$N$ 表示前一个 Tag 的长度，而 Tag 又由 Tag header 和 Tag body 组成。

flv body 结构如图 9-9 所示。

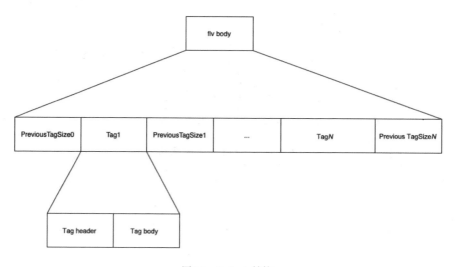

图9-9　flv body结构

4. Tag header

Tag header 固定为 11 字节，其结构如图 9-10 所示。

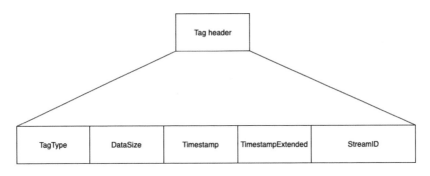

图9-10　Tag header结构

flv Tag header 字段及其含义如表 9-6 所示。

表 9–6　flv Tag header 字段及其含义

字段	字段类型	字段含义
TagType	UI8	8：Audio Ttag 9：Video Tag 18：script data
DataSize	UI24	Tag body 的大小
Timestamp	UI24	距离 Tag 1 的时间戳
TimestampExtended	UI8	时间戳的扩展字段
StreamID	UI24	0

5. Audio Tag

当 Tag header 中 TagType 为 8 时，表示存在该 Audio Tag。

flv Audio Tag 结构如图 9-11 所示。

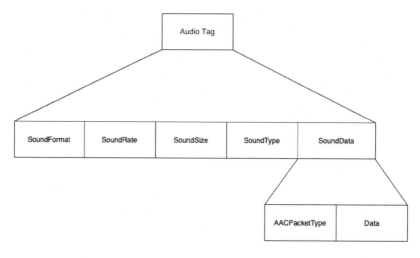

图9-11　flv Audio Tag结构

flv Audio Tag 的字段及其含义如表 9-7 所示。

表 9-7　flv Audio Tag 的字段及其含义

字段	字段类型	字段含义
SoundFormat	UB[4]	音频编码： 2 = MP3 10 = AAC
SoundRate	UB[2]	采样率： 0 = 5.5kHz 1 = 11kHz 2 = 22kHz 3 = 44kHz
SoundSize	UB[1]	采样精度： 0 = snd8Bit 1 = snd16Bit
SoundType	UB[1]	声道类型： 0 = sndMono 单声道 1 = sndStereo 双声道
SoundData	UI8[size of sound data]	如果 SoundFormat 为 10，则值为 AACAUDIODATA

AACAUDIODATA 字段及其含义如表 9-8 所示。

表 9–8　AACAUDIODATA 字段及其含义

字段	字段类型	字段含义
AACPacketType	UI8	0：AAC sequence header 1：AAC raw
Data	UI8[n]	如果 AACPacketType 为 0，则值为 AudioSpecificConfig； 如果 AACPacketType 为 1，则值为 AAC 音频数据

6. Video Tag

当 Tag header 中 TagType 为 9 时，表示存在该 Video Tag。

flv Video Tag 结构如图 9-12 所示。

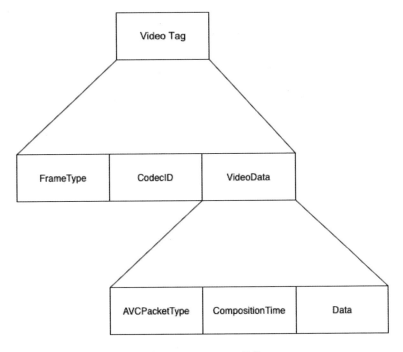

图9-12　flv Audio Tag结构

flv Video Tag 字段及其含义如表 9-9 所示。

表 9-9　flv Video Tag 字段及其含义

字段	字段类型	字段含义
FrameType	UB[4]	帧类型 1：keyframe 2：inter frame
CodecID	UB[4]	视频编码类型 7：AVC
VideoData	UI8[n]	如果 CodecID 为 7，则值为 AVCVIDEOPACKE

AVCVIDEOPACKE 的定义如表 9-10 所示。

表 9-10　AVCVIDEOPACKE 结构定义

字段	字段类型	字段含义
AVCPacketType	UI8	0：AVC sequence header 1：AVC NALU 2：AVC end of sequence
CompositionTime	SI24	如果 AVCPacketType=1，则值为 cts；否则，值为 0
Data	UI8[n]	如果 AVCPacketType=0，则值为 AVCDecoderConfigurationRecord； 如果 AVCPacketType=1，则值为 NALU； 如果 AVCPacketType=2，则值为空

7. HTTP-FLV 的应用

因为 HTTP-FLV 协议简单，所以被广泛应用在直播拉流场景中。

优点：基于 HTTP 实现，复用了互联网常用 80 端口号，可以规避一些防火墙问题。

缺点：可扩展性差。

9.1.3　HLS

1. HLS 协议内容

HLS（HTTP Live Streaming）由两部分组成，即 m3u8 索引文件和 TS 媒体

文件。

2. m3u8 索引文件

m3u8 是 TS 的索引文件，存放的都是 TS 的地址，供客户端播放器按序下载：

```
#EXTM3U
#EXT-X-TARGETDURATION :10
#EXTINF :10,
00001.ts
#EXTINF :10,
00002.ts
#EXTINF :10,
00003.ts
...
```

3. TS 媒体文件

TS 的封包比较复杂，最早应用在广电领域。TS 媒体文件分为三层：TS（Transport Stream）、PES（Packet Elemental Stream）、ES（Elementary Stream）。

ES 是音视频媒体数据，封装了 AAC 和 H.264 等数据；PES 是对 ES 的一次封装，添加了一些音视频类型、时间戳、长度等重要的信息；TS 是在 PES 基础上的再次封装，添加了 TS 识别头、PID 等信息。

4. HLS 的应用

HLS 是 Apple 公司提出的流媒体传输协议，沿用了 TS 做媒体传输，定义了 m3u8 的规范。HLS 基于 HTTP，能广泛应用在互联网场景中，将实时的直播流切片为一个个 TS 文件，客户端以文件下载的方式拉取数据，可支持多种码流的切换播放。

优点：基于 HTTP 实现，复用了互联网常用 80 端口号，可以规避一些防火墙问题；在 Apple 设备上方便使用。

缺点：延时较高。

9.2　实时流媒体应用场景

9.2.1　实时音视频

实时音视频是对实时流媒体技术的最低延迟的应用场景，它对技术、资源的要求最高，需要端到端延迟 400ms 以内，并且保持一定的稳定性，这样的延迟下，能够让参与方开展通信级的业务。

实时音视频的业务场景主要有连麦和云会议两种。

1. 连麦

直播连麦在近些年非常火爆，因为通过连麦可以极大地提高用户的参与度与黏度。快手、映客等直播类应用通过直播连麦提升了大量的用户活跃度。现在，连麦成为直播的一种标配功能。为了说明直播连麦的实现架构，需要定义一下连麦参与的角色，下面按连麦直播中的角色进行定义。

- 主播：当前正在直播的人，相当于主持人，可以主动邀请用户连麦或批准当前用户的连麦请求，也可以关闭某个粉丝的连麦；主播端视频一般都是全屏显示。

- 粉丝：参与当前连麦的用户或跨房间 PK 的其他主播，可以向主播申请连麦，或者接受主播的连麦邀请，进行音视频连麦。当粉丝不想继续连麦时，可以主动下麦。

- 观众：只拉流，不推流。

直播连麦是实时音视频的一种重要的应用场景，它跟普通直播的区别在于，普通直播只有单个主播推流，而直播连麦则允许两个或多个主播、粉丝连麦后一并推流，普通观众可同时观看主播和粉丝的画面。连麦的情景大致分为两类。第一类是主播与粉丝连麦，主播可以与其中的一位粉丝或多位粉丝互动，普通观众可以观看这个互动的过程。连麦互动这个功能可以提高直播平台普通用户的参与度，增加用户黏性。第二类是主播与其他主播连麦，主播之间可以连麦互动以提升人气，互相增加粉丝，实现双赢。

直播连麦常见的应用场景有三类。第一类是在线教育场景，如连麦直播大班课、师生音视频连麦互动、在线乐器陪练家长观看直播等。第二类是娱乐直播场景，如线上 KTV 房、娱乐秀场、活动直播中主播之间的连麦 PK 和粉丝的上麦互动，以及万级观众同时在线，多人连麦交流。第三类是直播带货场景，如带货主播 PK、买家上麦与带货主播沟通，通过连麦咨询的方式提升销量。

相对于主播的单向直播，实现直播连麦有以下技术难点。

- 音频合流，主播将自己的声音与粉丝的声音做混音。

- 视频合流，主播将自己的画面与粉丝的画面做视频合流。

- 降噪，消除直播环境中的噪音和啸叫。

- 回声消除，消除扬声器和麦克风的近端回声，普通直播由于音频是单向传递的，因此回声基本上不存在，但是在连麦中回声是必须要解决的。

- 实时音视频传输，保证互动延迟在 400ms 以内，使主播和粉丝之间能够畅快沟通，不能由于延迟而影响用户体验。

- 房间管理，房间管理涉及一些业务层面的技术，比如房间的状态、人数、不同直播间的主播如何沟通等。

关于回声问题，在直播连麦的场景中，主播的音频通过麦克风被采集，经实时传输网分发给粉丝，通过粉丝的扬声器播放出来，粉丝的音频经麦克风采集后传递到主播的扬声器进行播放，这样双方就进行了音频的交换。主播的音频在传递到对方的扬声器中进行播放后，如果被对方的麦克风再次采集，然后通过实时传输网传回来，经扬声器播放，这时主播就会听到自己的声音，也就是回声。而主播的麦克风再次采集并传递到对方，形成循环的回授，就会引起啸叫。

回声消除是将播放器播放的音频与麦克风采集的音频进行波形比对，把回声做反向抵消，回声消除算法比较复杂，这里不进行展开讲解，感兴趣的读者可以查阅 WebRTC 的 AEC 模块。下面重点讲解直播连麦在服务器端的技术难点，也就是如何进行高效的合流和低延迟的传输。

从理论上来说，主播、粉丝、普通观众、服务器这 4 个角色都可以负责音视频的合流，即实现连麦的合成功能，从而确保每位观众都能看到连麦后的音视频，常见的合流方案实现思路如下。

（1）主播端混流

主播端混流方案要求主播把自己的视频数据与连麦粉丝的视频数据进行合成，然后把合成好的视频流、主播自己的音频数据、连麦粉丝的音频数据推给 GRTN（Global Realtime Transport Network）网络，并经由 GRTN 网络分发给所有观众。因此，主播端负担的计算任务更重，对主播端（手机、PC）性能和网络性能要求也比单向直播时的要求更高。主播与粉丝连麦，在主播端混流的基本流程如图 9-13 所示。

图9-13　主播端混流流程

主播和粉丝建立连麦会话后，均向 GRTN 网络推原始音视频流。主播和粉丝从 GRTN 网络获取对方的音视频数据。主播从 GRTN 网络拉取粉丝的音视频数据后，在主播端进行相应的混流工作，一方面用于自己的视频显示和声音播放，另一方面发给 GRTN 网络，用于观众端拉流观看。连麦粉丝获得主播音视频数据后，进行回声消除、降噪等工作，用于自己的视频显示和声音播放。

主播把自己的视频数据、连麦粉丝的视频数据进行画面合成，替代主播原始流的视频画面，并将主播自己的音频数据、连麦粉丝的音频数据推到 GRTN 网络，用于观众端拉流观看。主播端上进行的混流工作包括画面合成、回声消除、降噪、混音。观众端拉取主播端混合好的一路视频数据、两路音频数据后，播放合成画面。

主播端混流方案的优势是实现简单，可以快速搭建，在计算资源和网络带宽两个方面降低了成本，不需要专门的合流服务器集群进行云上合流，观众拉流也是混合好的一路视频数据，节省了下行带宽。主播端混流方案的劣势在于主播端压力大，主播端视频混流需要面对计算压力、双倍流量的带宽压力，对客户端机器的性能和网络性能的要求也比单向直播时的要求更高，不适合多人连麦。

（2）观众端混流

观众端混流方案要求观众分别拉主播和粉丝的音视频数据，然后在观众端进行混流工作。主播与粉丝进行连麦，观众端混流的基本流程如图 9-14 所示。

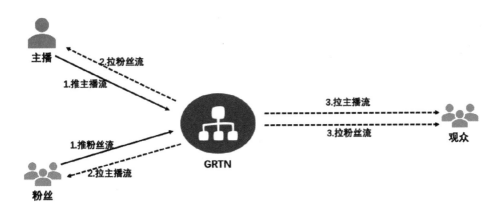

图9-14　GRTN观众端混流流程

主播和粉丝建立连麦会话后，均向 GRTN 网络推原始音视频流。主播、粉丝分别从 GRTN 网络获取对方的音视频数据，在自己端进行回声消除、降噪等工作，用于自己的视频显示和声音播放，并发送自己的音视频数据给 GRTN 网络以便观众端拉流并进行混流工作。

观众端拉取两路视频数据和两路音频数据进行混流。混流工作包括画面合成、回声消除、降噪、混音。

主播与粉丝连麦，观众端混流方案的优势同主播端混流方案的优势，简单易实现，可以快速搭建，而且支持多人连麦。观众端混流方案的劣势在于观众端压力大，观众端需拉多路流进行混流，观众端的下行带宽压力大，并且观众端需解码多路流，解码计算压力比较大。

（3）云上混流

云上混流方案要求主播和粉丝分别推送音视频数据到合流服务器，在合流服务器进行混流工作后将混好的流推给 GRTN 网络进行分发。主播与粉丝进行连麦，云上混流的基本流程如图 9-15 所示。

图9-15　GRTN云上混流流程

云上混流方案的关键是主播和粉丝推流到合流服务器集群，由合流服务器集群转发给 GRTN。这种方案将前两种混流方案中由端上做的混音混合及推流工作，交由合流服务器集群承担。

云上混流方案的优势是将端上合流的带宽和性能压力转到云上，使得端上的压力减轻，可实现多人连麦，方便实现定制化功能，连麦的实时性高。劣势为服务器端混流成本比较高。

需要注意的是，通常在业务上会要求粉丝在主播 1 的直播间看到的合流画面与粉丝在主播 2 的直播间看到的合流画面布局不同，因此通常会输出多路流。在 GRTN 中，为了减少观众端的下行带宽，采用主播端混流或云端混流方案，至于是端合流还是云合流，要根据算力和带宽共同决定。但是，在连麦过程中，带宽是动态变化的，理想情况下，要考虑能够做到端合流和云合流的动态切换。

2. 云会议

在云会议场景中，多个客户端参与到一个会议中进行实时音视频通信，并选择性地接收其他客户端的画面和声音。在云会议场景中，需要解决内容的传输分发、合流、业务管控、客户端展示等问题。

（1）传输分发

参会客户端将音视频内容生产出来之后，需要送达消费端，这时就需要一个通信级的传输分发网络。阿里云提供的解决方案是 GRTN，它分布在全球的几千个节点可以就近接收推流客户端生产的内容，然后利用 GRTN 的智能组网技术将媒体流从任意一个节点分发出去。一个简单的例子是这样的：A、B 两个客户端分别在德国和美国，A 客户端将自己的媒体流通过德国的 X 节点推入 GRTN 网络，B 客户端将自己的媒体流通过美国的 Y 节点推入 GRTN 网络；同时，A 客户端通过德国的 X 节点将 B 客户端的媒体流进行拉取，B 客户端通过美国的 Y 节点将 A 客户端的媒体流进行拉取，这样 A、B 两个客户端便实现了对彼此的实时音视频媒体的订阅，一个双端会议便实现了。

同理，在大规模场景下，多个客户端通过通信级传输分发网络可以实现媒体的多对多订阅，能够开展多人云会议。

（2）合流

在实现了传输分发的基础上，多人云会议面临一个问题，那就是客户端的订阅量可能过大、带宽过多。假设一个 10 人会议，如果参会者要看到其他所有人，那么每个客户端都需要订阅 9 个客户端的音视频流，带宽巨大，这时合流服务就派上用场了。

在会议场景下，所有参会方需要订阅的媒体流其实是基本一致的，大家都要观看当前活动者的内容。合流服务器能够将所有参会方的画面、声音拉取过去，对音频进行能量值判断后输出有效音源的声音，对画面进行合理的编排之后输出当前有效信息的视频内容，并做好实时切换。这样每个客户端只需要订阅一路音视频流即可，降低了带宽消耗。

（3）业务管控

业务管控系统处理的是客户端的接入、会议管理等业务层的内容，包括会议组织、呼叫管理、鉴权接入、活动客户端管控、录制管理、切流管理等。

（4）客户端展示

客户端获取其他客户端的实时音视频流之后，需要跟业务管控系统进行联动，对需要渲染展示的内容进行编排管理。假如当前有参会方在进行屏幕分享，那么接收端需要感知这个情况，并将屏幕分享作为优先内容进行展示。

以上介绍了云会议场景下需要解决的主要问题，在实际操作中，还需要解决订阅管理、扛弱网、容灾、高并发、成本优化、延迟优化等问题。解决好大量细节问题之后，就能打造一个可用、好用的云会议系统了。

9.2.2　视频直播

1.视频直播简介

视频直播是一个比较老的技术和业务场景。近年来随着网络和端能力的提升，视频直播的场景越来越丰富。一开始直播主要是传媒和体育赛事，而到现在直播已经渗透到很多领域。2020 年一场突如其来的全球疫情，更是把直播推上了风口。亿万中小学生利用互联网直播在家上课，大量传统企业纷纷参加线上直播，甚至很多大企业的老板也加入其中，亲自给自家的产品带货。

因为直播相当于分发流媒体数据，所以带宽一般都比较大。几乎所有直播都需要通过全球的分布式流媒体分发网络做就近播放接入和回源的收敛。

视频直播架构主要分为以下两种。

- 主播推流到全球的分布式流媒体分发网络，并且把流存储在里面，作为直播源站，当有观众播放时，通过全球的分布式流媒体分发网络接入和收敛找到源流，完成直播，如图 9-16 所示。

图9-16　GRTN视频直播

- 主播推流到自建源站。当有观众播放时，先经过全球的分布式流媒体分发网络接入和收敛，然后回源站拉流，无人播放就断开回源拉流，如图 9-17 所示。

图9-17　GRTN自建源站视频直播

主流的推流协议是 RTMP，主要的推流客户端有 ffmpeg、obs 等。

主流的播放协议有 RTMP、HTTP-FLV、HLS，主要的播放客户端有 ffplay、vlc 等。

除正常的推流和播放场景外，视频直播里还涉及大量的媒体处理。

（1）转码

通过转码可以把原始流转换成不同的码率和分辨率，这样可以为不同场景、不同带宽的用户提供对应的码流。

（2）录制

直播是实时的流媒体数据，直播结束后，所有的内部数据都被清理了，但是很多重要的活动和直播需要保存直播实况，便于后续错过直播的观众点播观看。

（3）截图

很多直播平台都有封面，为了更好地吸引用户，一般都会在直播页面展示一些当前的画面，这就是通过定期截图来实现的。

（4）AI 检测（涉黄、涉恐、涉暴）

截图之后可以使用人工智能算法对图片进行分析和识别。当发现直播流有异常时，可以迅速切断直播流，避免出现重大的问题。

2. P2P 直播

（1）P2P 直播术语

P2P 直播流分层示意图如图 9-18 所示。

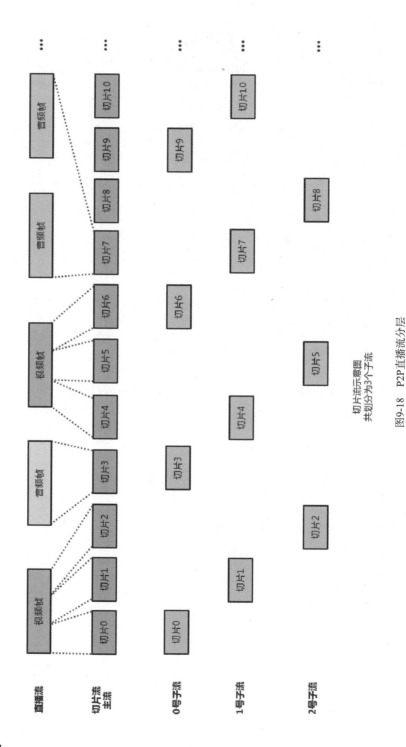

切片流示意图
共划分为3个子流

图9-18　P2P直播流分层

下面介绍 P2P 直播的一些术语。

切片

将直播流中的每一帧（通常是 flv tag），切成 1200 字节左右的切片，以适应一个 UDP 包传输。

每个切片都有一个数值 id，在一定时间内用于唯一标识该切片。

每个切片都有一个固定大小的头，至少包含切片 id 和切片大小两个字段。

一个视频帧会被切成多个视频切片；而由于音频帧较小，部分用户的一个音频切片可能包含多个音频帧。

主流

主流即切片格式的直播流。

子流

将主流划分为多个子流，方便客户端可以从不同的 PEER 或 CDN 节点获取不同的子流。

子流划分方式如下：假设一个主流被划分为 15 个子流，切片 id 对 3 取余后，值相同的切片组成同一个子流。例如，0、3、6、9……组成 0 号子流；1、4、7、10……组成 1 号子流；2、5、8、11……组成 2 号子流。

每个客户端的子流的划分方式都可以不同。

补片

客户端访问边缘直播 CDN 节点，请求若干个指定序号的切片。

客户端可以通过 HTTP、Websocket 从 CDN 节点补片。

整体架构

P2P 直播整体架构如图 9-19 所示。

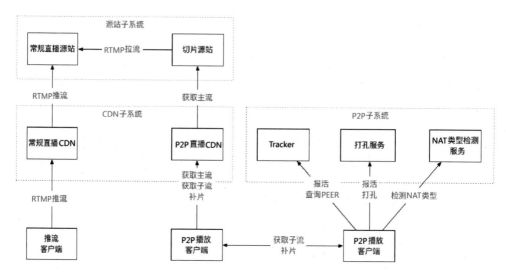

图9-19　P2P直播整体架构

图 9-19 中源站子系统包含：

- 切片源站，当有主流请求时，从常规直播源站拉流，进行切片，响应主流请求；

- 常规直播源站。

相应的 CDN 子系统包含：

- P2P 直播 CDN，当有客户端主流、子流、补片请求时，从切片源站拉取主流，缓存切片，响应请求；

- 常规直播 CDN。

P2P 子系统核心功能：查询 PEER。

（2）传输协议

流式传输

主流、子流都属于流式传输，即客户端请求主流或子流后，CDN 节点持续将主流或子流发送给客户端直到直播结束。

通常在一次 P2P 直播过程中，流式传输只有一路。

可以使用 HTTP 或 Websocket 进行传输。

文件式传输

补片属于文件式传输，即客户端向 CDN 节点补片，CDN 响应后该请求即结束。

可以使用 HTTP 或 Websocket 进行传输。

协议选择

P2P 直播既有流式传输，也有文件式传输。传输协议可以使用两个 HTTP 连接（一个用于主流或子流，一个用于切片），也可以使用一个 Websocket 连接。

总结

在起播阶段或缓冲数据较少时，客户端主流访问 CDN，保证了播放的稳定性。

当缓冲足够时，客户端到 CDN 可以从主流切换到子流。

子流划分了直播流，使得每一个客户端从 CDN 节点都可以获取部分直播流，再从其他客户端获取其他部分，从而达到了直播 P2P 分享的效果。

由于 P2P 播放客户端的不稳定性，补片使得客户端能够从 CDN 节点获取由于客户端的突然下线而缺失的数据。

9.3　实时流媒体系统架构

近几年，秀场、赛事、游戏、在线教育、电商等直播场景越来越多，产生了较大的经济价值。技术人员正在不断优化底层技术，提供稳定、低延时、高清的直播。RTMP、HTTP-FLV、HLS 是基于 TCP 的传统直播协议，应用非常广泛，rtp over UDP 的超低延时直播也逐渐被推广。RTMP 协议基于 publish 和 play 命令交互协议可应用在推流和拉流场景；HTTP-FLV 协议基于 HTTP，没有 content-length 长度限制，可以不停地获取 FLV 格式的流数据；HLS 协议将实时音视频数据切为 2~10s 的 ts 切片，通过 m3u8 索引逐个下载；与前三个

TCP 协议不同，rtp over UDP 需要在应用层处理丢包、乱序等复杂的网络传输，能在应用层控制传输效果，并拥有更低的低延时直播效果。

CDN 边缘节点被称为 L1，一般由移动、联通、电信单线机房组建而成，在世界各地都有资源。当直播流在 L1 中已经存在时，新的用户请求就不再需要向上回源，可以就地分发数据，能够做到一次回源 N 次分发。

L2 的节点数量少于 L1 的节点数量，它负责 L1 的回源请求，一个 L2 节点需要覆盖很多 L1 节点，为 L1 和直播中心的连接起到网络桥梁的作用。

9.3.1 流媒体节点

1. 直播系统的典型架构

直播中心被部署在阿里云机房，使用的资源是 SLB、ECS、RDS 等在阿里云官网售卖的产品，直播中心与媒体传输相关的组件有：

- live-proxy，用于处理推拉流；

- live-relay，用于处理客户服务器和其他 CDN 厂商之间的推拉流；

- live-source，用于存储线上所有的流，并向 live-GSLB 上报健康状态和当前流信息；

- live-GSLB 用于处理推流和拉流的调度。

如图 9-20 是直播系统的典型架构，具有以下特点：

- 三层树状结构；

- 上行 RTMP 推流；

- 下行 RTMP/HTTP-FLV/HLS 分发；

- 端到端延迟 6s 左右。

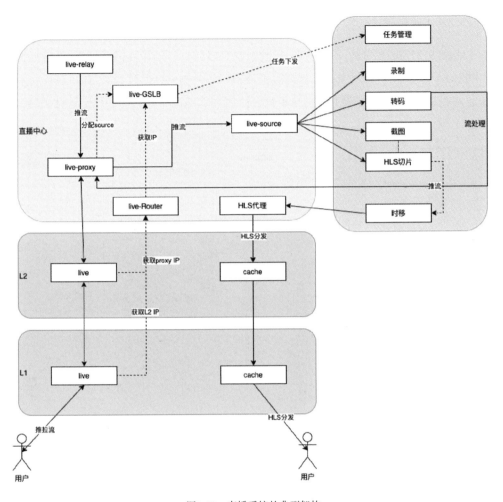

图9-20　直播系统的典型架构

2. 新一代实时直播系统的架构

为了达到更低延时的流媒体传输，引入了 WebRTC 技术，基于 CDN 做深度改造，具有以下特点：

- 对等组网和动态路径规划；

- 控制和数据分离；

- UDP 传输媒体数据；

● 端到端延迟 1s 左右。

如图 9-21 所示为新一代实时直播系统的架构，采用动态选路方式来构建的网状结构，基于 UDP 在单个连接上支持双向通信，有对音视频针对性优化的拥塞控制算法和更细腻的 QOS 策略，让实时音视频传输进入超低延时领域。

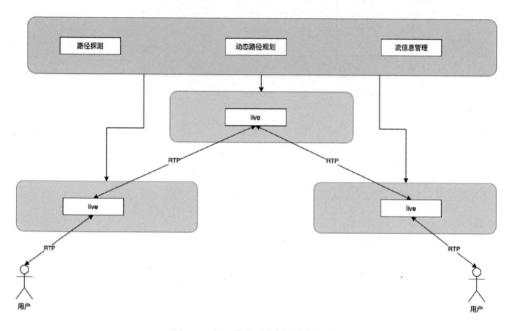

图9-21　新一代实时直播系统的架构

9.3.2　流媒体大脑

CDN 有多种组织方式和架构，包括中心化的树型分发结构、受控的分层结构、去中心化的网状拓扑结构等，以适应不同的网络环境和应用场景。

传统的直播 CDN 网络是树型拓扑结构，回源路径呈现出树型收敛的特点。设计树型结构可以最大化地节省系统的成本，因为只有中心节点才需要管理大量的直播流，向下逐级减少，到了边缘节点只存在少量被客户端请求的直播流，在大规模直播场景下极大地降低了直播 CDN 网络的带宽成本，质量上也符合当时 CDN 用户的需求。而且树型拓扑结构可扩展性好，能够方便地接纳海量用户，稳定性也很强，即使某些边缘节点挂了，对整个直播系统的影响也很小。

但是，中心化的树型分发网络在低延时或实时通信的场景中会有以下缺陷。

- 在观众比较少的小规模直播场景中，节点流命中率比较低时，会有带宽浪费。

- 在海量上行数据不断增长的情况下，中心节点容易成为系统的瓶颈和单点问题。

- 树的深度越大，流媒体的端到端延迟就会越大，所以基于传统 CDN 的直播延迟通常在 6s 左右。

因此，在直播连麦、音视频通信、音视频会议等实时性要求高的场景中，传统的中心化树型分发网络会显得捉襟见肘，一个高质量的实时流媒体网络应该具备以下能力。

- **去中心化的网状拓扑结构**：为了摆脱有限的链路路由线路限制，激活图形分发网络的能力，实时 CDN 网络节点应该组成网状网络拓扑结构。

- **传输节点对等**：方便随时下线有问题的节点而不影响整个网络，方便快速地上线新节点，提升系统容量。

- **全球节点调度**：实时流媒体 CDN 提供点到点的连接能力，允许客户端通过覆盖全球的 CDN 节点实现低延迟实时传输。不再受限于区域网络调度，全网内的节点都可以响应用户的请求，参与链路路由，不再由人工假设选定一部分节点进行路由，让分发网络更智能。

- **智能路径规划**：实时感知 CDN 网络状态并计算流媒体分发路由，在 CDN 图形网络中实时选择最佳的传输路径。

- **动态组网能力**：GRTN 自组网由原来的 "L1+L2+ 直播中心" 固定组网的三级结构，改为动态选路探测，通过动态路径规划和动态组网能力，核心思想是点对点组建最短路径，然后通过最短路径实现通信级的传输能力。

实时 CDN 为客户端角色提供推、拉两种基本能力，网络内部的线路是动态且灵活自由组合的，并不局限于有限集合，而且节点数量越多，线路组合越多。这个动态组合节点灵活绘制线路的机制为流媒体大脑找到优质的线路提供了可能。A 客户端通过任意节点就近接入 GRTN 网络，B 客户端也通过任意节点就近接入 GRTN 网络，GRTN 通过流媒体大脑进行动态路径规划，为 A、B 之间规划由一个或多个节点构成的传输链路，实现最低延迟的传输能力。流媒体大脑可以通过智能路由算法选择任何一个最佳的链路而不用依赖系统部署时过时的人工规划，无论是某些链路间发生了拥塞，还是某个数据中心压力过大，都可以实时地反映到图形分发网络中，帮助用户实时计算最佳传输链路。通过流媒体大脑而不是人脑来实时规划网络的链路路由，这种实时大规模的动态规划任务天生就不是人脑的强项，应该交给更适合的流媒体大脑。

规划出优质的线路是所有直播流的共同诉求，线路实时调度的好坏直接影响了直播系统的一系列关键指标：首屏播放耗时、延时、流畅性等。当流媒体大脑感知到实时 CDN 网络中有线路网络质量变差，比如丢包严重、延迟变高时，会自动计算出新的可用数据路由线路，实时更新媒体路由线路，从而实现用户无感知的路由切换。

9.4 实时流媒体创新技术

卡顿和延迟是影响直播、通信等实时流媒体应用场景体验的关键因素，也是人们在实时流媒体传输领域中探索及使用新的技术和方向所要解决的根本问题。

阿里云 CDN 直播体系在协议上采用了传统的实时流媒体传输协议 RTMP 协议及 HTTP-FLV 协议，这是业界主流的做法。RTMP 协议和 HTTP-FLV 协议在应用上比较广泛，在实现上也趋于成熟。

在解决卡顿和延迟问题上，阿里云 CDN 除在原有协议上做优化外，也在寻求一些新的技术突破。本节主要介绍阿里云 CDN 在新技术上的实践和应用。

9.4.1 QUIC

1. QUIC 是什么

QUIC（Quick UDP Internet Connections）是 Google 公司在 2013 年提出的

一种基于 UDP 实现的可靠低延迟传输协议。QUIC 的设计初衷是代替 TCP 协议，成为下一代互联网传输标准。2016 年，成立了 QUIC 的 IETF 标准化工作组。2018 年，QUIC 被正式重命名为 HTTP3。

2. QUIC 的优势

互联网从出现到现在经过了几十年的发展，各种网络优化方案层出不穷，人们在网络传输优化上一直在追求更好的方案。传输层包含两种协议，即 TCP 和 UDP。TCP 的使用相对比较广泛，也被研究得比较透彻，想要再找出新的优化方向比较困难。TCP 是操作系统中协议栈层面的实现，优化后的推广也是一个问题。当 TCP 陷入优化瓶颈后，人们开始将目标瞄向 UDP，QUIC 正是基于 UDP 的传输解决方案。

QUIC 在协议层面针对 TCP 的问题做了很多优化，包括以下几个方面的改进。

- 建联延迟。QUIC 在协议上实现了 TCP + TLS + HTTP2 的功能。在握手时间开销上，QUIC 基于 UDP，有着天然的优势，UDP 没有连接的概念，节省了 TCP 建立连接所需的三次握手的时间开销。在安全层面上，QUIC 基于 TLS1.3，支持 0RTT 握手，完整的握手只有 1RTT。

- 拥塞控制。QUIC 跟 TCP 最大的不同是，QUIC 是独立于操作系统的应用层协议，针对拥塞控制的优化可以通过应用层的版本升级快速迭代。QUIC 本身也实现了 TCP 的 CUBIC 和 BBR 等拥塞算法，可以通过握手协商，根据不同的客户端网络环境选择不同的拥塞算法，使用上相对灵活很多。

- 连接迁移。TCP 基于客户端 IP、客户端端口、服务端 IP、服务端端口这四元组标记一条连接。当网络波动或网络切换时，如移动网络中 4G 和 Wi-Fi 的切换，TCP 连接会因四元组发送变化而中断，需要应用层实现网络重连。QUIC 在设计上解决了这个问题，使用连接 ID 来标识一条连接，当客户端地址发生变化时，只要报文中连接 ID 不改变，连接就不会中断。

- 队头阻塞。HTTP2 相对 HTTP1.1 最大的改进就是实现了多路复用，通过 TCP 连接可以同时进行多个 HTTP 请求。但在 TCP 传输层上，多个 HTTP 请求的数据仍在同一个接收队列中，当某个 HTTP 请求的数据发生丢包时，其他 HTTP 连接的内容会被阻塞在 TCP 的接收缓存队列中，即使内容都被接收了，也无法处理，需要等到丢包重传接收后才能处理后续的数据，这便是 HTTP2 令人诟病的队头阻塞问题。QUIC 在协议层上采用了多个接收队列，不同的 HTTP 请求使用不同的接收队列，从根本上解决了这个问题。

3. QUIC 的应用

QUIC 针对 TCP 做的一系列改进措施，使得 QUIC 在图片、短视频、直播等场景下相比 TCP 具有一定的优势，阿里云 CDN 也已经实现了对 QUIC 协议的支持。图片、短视频、直播 HTTP-FLV 都是基于 HTTP 协议上的应用，QUIC 协议本身包含对 HTTP2 的支持，使用原生的 QUIC 协议就能够支持上述场景的应用。直播 RTMP 协议是基于 TCP 协议的一种流媒体传输协议，阿里云 CDN 采用 QUIC 协议中可靠传输的部分，替代了 RTMP 协议中的 TCP 协议，实现了 RTMP over QUIC 的应用，从而让直播 RTMP 协议也能使用 QUIC 进行传输。

4. QUIC 的展望

当下，5G 的快速发展给网络基础设施带来了不一样的变化。5G 环境下网络场景的带宽提高了、延迟降低了，传输协议需要结合不同的应用场景做出相应的调整。QUIC 作为应用层上的协议本身支持快速迭代，能够很好地根据网络变化进行传输策略的调整。

另外，IETF QUIC 工作组预计将在 2020 年年底完成 QUIC 草案到 RFC 标准的转化。作为一个新兴的互联网传输协议，QUIC 表现出了巨大的潜力，让我们一起期待 QUIC 在今后的表现。

9.4.2　GRTN

GRTN（Global Realtime Transport Network）是阿里云 CDN 与各个音视频通信业务方合力打造的传输网，支持 HTML5 的信令接入。GRTN 凭借以下几个属性被称之为全球实时传输网。

- **全球覆盖**。GRTN 基于 CDN 打造，阿里云 CDN 拥有覆盖全球的 2800 多个节点，覆盖各种大小运营商网络。GRTN 由阿里云历经多年打造的直播系统升级进化而来，现在的直播系统支撑着淘宝直播、钉钉直播及国内几乎所有的直播平台业务，覆盖能力和承载能力已经得到了验证。

- **实时。**GRTN 支持通信级实时流媒体能力。在这之前，业界的常规直播延迟在 6s 左右，阿里云提供的低延迟直播 RTS 延迟在 1s 左右，而 GRTN 在通信模式下的延迟在 400ms 以内。

- **传输 & 分发。**GRTN 提供的是 1 对 N 的传输能力，与直播的传输分发理念一致。这就意味着，基于 GRTN 可以开展大规模的通信级传输分发业务，比如多人会议、大型互动直播。

1. 传统直播的最小服务粒度

图 9-22 所示是传统直播的最小服务粒度，媒体资源用 URL 来标识，主播通过一个接入的 URL 将音视频推入直播网，观众也有对应的 URL，从直播网获取音视频。这里有一个问题，即主播最多只能推一个音频或一个视频，而观众基本上只能按照 URL 进行完整订阅。在音视频通信场景下，内容生产侧往往要推多个媒体，比如屏幕共享画面、摄像头、小摄像头等。

图9-22　传统直播服务粒度

2. GRTN 直播的服务粒度

图 9-23 所示为 GRTN 直播的服务粒度，GRTN 提供的是 URL-MSID 二元组的推流分发能力。每个 URL 代表一个内容生产实体，可以生产多个媒体资源（MSID），比如 audio1、video1、video2。订阅端也是使用 URL-MSID 二元组来进行订阅分发的，允许订阅端拉取一个或多个生产实体的一个或多个媒体资源（WebRTC 单 PC 模式），并且允许在中途对订阅的媒体资源进行增、删操作。

图9-23　GRTN直播服务粒度

这样就提供了用于组成通话、会议的基础能力。

3. 基于 GRTN 的解决方案举例

（1）最简通信业务组建

图 9-24 所示为 GRTN 最简通信业务场景，借助 GRTN，业务方只需要提供客户业务管控服务器（用户的客户认证、呼叫、调度）和会议房间管理服务器（用于会议内的终端管理），实现业务层的信令管控逻辑，传输的事情可以交给 GRTN 来做。一个双人通话，在 GRTN 内便是两个单向的传输通道，多人会议以此类推。

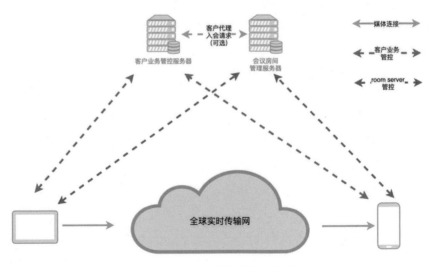

图9-24　GRTN最简通信业务场景

在组建双人通信场景时，GRTN 与客户端的关系有两种形态，分别是多

PeerConnection 模式和单 PeerConnection 模式，以下简称多 PC 模式和单 PC 模式。

图 9-25 所示为 GRTN 多 PC 模式。在这种模式下，每个客户端推、拉不同终端实体的流（终端实体的体现是 URL），都需要跟 GRTN 建立一个独立的 PeerConnection。当前 GRTN 已经完全支持这种场景。

图9-25　GRTN多PC模式

在多 PC 模式下，当客户端需要拉取很多 URL 时，需要创建大量的 PeerConnection，这会带来下面两个问题。

- 性能。当客户端维护多个 PeerConnection 时，传输层性能开销会比较大。

- 带宽争抢。客户端通过同一个网络建立多个 PeerConnection 后，它们互相独立，争抢带宽，服务端无法统一进行带宽估计和拥塞控制。

因此，GRTN 支持单 PC 模式来解决上述问题。在单 PC 模式下，客户端与 GRTN 只建立一个 PeerConnection，在这个 PeerConnection 中实现多 URL 数据的传输，统一进行带宽估计和拥塞控制。

图 9-26 所示为 GRTN 单 PC 模式。

图9-26　GRTN 单 PC 模式

（2）包含外部组件（MCU 等）的复杂业务场景搭建

当业务场景比较复杂时，简单的端到端传输是无法解决所有问题的。下面以合流的问题为例进行讲解。

当图 9-27 右侧的播放端没有能力（业务上不允许）直接拉取 A、B 两路媒体流时，业务方可以使用 MCU 来解决此问题。仅需业务方部署 MCU（使用第三方提供的 MCU 方案）将 A、B 两路媒体流拉过去，合成为 C 流之后再推回 GRTN。

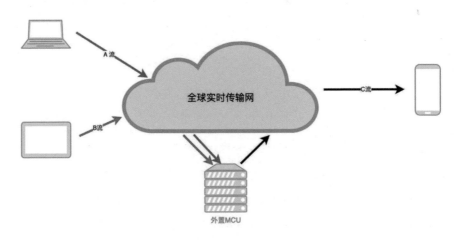

图9-27　GRTN 包含外置MCU等复杂业务场景

4. GRTN 的应用

GRTN 能够为社会提供高质量、低成本的实时流媒体传输、分发服务。

五年前，阿里云 CDN 开始降价，创造了巨大的社会价值。在直播领域，在一定程度上促进了娱乐直播、电商直播、在线教育的发展。

如今，GRTN 开始提供低成本的通信级传输能力，大大降低了音视频通信的入门门槛，帮助业务方解决传输网络的研发、部署、运维方面的技术和成本问题。与直播业务一样，业务方再也无须关注网络的建设，只要安心做好业务系统即可。

在成本上，GRTN 使用 CDN 的节点和带宽资源，成本远低于现在主流使用的 BGP 带宽的成本。

希望 GRTN 能帮助业务方解除网络建设的束缚，解放生产力，释放想象力，创造更多有价值的产品形态。

第 10 章

CDN 动态加速

传统静态 CDN 的场景主要是通过其强大且覆盖广的边缘节点，提前缓存用户请求的热点内容。在用户访问时，内容即可直接从最近的边缘节点命中，从而保证用户的访问效果。而一些动态网页或动态类的数据接口，需要源站根据用户的个性化需求动态生成，请求到了边缘节点后必须完全透传给源站，同时响应内容无法在中间节点内进行缓存，因此 CDN 边缘节点的缓存能力无法在这些场景下发挥效果。但是，由于 CDN 内部节点间的网络资源通常都是比较好的，即使是动态回源内容，只要配合上层的软件传输和选路算法，基于 CDN 自身的大网，也能够将传输的性能提升较大的幅度。

10.1 动态加速原理

1. 公网长距离传输的问题

在网络层面，传统的公网 IP 路由完全由运营商控制，策略复杂，往往不可控。另外，整个公网的路由管控，无论是基于链路状态还是基于距离矢量，对拥塞的感知和切换的灵敏度都达不到高服务质量的要求。为了更好地服务动态类的业务场景，CDN 会通过自建节点和一些专有或合作的专线方案，配合软件层面基于服务质量反馈和成本等方面的综合考虑，细粒度地控制流量在节点间的传输，从而提供更好的网络链路。一整套的节点网络质量监测和流量的调度，需要一个调度中心来做这件事情，这在业界里基本上是一个通用的方案，在 SDWAN 中，通常被叫作控制面系统。

在具备了较好的网络链路的同时，在节点间传输层面，仍然有很多问题，例如应用层不必要的 TCP 建连、TCP 发送窗口的扩张慢、丢包恢复不够快等，特别是长距离传输，情况会变得更加恶劣。为了优化这些问题，在应用层和传输层，有大量的工作要去做。

2. 协议层面的优化手段

协议层面的优化手段是增加额外的中继节点来减少点到点的距离，可以让 TCP 发包有更小的 RTT，从而更快地对丢包进行反馈并加速窗口的打开。

图 10-1 演示了在数据源连接建立后且一开始传输 7 个数据包的情况下，增加中继节点让 cwnd 在较短的时间内达到一个较理想的大小，从而能够更快地将数据传输完毕。

由于引入了中继节点，使得原有的端到端行为被改变，在这种情况下，应用层和传输层有两种方式来适配。一种是应用层感知这个变化，演变成应用层多级适配的模式，最常见的就是 HTTP 代理。这种方式业务层需要完全感知链路上的节点，特别是节点间连接保持、失败重试、超时控制等策略需要配合好。同时，由于应用层代理模式跟客户端，以及回源两端跟内部节点间默认的 TCP 连接有强依赖，因此总体上要实现内部 0 RTT，不能引入过多的连接开销，导致管理起来不够灵活，可控度不高。另一种是内部使用的定制协议，类似 HTTP2、UDP 协议（KCP、QUIC 等），将其置于业务和传输层之间，将七层加速跟四层加速的强关联进行脱钩，业务层面感知少，可以更灵活地控制内部传输行为，0 RTT 也更容易做到。缺点是私有协议的实现难度较大、稳定周期长等，很多国内外 CDN 公司基本上都有内部私有的传输协议，在高服务质量要求的业务场景下发挥了很大的作用。

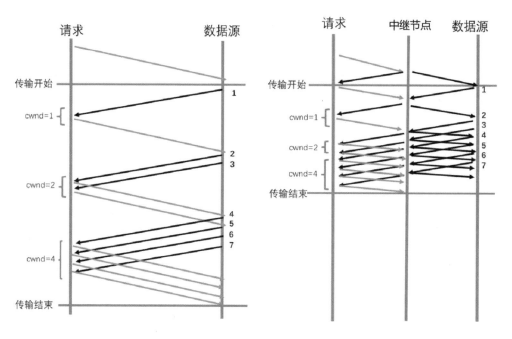

图10-1　存在中继节点情况下的数据往返

10.2　动态加速应用场景

1. 概述

动态类加速场景，按协议视角可分为两大类，一种是标准 HTTP 类，另一种是非标准协议。常见的标准 HTTP 类主要集中在服务登录、推荐服务接口、数据上报、金融交易等方面，这类业务的特点是业务量可能不大，但是延时要求很低，同时可用性要求非常高。非标准协议的加速场景一般以纯四层方面的加速为主，业务上主要是一些 TCP、UDP 私有协议，常见的典型场景有弹幕、游戏信令、WebRTC、FTP 上传等。另外，出于安全性考虑，很多情况下标准的 HTTPS 业务，为了避免将证书交给 CDN 厂商，也有可能选择四层加速的方式，这类客户基本上是银行或对安全等级需求比较高的企业。

2. 垂直领域

（1）电商

背景：电商平台包含众多线上系统和环节，如用户注册、登录、浏览商品、购物结算等。网络访问速度及内容安全传输成为衡量消费体验的重要指标。

需求：电商类场景多是动静内容混合站点，商品展示时需要丰富的图片资源文件加速，同时需要应对在线支付、秒杀、促销推广等站点响应时间慢、源站压力大等情况。

典型客户：机票和酒店类出行平台、外卖和打车类网上预订平台、快消行业平台及垂直类电商平台等。

（2）社交

需求：越来越多的网站为了丰富内容和形式，增加了动态内容，如新闻评论、音视频播放，大量的用户会在同一个时间访问同一热点文件，尤其是新闻热点，会造成网站打开慢甚至打不开的情况。用户对网站访问的稳定性和内容更新速度提出了更高的要求。对于这类站点，也推荐使用全站加速服务，提升性能和用户体验。

典型客户：典型用户论坛、博客及新闻互动类的站点。

（3）政企

需求：全站加速需求与安全属性需求。企业的官网或政府官网代表着形象和公信力。

全站加速服务在利用丰富的节点资源进行内容加速的同时，也具备分布式抗 DDoS、CC 的防护能力，充分满足政企类用户动静内容加速的需求。

（4）游戏

需求：游戏官网、安全包下载、登录服务、游戏服务等各个环节的性能和稳定性。高峰时段玩家登录、交易、更新、运行更需要平滑支持。

典型用户：网页游戏和对战平台类的游戏业务形态适合接入四层加速，以实现路由优化、缓存加速和安全防护等综合加速服务。

（5）金融

需求：网络的高可用性和高安全性。交易过程主要是动态交互类内容，跨网链接不够稳定会存在风险。因此,推荐使用四层加速,保障每一笔交易。

典型用户:网上银行、手机支付、信用卡商城、移动证券、P2P 网贷等互联网金融类客户。

10.3　动态加速系统架构

1. 架构概述

一般动态加速系统分为节点探测、路径计算、基础数据管理、离线日志等几个组件。

2. 节点探测组件

节点探测组件主要负责节点到节点,以及节点到源站之间的链路质量探测,探测方式多种多样,通常有 HTTP/HTTPS 小包探测、POST/PUT 大包探测、TCP/UDP 探测、ICMP 探测等方式,不同的探测方式索取的信息不同,反映出来的网络或者服务质量的维度也不同。例如,对于需要感知业务服务层面导致的链路变化,需要关注 HTTP/HTTPS 等层面的数据。还有一个很关键的问题,就是如何去噪点。面向源站的探测,如果探测量和频率控制不当,会被客户明显感知,严重的情况下会消耗源站本来就很小的带宽,导致被投诉。这个问题在探测的章节会专门讨论。

3. 路径计算组件

路径计算组件的作用比较明确,基于当前的网络节点拓扑,结合节点间的探测质量数据、节点的当前资源(带宽、CPU、连接数),计算最优的传输路径。这里的"最优"有两个方面的考虑:一方面可以考虑质量最优,即节点拓扑网络下的最短路径,或者多条最短路径等;另一方面就是全局流量最优,指在保证节点资源不被耗尽的情况下,最大化地降低整体的传输代价,体现在 RT 和错误率等方面。

通常情况下,路径计算的模式分为中心式和分布式。中心式的路径计算,一般需要一个路径计算中心,全网的探测数据会集中上报。在一轮路径计算完成之后，会主动推送或等待节点来拉取相关的选路结果。分布式的路径计算是在当前节点附近的一片区域进行选路，由于不需要上报和拉取数据，并且涉及的数据量较少，探测的数据又可以及时在本地消费，因此分布式选路的整体计算量和计算速度较中心式选路有明显优势。表 10-1 是中心式选路和分布式选路的简单对比。

表 10-1　选路架构对比

	中心式	分布式
计算复杂度	高	中
选路准确性	高	中
探测量	中	低
稳定性	低	高
容灾完备度	高	高
灵敏度	低	高
成本	高	低

4. 基础数据管理组件

由于选路和探测涉及大量的节点和用户源站，因此需要对相关资源进行修改、添加、删除等操作，准确且及时地进行感知反馈。同时，运行时产生的探测和选路数据，也需要做好存储、通信和容灾等方面的设计。

5. 离线日志组件

一般选路的数据在节点转发时会出现一些偏差，例如常见的链路抖动、运营商路由策略调整等，导致业务上出现异常。这些选路在实际执行时产生的异常是对选路算法非常好的反馈。通常情况下，选路侧会去消费和挖掘这些留存下来的离线日志，进行数据挖掘和学习，从而更好地校对选路算法。

图 10-2 所示是阿里云动态加速整体架构，读者可以参考与借鉴。

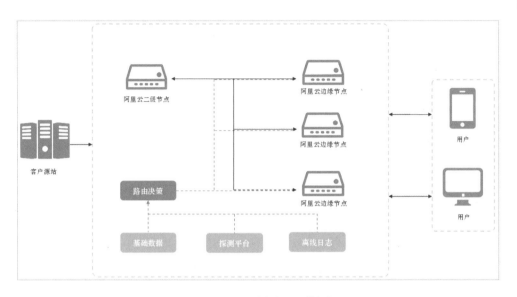

图10-2　阿里云动态加速整体架构

10.4　动态加速选路核心技术

10.4.1　网络探测

1. 场景

（1）部署

网络探测有多种存在方式，常见的形式有自有健康检查、SDK、Agent（硬件盒子）。

当 tengine 作为反向代理时，需要监控后端服务器的健康状态。可以通过配置文件中的 check_http_send 等参数，控制探测目标（192.168.0.1 与 192.168.0.2）、探测方式（HTTP 协议）、探测频率（5s）、探测成功的判断条件（返回 200 等响应码）。

```
upstream server1 {
    server 192.168.0.1:80;
    server 192.168.0.2:80;
```

```
check interval=5000 rise=2 fall=3 timeout=1000 type=http;
check _ http _ send "GET / HTTP/1.0\r\n\r\n";
check _ http _ expect _ alive http _ 2xx;
}
```

在云—端结合的场景中，平台方（云侧）会提供针对不同端上环境（如ios、安卓）的SDK软件包（一般都会内嵌服务端探测逻辑），从而将云端复杂的、集群化的网络环境及调度过程透明化。

而在完全可控的、网络环境也更复杂的集群场景中（例如IDC内、CDN内），由于存在着多种混合的业务形态，因此需要高度定制化的软件Agent来支撑海量的、差异化的探测场景。

（2）主动探测/被动探测

在探测场景中，绝大部分都是主动探测的：客户端主动发起探测请求，哪怕没有常规流向服务端的网络流量。被动探测：当有流向服务端的网络流量时才进行探测。有一个更好理解的被动探测模式是，TCP在传输过程中，一旦较长时间没有数据在客户端与服务端之间流动，就会发送probe报文来确保对端的活动状态，也就是常说的TCP连接的保活。

（3）单边探测/双边探测

在探测场景中，绝大部分都是单边探测，即从客户端发起请求，探测客户端到服务端的网络状态。不过在对等网络中（例如IDC内、CDN内）也存在着一些双边探测，即任意两个服务器会互相探测。因为中间存在WAF，LVS开启DR等，所以会造成这种非对称组网的出现。但不得不承认的是，单边探测因其无侵入的特性，广泛存在于各种系统中，是主流的探测方式。

（4）单向探测/双向探测

在探测场景中，绝大部分都是双向探测，即从客户端发起请求，且能从服务端接收到与之匹配的响应（当然，无响应一般意味着网络存在异常）。与双向探测对应的单向探测也有一定的使用场景，例如在非对称组网中，相比双向探测，单向探测能更精准地描述单一方向的网络详情，且不受另一个方向网络异常的干扰。尽管单向探测更精准，但在更广泛的使用场景中，还是以使用双向探测为主。

2. 方法

（1）ping

一谈到网络连通性的判断，首先提到的命令行工具肯定是 ping。需要注意的是，裸 ping 的 payload 值较小，而公网设备存在多种影响大包穿透性的隧道（参数指定大小）；判断网络存在 1% 的丢包，就需要等 1 分钟，耗时太久（参数指定频率）；ping 是基于 ICMP 协议实现的，网站可能设置禁 ping，并且公网设备对 ICMP 协议的支持（路由收敛等方面）肯定不及对 TCP 协议的支持大。

```
$ ping -s1460 -c100 -i0.01 8.8.8.8 -q
PING 8.8.8.8 (8.8.8.8):1460 data bytes
--- 8.8.8.8 ping statistics ---
100 packets transmitted,100 packets received,0.0% packet
loss
round-trip min/avg/max/stddev = 32.888/33.828/ 39.405/0.779 ms
```

（2）TCP

TCP 探测因其直接、有效的特点被广泛采用。但是，它只能测量网络延迟，对丢包的敏感性低，因此并不适用于所有场景。

```
$ nc -z 180.101.49.11 80
Connection to 180.101.49.11 port 80 [tcp/http] succeeded!
```

（3）UDP

不同于 TCP 探测的简单、直接，UDP 无连接的属性不要求服务端响应特定报文，也就是双向探测相对困难。当然也有一些取巧的方法，例如，一台服务器（开启了 UDP8080 端口），当向 30000 以上的某一个随机端口发送 UDP 报文时，因为 30000 以上端口一般不会开放用来服务，所以 Linux 内核会响应一个 ICMP 协议的 port-unreachable 响应，从而间接判断服务器网络可达。

10.4.2　智能选路

1. 背景

从图 10-3（数据来自 Akamai）中可以总结出一个规律：随着物理距离的增加，

网络访问的延迟也会随之延长。

Route	Latency
Boston to San Francisco	80 ms
Tokyo to London	275 ms
Rio de Janeiro to New York	135 ms
Beijing to Chicago	205 ms
Cape Town to Singapore	470 ms

图10-3　不同物理距离下的网络延迟

在某些网络应用场景中，例如电商下单、网络游戏等，客户端必须跨过遥远的距离与服务器实时同步数据，这就给此类网站的性能提升提供了一个可观的优化空间。对于客户来说，总想更快速地提交订单，更流畅地体验游戏。而在电商场景中，网络访问的卡顿可能意味着损失订单及 GMV 的下滑，这对于商业公司来说是难以接受的。

2. 原理

在进行长链路的跨国 / 跨大洲网络请求时，会经过若干个 AS 自治域，每个运营商可能出于对成本、流量管理、稳定性等多种因素的考虑，并不总是按照理论上的最快 / 最短路由来转发流量。阿里云 CDN 因其具有全球的节点覆盖，通过网络探测选取相对更快 / 更短的转发路径，利用自有节点形成 Loose Routing（松散路由）来提高网站的实时访问性能。在一些偏远地区能提供 100% 以上的性能提升。

3. 算法

在广域网海量节点组成的非负拓扑图中，首先通过点对点的网络探测来评估网络质量及网络距离，然后在拓扑图中搜索无环最短路径。这个搜索过程既可以使用成熟的搜索算法，如 Djikstra、Floyd，也可以借助成熟的 Graph Database。考虑到网络中无处不在的异常，还需要选取若干次优的备选路径，来提高网络访问的整体稳定性，如图 10-4 所示。

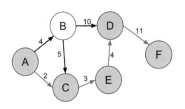

图10-4　算法示例图

4. 场景

● 电商、游戏类网站，对访问速度有要求的，可使用 DCDN 产品。

● 跨国公司的 OA 系统，对实时数据传递有需求的，可使用 DCDN 产品。

● 任何想要通过自建专线或 Pop 点来提升性能的业务场景，都可以使用 DCDN 产品。

10.4.3　流量规划

1. 背景

流量是天然汇聚的，若只考虑网络质量，则所有北京用户的请求可能接入同一个距离最近的点，所有北京到广州的访问路径可能走同一条最优路径，所以流量就会汇聚到最近的北京接入点，汇聚到最优的北京到广州这条路径。

汇聚后的流量会超过整体路径上任何单个点能承受的流量，以请求量为例，现在动态加速业务至少是千万级 QPS（每秒查询率），但单个节点一般只能承受 10 万到 100 万级 QPS，所以需要多个节点来转发请求，分散回源。CDN 网络的资源，包括带宽、QPS 等系统资源是有限的，但业务发展是近乎无限的，整个动态加速的业务量如果超过 CDN 网络的资源量，就需要做资源扩容；如果小于或接近 CDN 网络的资源量，就需要能把资源充分、合理地利用上。

资源是多维的，可能是带宽，也可能是 QPS，还可能是端口等，需要把多种资源归一或分层，均衡分配。资源是地理和时间错位的，例如 A 客户位于美国，流量主要集中在早上，B 客户是国内的，流量主要集中在晚上，因为运营商基本实施 95 峰值计费，所以把 A、B 客户流量放在一起调度是一个比较好的选择。同理，政经、新闻等客户（一般是早晚）和视频客户也可以合并调度。资源是有成本的，例如北京电信和甘肃电信的采购价格并不一样，在满足资源分配和服务质量的前提下，需要尽量降低成本。

因此，要有一个非常精细的流量规划，在满足业务需求和质量的前提下，充分并合理地利用资源。

2. 整体思路

从背景描述中可以看到，流量规划是一件非常复杂的事情，多个因素都要考虑到，因素之间还有相互关联特性和时间特性。

流量资源能够规划的前提是流量资源的准确测量。根据算法的难易程度，可以划分为一维规划（线性规划）和多维规划。多维规划太复杂，工程中很难求得最优和近似最优解，一般转化成多层线性规划，或者利用机器学习方式演化。把多个因素归一或分层分析后，换算得到基本的资源单位，比如某个节点或某条路径，能支持多少带宽、多少 QPS 或多少归一后的资源量。

资源规划的核心是一组线性方程，结果需要根据业务特性做整形。

10.5 四层动态加速核心技术

10.5.1 目标场景和形态

四层动态加速的目标是利用边缘节点分布广、覆盖面大的优势，通过智能调度、动态路由、传输协议优化、负载均衡等技术，结合多种接入方式，实现高可用、高性能、通用四层协议的加速服务。

四层协议加速可以用来加速 TCP、UDP、QUIC 等传输协议及运行在这些协议上的应用协议。这里包括一些标准协议，例如 HTTP、HTTPS、SFTP、WebSocket 等，或者基于 TCP、UDP 的私有协议。四层动态加速工作层次较低，相对于七层动态加速而言，支持的协议更广泛。但也要注意，四层加速不解析上层协议，因此无法提供诸如动静态内容分离、基于域名 URL 的缓存、回源控制、深度定制七层功能，通用性和适用范围增强的同时，也牺牲了上层协议的深度解析和控制力。毕竟，当今互联网大部分流量还是围绕 HTTP 来构建的。

总体来说，四层动态加速是对基于 Web（HTTP/HTTPS）的七层动态加速很好的补充，同时也可以为应用协议提供一个高可用、高性能、可快速迭代的网络加速平台。

在 CDN 平台上做四层加速的好处是，可以充分利用 CDN 边缘节点覆盖范围广、离用户近、节点软件可控性强的特点。例如，可以利用 CDN 节点之间的探测来优化路径、在 CDN 内部做私有协议的优化等，也可以利用 CDN 重要节点间的专线资源。基于 CDN 的软、硬件和覆盖广的优点，做出既有特点、又有差异化的加速产品。

从目标用户角度看，四层加速所支持的业务场景还是比较广泛的，比如游戏行业，游戏行业根据游戏类型的不同，其诉求也有区别。在线教育行业也可以成为四层加速的目标行业，例如技术消息、文件分享，甚至音视频流量。一个域名可能要同时支持多种协议，这也正是四层加速擅长的地方。和在线教育类似，社交行业、即时通信行业的文字交互、图片分享、私有协议的加速都可以使用四层协议来进行整套服务的加速。之前提到四层加速也可作为对传统七层加速的补充，对于有 HTTPS、WebSocket 加速需求又不愿在 CDN 放置证书的，可以考虑使用四层加速。SDWAN 的场景（包括企业 VPN、ERP、OA，其中 ERP 和 OA 是 SDWAN 的典型场景），利用四层加速结合底层的隧道、Overlay 网络技术，同样可以实现支持。这也是为什么说四层加速比较"通用"，可以用于各种业务场景的原因。

10.5.2　四层加速架构

四层加速总体架构如图 10-5 所示，它包括几大子系统：

- 智能调度系统；
- 探测、选路系统；
- 节点、传输系统；
- 配管、监控系统。

除节点、传输系统用于分布式部署与执行核心转发动作外，其他系统都是中心化结构的，会在节点部署一些代理进行数据搜集和配置下发等工作。

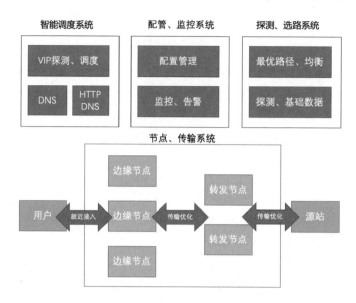

图10-5　四层加速整体架构

1. 智能调度系统

智能调度系统负载通过 DNS/CNAME 等方式，对遍布于全网的用户流量进行就近调度，引流到边缘节点。调度过程会考虑用户所在地区、运营商（例如同省份、同运营商），找到最优的 CDN 边缘节点，"就近"接入。同时，也会考虑其他因素，例如节点的过载保护、负载均衡、基于成本的调度等。同时，调度系统也需要保证接入的高可用，它会对每个边缘节点的 VIP 进行探测，当发现 VIP 不可用时，需要从 DNS 解析中摘除，从而保证整个系统的高可用。

2. 探测、选路系统

探测、选路系统最基本的作用是利用庞大的 CDN 节点，对节点之间的路径进行多个维度的探测，当用户流量到达边缘节点时，基于探测数据和选路算法，找出一条最"快"的回到用户源站的路径。这里"快"被打上引号，是因为它的意义并不是最快。从探测的角度说，快（RTT 短）只是一个维度，还需要考虑节点之间的带宽、稳定性、历史质量、水位等数据。在选路层面，也是同样的道理，不光是找出到源站的"最短"路径，还要考虑流量均衡、质量、成本等因素。

3. 节点、传输系统

系统部署在所有的 CDN 节点上，作为四层加速核心转发的组件。转发系统收到用户的建连请求后，和选路系统进行交互，找到对应数据相关加速域名的若干回源路径。然后根据最优路径或者其他负载均衡方式进行数据的转发和回源。在 CDN 内部，针对传输协议做了许多协议优化工作，例如 0-RTT 优化，连接复用，私有传输协议优化等。在最后回源的时候，还需要将原本的客户端信息传递给源站。

4. 配管、监控系统

四层加速的配置管理相较于七层加速的配置管理，因为不关心实际连接上的流量，所以业务配置相对较少，更多的是端口和 VIP 资源的管理。哪些 VIP 资源和端口给哪些用户使用，以及整个资源的生命周期管理，包括申请、修改、回收等逻辑都与七层业务有明显区别。

监控层面由于缺少具体业务数据的维度，所以更多地关注流的状态变化，比如在线连接数监控、空连接数量、FD 消耗、内部重传率、丢包率等。

10.5.3　高可用、负载均衡

1. 简介

四层加速作为一种特殊的 CDN 加速平台，除传统 CDN 具有的本地覆盖的特性外，还有智能路由功能。每个会话都可能经过若干跳回源，因此不管在横向的节点覆盖上，还是在纵向的智能路由上，都给整体系统的高可用性、稳定性带来不小的挑战。

四层加速的高可用及负载均衡可分为如下几个层面：

- 全局负载均衡与高可用；
- 节点本地负载均衡与高可用；
- 智能路由负载均衡与高可用。

2. 健康检测与连通性检测

健康检测机定时对每个节点的指定探测端口进行连通性检测，机上上报异常节点信息，该探测数据将影响 DNS 调度。

3. 业务可用性检测

除进行节点连通性检测外，健康检测机还根据配置的请求格式对各个域名使用的端口进行模拟业务请求，用于检测各个节点全链路服务可用性，该探测数据也将影响对应域名的 DNS 调度。

4. 全局负载均衡与高可用

四层加速依旧采用传统 CDN 的 DNS 接入方式，通过将各个节点的 VIP 资源划分成调度域，根据发起请求的客户端的区域及运营商信息，返回响应最佳的接入节点，达到较佳的用户体验及全局负载均衡的目的。

调度系统根据健康检测反馈的健康数据，以及各个节点定时上报自身的负载情况，综合考虑进行调度调整，对部分负载较高的区域进行周边导流甚至拒绝访问，从而为高负载区域卸载，实现全局的负载均衡及全局限流功能。

（1）本地负载均衡与高可用

本地负载均衡

通常，一个节点内有多台机器参与服务，可以利用 LVS 技术实现节点内的负载均衡，可以降低单机故障带来的影响，也能够充分利用各机器的资源。

单机限流

作为整个四层加速系统中的最小物理单元，单机限流对整体系统的稳定性起着至关重要的作用。单机限流根据本机的 CPU、带宽、内存、文件描述符等指标的使用情况将限流分为如下三个阶段：

- 自由阶段：低负载情况下不限流。

- 限流阶段：中等负载情况下进入限流阶段，按比例拒绝部分请求。

- 熔断阶段：高负载情况下进入熔断阶段，不再接受新请求，直至负载降低。

三个阶段的状态机如图 10-6 所示。

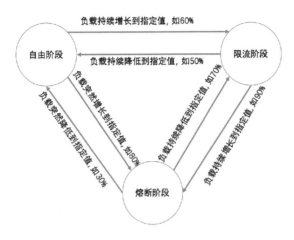

图10-6　三个阶段的状态机

进入限流阶段的主要目的是限制请求数过快增长，因此此阶段不允许流量的大幅度突然增长，否则可能出现机器突然被打挂的情况，在限流阶段采用漏桶算法进行限流。

（2）智能路由负载均衡与高可用

路径规划

智能路由系统探测组件在各个节点之间进行网络质量探测及节点负载情况采集，路径计算组件根据所采集的节点间网络质量指标及各节点的负载情况，加权计算任意一个节点到源站的 K 条最优路径，在权重的影响下，节点被路径规划所选中的概率随着负载情况的升高而直线下降，直至暂停参与路径规划，平缓地将负载卸载到邻近节点上，从而达到各节点的相对负载均衡。

路径迁移

四层加速的核心在于最优路径的数据传输，部分连接持续时间较长，传输数据量较大，如果中间某个节点出现故障或质量变差，都会影响整体传输效果。因此，四层加速在传输过程中会及时检查整体网络质量，在发现中间节点故障或网络质量达不到使用标准的情况下，能够及时、主动地启用其他优质路径（相同的最后一跳）进行当前会话数据传输，而对客户端及源站无感，该技术能够保障单会话的成功率，也可以用于主动卸载部分节点的负载。

10.5.4　TCP 相关优化

基于 CDN 的四层加速基本特点是可以基于节点间的动态路径进行优化来降低延时，提高吞吐量并增强稳定性。根据探测选路系统给出的最短路径算法，可以给出接入点通往源站的最快路径，进行 TCP 建连和传输。因为通往源站的路径有多条，所以可以在多条路径上直接重试来提高整体的可用性，也可以进行路径负载均衡来避免流量汇聚。

在 TCP 协议的加速上，还可以进行一些常规和定制优化，例如：

- 使用 TCP Proxy，将较长的链路 RTT 分为多个段；
- 使用 TCP Fast Open 进行 0-RTT 优化；
- 调整拥塞控制算法（Cubic、BBR 等）、丢包恢复算法；
- 合理设置 TCP 相关参数（拥塞窗口、发送接收队列、重传次数等）；
- 进行必要的系统参数的调优来支持单机高并发连接；
- 私有化协议的改造（连接复用、路径切换等）。

可以从延迟、带宽、拥塞控制、丢包优化的角度进行优化，也可以结合开源的基于 UDP 的私有协议进行优化。调整系统参数优化协议的同时，也能够提供高并发的支持，利用 CDN 节点中多路径的能力进行流量和性能方面的优化。

10.5.5　QUIC 和路由隧道

1. 背景

随着移动互联网的快速发展及物联网的逐步兴起，网络传输的内容越来越庞大，出现拥塞的可能性也越来越大，而用户对传输性能的要求却越来越高。在此情况下，基于内核的 TCP 协议就表现得越来越吃力。因为 TCP 是由操作系统在内核协议栈实现的，所以 TCP 的迭代非常缓慢，这也就意味着即使 TCP 有比较好的特性更新，也很难快速推广，比如 TFO。因此，相比于 TCP，QUIC 这种基于 UDP 的应用层可靠传输协议越来越有优势，它不仅可以解决 TCP 迭代缓慢、优化成本高等问题，还可以针对网络的拥塞情况进行实时切路，从而更好地满足用户对传输性能的要求。

2. QUIC 的优势

（1）队头阻塞

队头阻塞一直是 HTTP2 的主要缺陷之一，因为 HTTP2 使用 TCP 实现多路复用，所以某个 HTTP2 请求出现丢包，就会影响其他 HTTP2 的请求。而 QUIC 的底层是基于 UDP 实现的，所以 QUIC 一个连接上的多个 stream（流）之间没有依赖，假如 stream2 丢了一个 UDP 包，则只会影响 stream2 的处理，不会影响 stream2 之前及之后的 stream 的处理，这就在很大程度上缓解甚至消除了队头阻塞的影响。

（2）握手延迟

普通的 TCP 连接需要通过三次握手建连才能传输数据，虽然 TFO 的功能可以免去建连开销，但是目前内核对该功能的支持还不够完善，所以绝大部分情况下 TCP 的 1RTT 握手过程是不可避免的。再加上 TLS 的建连，总共需要 3RTT 的握手时间，就算是 Session Resumption（会话恢复），也需要至少 2 RTT 的时间。QUIC 底层是通过 UDP 实现的，因此不会有 TCP 建连的开销，再加上连接复用和 TLS1.3 的 Session Ticket 功能，绝大多数情况下 QUIC 可以实现 O-RTT 的数据发送，不需要额外的握手开销。

（3）可插拔的拥塞控制算法

QUIC 可以实现不同的拥塞控制算法，并且不需要依赖操作系统的支持。操作系统的升级是一个非常漫长的过程，在应用层面升级拥塞控制算法会获得非常大的灵活性。另外，不同的拥塞控制算法往往适用于不同的网络环境，而 QUIC 可以做到在连接级别动态选择不同的拥塞控制算法。这样我们就可以根据当前的网络环境、业务形态、带宽负荷等因素，动态选择合适的拥塞控制算法，从而达到更好的传输性能。

（4）连接迁移

TCP 使用四元组（源 IP、源端口、目的 IP、目的端口）标识一条连接，如果四元组发生变化，例如 Wi-Fi 和 4G 网络切换，那么 TCP 就会断开，从而影响正常业务。连接迁移的功能就是当四元组发生变化时，依然保持连接不中断，从而对业务无感知。QUIC 不再以四元组作为连接标识，而是以一个随机字符串作为 CID 来标识，这样就算四元组发生了变化，只要 CID 不变，这条连接就不会中断，上层业务逻辑也感知不到变化。

（5）路由隧道

在跨境、弱网环境下，传输过程中很容易出现网络变差的情况，甚至出现连接中断或重连，这对长连接业务的影响尤其严重。为此，我们给 QUIC 增加了路由隧道功能，可以让 QUIC 在 UDP 层面进行路径切换。通过实时探测链路的网络质量，一旦发现网络变差，路由隧道模块就会动态切换到另一条网络更好的路径。因为 QUIC 天然支持连接迁移，所以该路由隧道功能对业务无感知。

10.5.6　端口映射、VIP 复用技术

1. 端口映射

四层加速业务和 CDN 的七层加速业务不同，加速端口是任意的，每个加速域名需要单独监听一个 VIP：Port。因此随着接入域名的增加，监听的 Socket 数量会越来越多，每个 VIP 理论上可以监听 65535 个 Socket，如果一台机器绑定了多个 VIP，那么监听的 Socket 数量最多可能会达到几十万个。然而，Linux 内核使用一个只有 32 个桶的 Hash 表来管理这些 Socket，当有建连请求时，会根据访问的 VIP：Port 从该 Hash 表中找到对应的 Socket 进行握手。显而易见，当 Socket 很多时，Hash 表的冲突就会非常大，最终接近于线性遍历，很容易出现性能热点。为此，我们需要解决大量 Socket 接入导致的查找性能问题，否则随着接入域名的增加，很容易达到机器的性能瓶颈。

解决大量 Socket 接入的方法有以下几种。

（1）增大 Hash 桶

该方法是最容易被想到的，既然性能热点是因为 Hash 表的桶太少引起的，那么增大该桶必然可以缓解该问题。高版本的内核支持通过配置文件把桶增大到 256，如果需要更大的值，那么就要修改内核源码并重新编译。显然，这种方法不够灵活，可用性较差。

（2）使用 Iptables

该方法也很容易被想到，既然增加 Hash 桶的代价比较高，那么就想办法减少 Socket 的个数，Iptables 的 Nat 表就可以实现该功能。我们可以只监听少数几个固定端口，然后通过 Iptables 规则，把客户端的建连请求转到这几个固定端口，从而消除建连时的 Socket 查找性能热点。

使用该方法需要注意两个问题：一个是经过 Nat 表后，客户端真正想连接的 VIP：Port 信息就会丢失，要想获得该地址，需要通过 Socket 选项；另一个是当并发连接很大时，需要对 Iptables 的 Ip_conntrack 参数进行调优，否则 Iptables 会出现性能瓶颈。

（3）新增内核模块

既然 Socket 查找函数会成为性能瓶颈，那么可以通过内核 Hook 机制修改该函数，实现类似 Iptables 的功能。首先选用少数几个特定虚拟 IP 地址和端口进行监听，当进行 Socket 查找时，先用客户端建连的地址去查找，如果找到，则正常执行后面的操作，否则改用选定的虚拟 IP 地址和端口去查找，查找成功后，还需要用真正的地址去完成后续的握手，并且要把该地址设定到对应 Socket 中，使得应用层可以获取真正的请求地址。该方法虽然比使用 Iptables 方法麻烦很多，但是没有引入类似 ip_conntrack 的性能问题。

2. VIP 复用技术

（1）四层加速的资源使用形态

四层加速是基于 TCP/UDP 的通用网络加速系统，有别于传统 CDN 的 HTTP/HTTPS 协议的加速，四层加速对架设在 TCP/UDP 上面的任何协议的任何业务数据都可以进行加速，原则上是不关心七层协议内容的，四层加速系统的 VIP 资源使用形态如下：

- 必须能够灵活监听任意可用端口；

- 相同域名的不同端口必须被分配在同一组 VIP 上；

- 原则上不同域名之间端口不可复用。

（2）VIP 组资源复用

四层加速的各个域名会使用对应业务的端口，相同的域名可能会使用不同的端口进行不同的服务，不同的域名之间也可能使用相同的端口进行不同的服务，因此相同域名的所有端口需要被分配到同一组 VIP 上，不同域名之间有相同端口的不能复用同一组 VIP，但不同端口的域名之间可以复用同一组 VIP。

（3）分组分配方案

该方案预先将各个节点的 VIP 抽取出来组成一个个资源池，如图 10-7 所示。在为新域名分配资源时，遍历各个资源池，寻找符合端口需求的资源池供其使用。

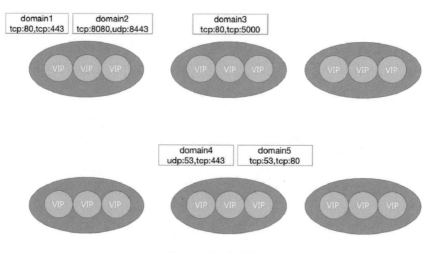

图10-7　按IP组分配

优点：分配简单。

缺点：灵活度差，容易造成资源浪费。

（4）自由组合方案

优点：灵活多变，高效利用资源。

缺点：实现较为复杂。

3. VIP 端口资源复用

（1）存在的问题

原则上四层加速的同一个 VIP：Protocol：Port 只能给一个域名使用，但是现今互联网上大多数业务都是架设在 HTTP/HTTPS 协议之上的，随着互联网业务的不断发展，越来越多的业务数据趋向于动态不可缓存，因此在四层加速上也出现了越来越多 HTTP/HTTPS 的域名，如果每个域名占用一个 VIP 的80/443 端口，就会造成 VIP 资源的急剧消耗，虽然可以通过增加 VIP 数量的方式扩容，但成本太高且不可持续。如图 10-8 所示，是按独立 IP 分配的示意图。

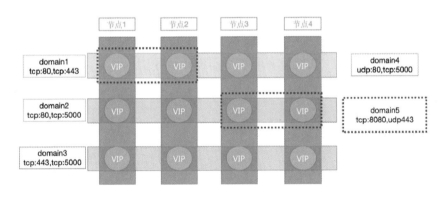

图10-8　按独立IP分配

（2）特定协议端口复用

基于如上问题，可以对特定标志协议进行进一步的解析，对于头部携带域名信息的协议，可以根据数据头部的相关标志匹配对应的域名来实现端口复用。

（3）基于 HTTP 的 Host 字段复用

HTTP 协议头的 Host 字段经常携带域名信息，因此可以利用这个字段来区分请求目的地，进而达到端口复用的目的。

（4）基于 HTTPS 的 SNI 信息复用

SNI 是 Server Name Indication 的缩写，是一个扩展的 TLS 计算机联网协议。在 TLS 握手过程开始时，客户端通知该协议其正在连接的服务器的主机名称。该协议使得服务器在相同的 VIP：Port 上呈现多个证书，并且允许在相同的 IP 地址上提供多个安全 HTTPS 网站（其他任何基于 TLS 的服务），而不需要所有这些站点使用相同的证书。如图 10-9 所示，是基于内容的协议识别。

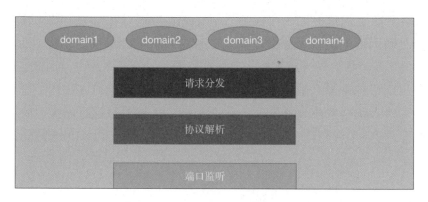

图10-9　基于内容的协议识别

我们可以利用 SNI 携带的域名信息将请求分发到对应的域名上，从而实现端口复用。

10.6　七层动态加速核心技术

10.6.1　负载均衡

1. 背景

对于路径固定且流量稳定的节点，我们可以用 WRR（Weighted Round Robin，加权轮询）算法将流量分配到不同的源站。但是若路径变更频繁，就会导致 WRR 表的重建和权重值的重算，这种情况对于小 QPS 流量而言，由于没有足够的频次来覆盖 WRR 表，因此在重建过程中有可能会出现频繁使用同一个高权重源站的情况。为了解决这类问题，我们对 WRR 表做了改进，通过引入随机数的方式来确保每次轮询出来的源站具有一定的随机性，避免过于集中高权重源站。

2. 传统 WRR

假设用户存在两个源站 OS1、OS2，WRR 算法会将这两个源站按权重从高到低的顺序排列到一个环上，并且将指针指向最高权重。当下一个请求到来时依次向后移动，直到回到起始点，一个循环结束。

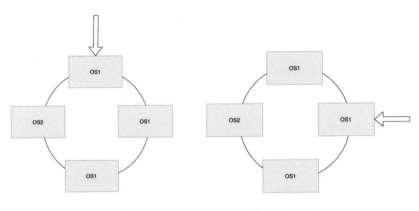

图10-10　经典WRR　　　　　图10-11　经典WRR轮询

3. 修正后的 WRR

我们将问题抽象成一个包里存放着多个源站，每个源站数量不同，随机从包里取出一个 OS，直到包里为空后再重新填入与权重对应的源站数量，并重新抽取源站。这样虽然对单节点和短时间数量不够平均，但是对多节点和长时间 QPS 能保证其均衡性，而且 OS 充分随机，避免因为权重过低、路径变动过快而无法得到请求的状况，如图 10-12 所示。

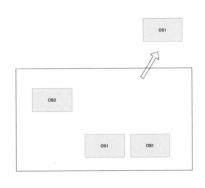

图10-12　随机WRR

10.6.2 长链接管道

1. 背景

目前，长链接服务日益普及，如 WS、私有协议、直播、实时音视频会议、弹幕和 IM 等，都对长链接业务有所依赖。因此，我们在 CDN 的基础上融入了长链接服务。长链接服务的关键问题是用户的保活和连接的并发分配问题，我们抽象成以下两个组件。

- 连接保活器：用于保活前端和后端连接。

- 传输：CDN 网络传输系统。

2. 整体架构

用户请求接入连接保活器，保活器封装请求通过 CDN 网络传输给靠近源站的连接保活器，并吐给用户源站。

3. 连接保活器

用户保活器分为两侧：一侧用来接入，另一侧用来回源。接入侧保证用户接入时的连接保活机制，并把请求封装成独立的请求，通过 CDN 传输网络（7层或4层）传输到回源侧连接保活器。回源侧连接保活器回应 ACK 表示自己收到请求。

这样做的目的是使有状态的长链接服务向无状态的服务转化，避免 CDN 节点内部路径的变动而使连接断开，保证用户最大的可连接性。

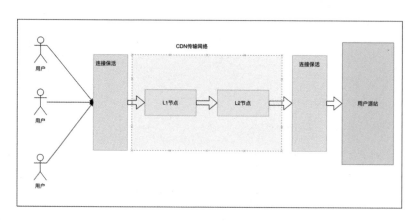

图10-13　CDN内部连接管道

4. 数据序号

由于用户数据从有状态转换成无状态，因此需要对每个用户数据分片进行排序，避免由于内部网络切换导致的数据乱序。如果一侧连接保活器长时间没有收到对端的 ACK 或长时间无法获得旧的数据，则尝试两端同时断开链接。

5. 链路探测

对一个链路探测其连通性，可以定时发送 ping 包（如 http HEAD 请求）来保证链路连通。

6. 数据下行

对于下行数据，我们需要反向发送数据，从 L2 到 L1，再接入连接保活器，通过连接保活器对收到的数据进行排序，最后推送给用户。

7. 数据广播

每个连接保活器建立的伪连接都生成一个租号，当用户源站吐出的数据带有组标记时，可以通过回源侧的连接保活器同步推送给多个伪连接，并通过 CDN 传输网络推送到用户侧。

8. 数据延迟和丢弃

如果用户不需要可靠的传输数据，则可以考虑设定一定的阈值，当数据延迟超过该阈值时，不会再等待乱序数据，而是直接将当前缓冲区的数据按照顺序传递给一侧用户。后续乱序数据到来时直接被丢弃。

9. 连接断开

当一侧连接断开需要发送断开消息给另一侧时，会立即断开与用户源站（接入用户）的连接，并等待对端连接保活器的 ACK 到来，如果没有，则重新发送断开消息直到收到或定时器超时。另一侧即使没有收到连接断开消息，也会因为没有收到 ping 消息而超时，进而断开连接。

10. CDN 传输网络

对于 CDN 传输网络而言，每个通过连接保活器的请求都是一个普通的 HTTP 请求，只需要把它传递给特定的源站（另一侧连接保活器）即可。注意避免 CDN 传输网络内部定值太多的长链接逻辑，保证业务的隔离性。

10.6.3 回源策略

为了满足多种多样的回源需求，DCDN 回源支持配置多种回源策略，且支持多种回源策略的组合配置，以满足不同客户场景的需求，常见的回源策略包括以下几种。

1. 优先级回源

客户源站需要配置主源和备源，主源的优先级大于备源的优先级，支持根据优先级回源，优先回源到优先级高的源站。当高优先级源站回源失败时，才使用备源。

2. 权重回源

客户源站需要配置不同的权重比例，支持相同优先级源站按比例回源。

3. 协议自适应回源

客户业务支持 HTTP 访问和 HTTPS 访问，HTTP 访问需要以 HTTP 回源，HTTPS 访问需要以 HTTPS 回源，支持根据用户的访问协议类型选择相应的回源协议。

4. 自动回源重试

在使用智能路由给出的多条回源路径时，若主路径回源失败，则自动重试备路径回源。

5. 健康检查

能够对用户配置的源站主动做健康检查，自动摘除不健康的源站，提高回源的成功率。

6. 条件回源

对于需要按条件回不同源站的情况，支持配置各种复杂条件，常见条件包括：

- 海外访问回海外源站，国内访问回国内源站；

- URL 匹配某条规则，回不同源站；

- 请求头匹配某条规则，回不同源站；

- 请求参数匹配某条规则，回不同源站。

7. 一致性 Hash 回源

对于低 QPS 场景，支持配置一致性 Hash 回源，可以提高回源连接的复用率。

8. 回源自定义端口

客户源站需要使用非 80/443 端口，支持配置自定义回源端口。

9. IPv4/IPv6 自适应回源

客户源站支持 IPv4 和 IPv6 访问，对 IPv4 的访问需要回 IPv4 的源站，对 IPv6 的访问需要回 IPv6 的源站，支持根据用户的客户端 IP 类型自适应回源对应的源站。

10. 回源 SNI

如果客户的源站 IP 绑定了多个域名，当 DCDN 节点以 HTTPS 协议访问源站时，需要设置回源 SNI，指明具体访问的域名。

11. 回源 Host 头

自定义在 DCDN 节点回源时使用的 Host 请求头。

10.6.4　WebSocket

1. WebSocket 简介

HTML5 定义的 WebSocket 协议是基于 TCP 的一种新的网络协议。它实现了浏览器与服务器全双工（Full-duplex）通信，即允许服务器主动发送信息给客户端。因此，WebSocket 使客户端和服务器之间的数据交换变得更加简单，允许服务端主动向客户端推送数据。在 WebSocket API 中，浏览器和服务器只需要完成一次握手，两者之间就可以直接创建持久性的连接，并进行双向数据传输。

2. WebSocket 加速关键技术点

阿里云 DCDN 依靠全球广泛部署的 CDN 节点、高效的网络存储优化方案和精准的调度策略，有效提升下载速度，减少响应时间，提高访问成功率，确保极致的客户体验。

3. 智能路由

各个 CDN 节点实时探测互联网线路，对每条链路的耗时进行跟踪分析，并智能选择最优路径作为传输通道，加快传输速度。

4. 协议优化

对传统 TCP 协议进行优化，通过增大 TCP 初始窗口大小，调节慢启动阈值等优化策略，解决传统协议存在的缺陷，提高传输效率。

5. 内容优化

通过对传输内容进行简化、压缩等，在保证内容无损耗的情况下，大幅提高传输速度，提升用户体验。

6. 支持 WS/WSS 与 HTTP/HTTPS 共存

当客户的某个域名下既有 WebSocket 服务，又包含 HTTP/HTTPS 服务时，无须将两者拆分，即可实现多种服务同时加速。

第 11 章

CDN 安全防护

CDN 已经成为互联网流量的主要入口，互联网的安全问题自然也随之迁移到 CDN 边缘节点。因此，客户的业务流量接入 CDN 之后，必然需要 CDN 提供全方位的安全防护功能，可以将网络攻击及恶意访问都拦截在 CDN 的边缘节点，进而减少源站的访问压力和安全风险。本章将详细介绍阿里云 CDN 的安全防护架构及提供的安全防护措施。

11.1 安全防护概述

阿里云 CDN 安全防护包括四层 DDoS、七层 CC 及 Web 攻击防御。攻击风险来自于针对 CDN 服务器的入侵及恶意攻击，另外更多的攻击部分来自于 CDN 服务的众多域名，其攻击的目标是某一个域名，可能会对该域名的服务 IP 进行攻击，也可能直接对该域名进行恶意访问。因此，CDN 安全防护主要从两个方面进行防御，一方面对 CDN 服务器进行访问控制，另一方面在服务域名被攻击时进行快速检测，以及针对攻击域名进行定位及处置。

11.2　安全架构

阿里云 CDN 安全架构立足于 CDN 全球边缘加速节点，将更多的安全能力部署到 CDN 边缘，更接近于在互联网访问的入口检测攻击和拦截恶意请求。一旦检测到攻击，边缘节点的智能防御机制就会在第一时间启动。同时，CDN 安全大脑基于全网数据分析，形成基于单节点或全网的精准防护策略，并实时执行。

此外，针对大流量 DDoS 攻击的场景，安全大脑会启动智能调度策略，将攻击流量调度到大流量防御节点去清洗。CDN 安全防护整体架构如图 11-1 所示。

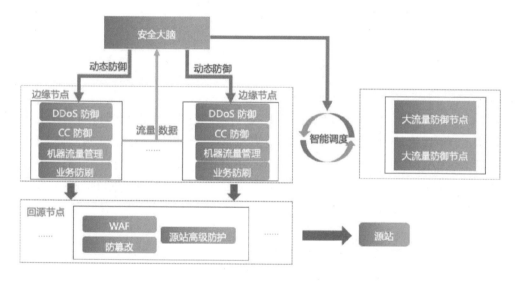

图11-1　CDN安全防护整体架构

CDN 边缘节点的服务请求依次经过以下三个环节进行处理。

- 四层负载均衡 (ELB，Edge Load Balancing)。

- 七层负载均衡及业务逻辑处理。

- 缓存系统。缓存系统和七层负载均衡被部署在同一组服务器中，该组服务器被统称为 Cache 服务器。

在此基础上，阿里云 CDN 的安全防护主要分为两部分：四层负载均衡及

DDoS 防护、应用层防护。阿里云 CDN 在主要通过边缘的负载均衡网元提供高带宽、高可用服务能力的同时进行了 DDoS 清洗、CC 防御，且结合四七层能力，实现多层次清洗，缓解边缘节点的攻击。与此同时，阿里云 CDN 可将服务请求的数据上传到中心，并结合智能调度、路由黑洞、机器流量管理、精准访问控制等多种策略，全网精准压制攻击。

11.3　四层负载均衡及 DDoS 防护

11.3.1　简介

ELB 是 CDN 边缘节点处理网络流量的首要环节，ELB 会将收到的客户端四层建连请求按照调度策略均衡地转发给 Cache 服务器。一般 CDN 业务具有请求小、响应大的特点，因此，ELB 使用 DR（Direct Routing，直接路由）转发的三角模式，即：客户端请求数据经过 ELB 转发给后端 Cache 服务器，而 Cache 服务器直接回复给客户端，不经过 ELB，形成一个三角数据流。

安全方面，ELB 设备会直接清洗掉非服务端口的流量，比如一个 TCP 服务的 IP，针对 UDP Flood 会直接丢弃所有 UDP 报文，起到了类似 ACL 的作用。同时，ELB 还集成了 SYN Flood 防御、分片攻击防御、会话检测、畸形报文检测以及协议合规检测等安全功能，进行四层的攻击流量清洗，避免异常流量对节点服务的影响。

11.3.2　ELB 四层请求分发模型

ELB 四层请求分发流程如图 11-2 所示。具体步骤如下。

① 客户端发起的建连请求及后续报文经过公网传输到达 CDN 节点后，被传递给 ELB 设备。

② ELB 设备根据调度算法对所有四层建连请求进行分发，将其转发给后端 Cache 设备，同时将后续同一个 Session 的报文转发至对应已选中的 Cache 设备。

③ Cache 设备处理完客户端的请求后，将响应报文直接传递给客户端，不再经过 ELB 设备的处理。

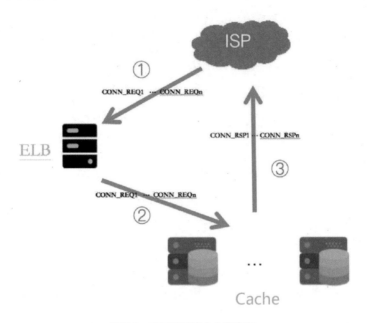

图11-2　ELB四层请求分发流程

在这个流程中，请求方面的异常报文都要通过 ELB 内置的异常报文检测逻辑，会阻断异常报文，避免转发给 Cache 服务器，从而保护节点的服务。

11.3.3　DDoS 攻击检测与处理

1. 全网攻击流量检测与处理

边缘节点自身的 DDoS 防御主要通过上文提到的 ELB 实现。基于全网的网络攻击处理则由中心根据全网数据生成策略，每个边缘节点都会进行全方位流量统计，统计每个 IP 的总流量及各协议的成分流量，并实时将数据上传到中心，即安全大脑。

安全大脑基于全网数据进行分析，并结合历史流量基线和节点服务情况进行智能决策，执行将业务流量智能解析到相邻节点、网络黑洞等措施。对于超大流量攻击的场景，CDN 通过智能防护调度系统进行处理。

2. DDoS 防护智能调度

CDN 边缘节点被攻击时，第一时间通过本节点防御能力进行一定程度的 DDoS 攻击防护，更大流量的攻击通过 DDoS 防护智能调度机制将流量牵引到大流量防御节点进行清洗。DDoS 防护智能调度机制的运行流程如图 11-3 所示。

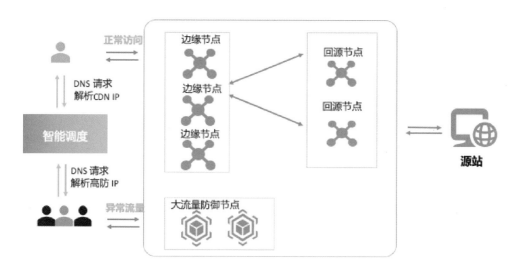

图11-3　DDoS 防护智能调度机制的流程

DDoS 防护智能调度机制的策略是，业务流量默认通过边缘加速节点分发，最大程度确保加速效果和用户体验。当检测到大流量 DDoS 攻击之后，智能调度会根据攻击强度以及服务影响等因素决策是否由防御节点进行 DDoS 清洗，同时根据攻击情况进行区域调度或全局调度，而当 DDoS 攻击停止后，智能调度系统会自动决定将防御节点服务的业务流量调度回边缘加速节点，尽最大可能地保证正常加速效果。

DDoS 防护智能调度机制最核心的就是边缘加速、智能调度、大流量防御三部分，在边缘加速的基础上具备全面的 DDoS 攻击检测及智能调度的能力，并结合大流量防御节点的清洗，兼顾加速与安全。目前，该方案已经在金融行业、传媒行业积累了典型客户。

11.4 应用层安全

11.4.1 应用层安全概述

当前 CDN 应用层的防护侧重于 Web 防护。Web 防护的策略是通过层层过滤来拦截恶意请求。应用层安全防护流程如图 11-4 所示。

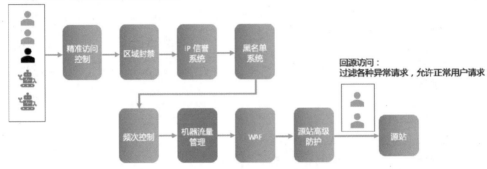

图11-4 应用层安全防护流程

第一层是精准访问控制，指具体对 HTTP 请求的拦截策略；第二层是区域封禁，对业务无效或异常的区域请求进行拦截。第三层是 IP 信誉系统，对访问请求进行分类并对恶意 IP 进行拦截；第四层是黑名单系统，对某些 UA 或 IP 进行拦截。以上四层都属于精准拦截。第五层是频次控制，对相对高频且访问异常的 IP 进行拦截；第六层是对互联网机器流量进行管理，阻断恶意爬虫；最后两层是 WAF 和源站高级防护，对透传到源站的请求进行更深层次的防护。

下面会对精准访问控制、区域封禁、频次控制、机器流量管理等功能进行具体介绍。

11.4.2 精准访问控制

精准访问控制对常见 HTTP 字段（比如 IP、URL、Referer、UA、参数等）进行条件组合，用来匹配访问请求，并对命中条件的请求设置放行、阻断、告警等操作。精准访问控制支持业务场景化的防护策略，如阻断不符合 RFC 规范的请求、设置 HTTP 黑白名单、防盗链等。

精准访问控制常与 Web 应用攻击防护、CC 防护等安全能力结合，实现多层次防御机制。比如，当 CDN 用户遭受 CC 攻击时，安全运维人员综合分析流量特征，配置精细化防护，针对攻击特征实施精准打击，识别可信流量与恶意流量，在不影响正常业务的情况下化解攻击。

精准访问控制规则由规则名称、匹配条件和匹配动作组成。其中匹配条件和匹配动作具体介绍如下。

- 匹配条件

匹配条件由匹配字段、逻辑符和匹配内容组成。匹配字段是指定对 HTTP 请求的检测字段，内置的常见匹配字段如表 11-1 所示。

表 11-1　内置的常见匹配字段

字段	说明
IP	源 IP、精确 IP 或 IP 地址段
URI	统一资源标识符
Referer	页面链接来源
Cookie	辨别用户身份，进行 session 跟踪
User-Agent	用户代理，特殊字符串头部，标识客户端信息
Post-body	Post 请求提交的数据
Method	请求方法，常见的有 Get、Post 等
Params	请求参数

逻辑符用来指定对 HTTP 字段的检测逻辑，包括等于、不等于、包含、不包含等。

- 匹配动作

匹配动作有封禁、放行、告警等。封禁就是拦截，告警代表只警告、不拦截。在选择放行、告警等匹配动作后，可进一步设置是否继续执行其他安全功能，包括 Web 应用防护、CC 应用防护、机器流量管理等。

图 11-5 所示为阿里云 CDN 控制台精准访问控制的配置示例，实现封禁某个 URI 下特定 User-Agent 的请求，一般用在封禁特定爬虫的场景。本节后面的配置示例均来自于阿里云 CDN 控制台，不再一一赘述。

图11-5　精准访问控制配置示例

11.4.3　区域封禁

CDN 的基础功能是通过部署在各个物理位置的服务器进行全网分发，实现跨运营商、跨地域的用户覆盖，用户访问被分散在互联网边缘，攻击的目标也被分散在互联网边缘。客户的业务覆盖都是有区域的，比如针对跨国业务覆盖创建多个域名，每个域名服务一个国家，应用层攻击主要利用的是"黑灰产的肉鸡"（受黑客远程控制的电脑）和代理 IP，"肉鸡"的区域与服务区域不一定完全重叠。如 CDN 上国内客户的应用层攻击中，海外 IP 攻击的数量很高，区域封禁可以让不在服务区域的 IP 无法访问。

阿里云 CDN 控制台的区域封禁配置示例——白名单如图 11-6 所示。

其中，封禁类型可选择黑名单或白名单。

- 黑名单：黑名单内的区域均无法访问当前资源。

- 白名单：只有白名单内的区域能访问当前资源，白名单以外的区域均无法访问当前资源。黑名单和白名单互斥，同一时间只支持其中一种方式。

图 11-6 中客户的业务主要在中国，因此启用白名单。

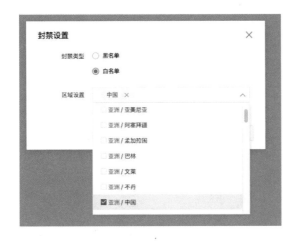

图11-6　区域封禁配置示例——白名单

图 11-7 所示的场景是客户受到攻击，分析源 IP 集中来自某国，因此采用黑名单的方式封禁某国区域访问。

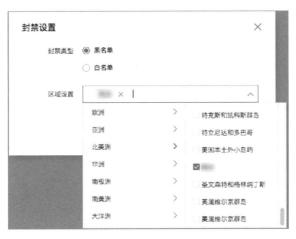

图11-7　区域封禁配置示例——黑名单

11.4.4　IP 频次控制

当接入 CDN 的域名遭到 CC 攻击或恶意刷量，导致响应缓慢、服务受影响时，可以通过频次控制功能，统计分析访问 CDN 的流量，并精准封禁恶意请求，提高网站的安全性。

频次控制采用异步架构（如图 11-8 所示），主要有采集模块和计算模块。采集模块根据用户的配置实时采集数据，并将流量上报到计算模块。计算模块根据用户配置的规则，检测及阻断对象，对每个不同的对象分别统计其访问行为，秒级阻断满足用户配置的匹配规则的对象。

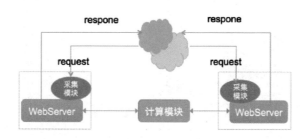

图11-8　频次控制异步架构

例如，统计及拦截对象为客户端 IP，匹配规则为 10 秒内状态码 404 比例超过 50% 且访问次数大于 100。频次控制功能会将每个访问的客户端 IP 进行独立统计，秒级拦截满足 "10 秒内状态码 404 比例超过 50% 且访问次数大于 100" 条件的客户端 IP。

下面是一个具体的场景。

某用户使用频次控制功能后，根据自己网站的日常平均访问量，配置了单 IP 频次控制规则，如表 11-2 所示，频次控制配置示例如图 11-9 所示。

表 11-2　单 IP 频次控制规则

URI	/
匹配方式	前缀匹配
检测时长	60 秒
检测及阻断对象	IP
匹配规则	"count>60"
阻断类型	封禁

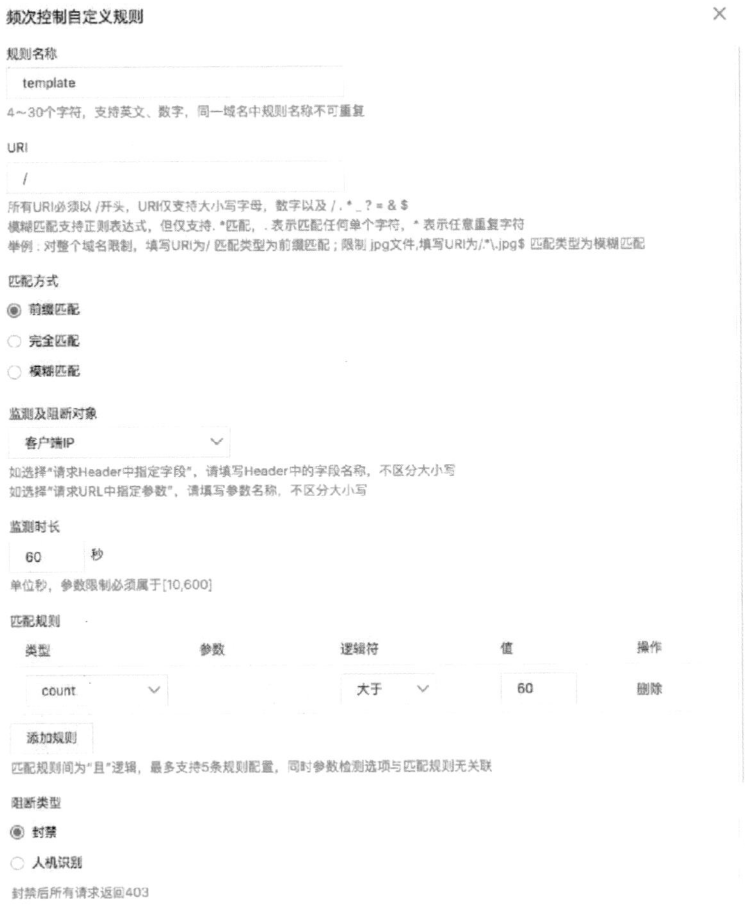

图11-9　频次控制配置示例1

　　经过一段时间后发现，虽然有部分请求被阻断，但是仍然有恶意流量访问源站，继续收紧单 IP 的频次限制阈值会影响正常用户的访问。分析阻断日志发现,恶意请求集中在两个 URL,因此增加了对这两个恶意访问的 URL 的规则,配置了更严格的单 IP 频次限制阈值。

　　之后拦截效果有明显提高，但仍然有少量恶意请求访问源站，继续分析阻断日志发现，攻击者伪造的请求中使用了固定的 URL 参数"token=ix3ddd"，继续调整规则开启参数检测功能，并配置规则，如表 11-3 所示。

表 11–3　针对参数检测配置规则

URI	/xxxxxx/xx\?.*token=ix3ddd.*
匹配方式	模糊匹配
检测时长	10 秒
检测及阻断对象	IP
匹配规则	"count>1"
阻断类型	封禁

图 11-10 所示为频次控制配置示例。

图11-10　频次控制配置示例2

严格限制带有此特征的请求访问频次，取得了非常好的效果。

经过一段时间后发现，访问源站的恶意请求数量又有所上升，分析日志发现攻击者调整了攻击脚本，开始在访问中并定时变化 token，并使用了秒播 IP 的代理，可以变换访问的客户端 IP，因此继续调整规则，如表 11-4 所示。

表 11–4　调整配置规则

URI	/xxxx/xxx（被集中访问的规则）
匹配方式	完全匹配
检测时长	10 秒
检测及阻断对象	请求 URL 中指定参数 token
匹配规则	"count>60"
阻断类型	封禁

图 11-11 所示为频次控制配置示例。

图11-11　频次控制配置示例3

配置此规则后，频次控制功能会实时统计每个不同的 token 参数中的值的访问行为，对访问频次过高的 token 参数秒级封禁，攻击者每次重新计算并变化 token 值的时候都会立刻被封禁掉。

11.4.5　机器流量管理

机器流量管理依托于 CDN 边缘节点，帮助客户识别和管理客户端请求，并进行分类，如图 11-12 所示。爬虫可以细分为搜索引擎爬虫、商业爬虫和恶意爬虫。

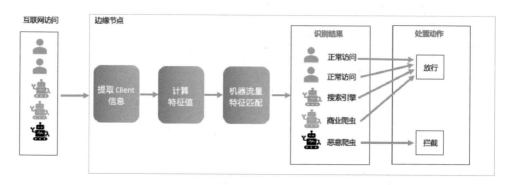

图11-12　机器流量管理概览

如图 11-13 所示，是针对某个域名开启机器流量管理分析后得到的分类情况。

其中，82% 的请求为恶意爬虫请求。整个机器流量的分析持续一段时间并稳定之后，开启对恶意爬虫请求的拦截。开启前后域名带宽的对比如图 11-14 所示。

其中，蓝线代表开启恶意爬虫流量拦截之前的带宽趋势，绿线代表开启恶意流量拦截之后的带宽趋势。可以看出，开启拦截机器流量中恶意爬虫流量，域名峰值带宽下降超过 80%。

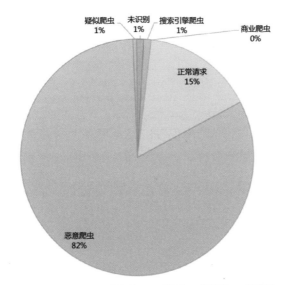

图11-13　机器流量管理

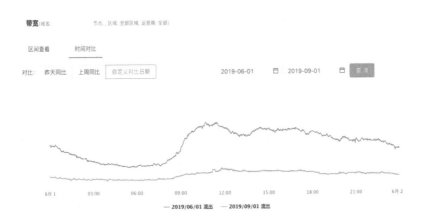

图11-14　开启前后域名带宽的对比

第 12 章

CDN 场景化最佳实践

12.1 CDN 命中率优化实践

CDN 诞生的初衷，是为了解决骨干网网络拥挤，改善互联网的服务质量。它通过大量部署在边缘的缓存服务器，将静态资源缓存于距离用户较近的节点上，在让用户就近访问并快速获取内容以提升访问质量的同时，收敛流量，卸载源站压力，保护源站。缓存命中率就是反映流量收敛效果的技术指标。命中率越高，CDN 的作用越大，反之亦然。

通常情况下，越多的内容在边缘直接分发，终端用户的访问体验会越好。另外，由于边缘的带宽成本往往比源站的要低，因此越多的流量在边缘，对网站拥有者而言，成本越低。缓存命中率与质量和成本息息相关，如何提升它已成为网站站长、技术运维人员和 CDN 供应商关注的核心问题。在本文中，我们将对影响 CDN 缓存命中率的因素进行分析，并结合实践经验，分享几个有效的优化策略。

12.1.1 缓存命中率的基本概念

CDN 缓存命中率有两种：字节命中率和请求命中率。其中，字节命中率是指 CDN 缓存命中响应的字节数占所有请求响应字节数的比例。请求命中率是指 CDN 缓存命中的请求个数占所有请求数的比例。在实际计算中，通常是取边缘总响应的字节数 / 请求数与回源的字节数 / 请求数的差值作为分子，即：

$$字节命中率 = \frac{CDN\ 所有请求响应字节数 - 源站响应字节数}{CDN\ 所有请求响应的字节数}$$

$$请求命中率 = \frac{CDN\ 所有的请求数 - 回源请求数}{CDN\ 所有的请求数}$$

请求命中率可以在一定程度上反映回源请求数的多少，字节命中率则可以表征回源流量的大小。在静态资源分发（尤其是视频点播、大文件下载等）的场景下，带宽资源的占用会比请求数对源站的影响大，因此，在实际业务中，主要关心字节命中率。

12.1.2　缓存机制

要提升缓存命中率，需要了解 CDN 的缓存机制。CDN 的缓存机制有三个核心：cachekey、缓存规则和过期判断逻辑。

1. cachekey

cachekey 是一个文件在 CDN 节点上缓存时唯一的身份 ID，每个 cachekey 都对应一个在 CDN 节点上缓存的文件。缓存软件大多是通过 cachekey 作为索引，定位到真实文件位置，进而响应真实文件的。

正确的 cachekey 设置，是保证命中率和业务正常的基础。如果两个文件不同，但被设置了一样的 cachekey，则会导致缓存出错，影响业务。如果两个文件完全一样，但是 cachekey 不同，则在 CDN 的缓存系统里，会以两份文件存在，此时命中率会受到影响。通常，CDN 会以带有请求参数（querystring）的完整 URL 作为默认 cachekey，我们需要结合实际业务场景对其进行调整。以下是常见的一些应用场景：

（1）终端用户将终端信息（如终端类型、缩略图参数、文件版本等）通过请求参数的方式传递给服务端，服务端根据 querystring 响应不同内容。

如下两个 URL 对应同一个基础图片文件（/img/test.png）。在业务上需要根据 thumbnail 和 quality 参数，返回不同的缩略图。在 CDN 配置上，需要将 thumbnail 和 quality 这两个参数作为 cachekey 的一部分，以保证缓存准确；同时，将其他无关的参数（如 imageView、type）去除，以确保缓存命中率最优。

https：//example.aliyun.com/img/test.png?imageView&thumbnail=1080x345&quality=90&type=webp

https：//example.aliyun.com/img/test.png?imageView&thumbnail=504x504&quality=90&type=webp

（2）前端为解决浏览器本地缓存问题，会在请求 URL 中加上随机参数（如随机值 random、时间戳 timestamp 等）。虽然参数不同，但每个请求所对应的文件都相同。如果按照完整 URL 进行缓存，虽然业务正常，但每次请求值均不同，这会造成命中率极低，从而无法最大化 CDN 的作用。因此，在 CDN 配置中，需要忽略对应的参数，以提升命中率。

2. 缓存规则

缓存规则通常由三个可变参数进行描述，即文件、状态码和缓存时间。这里的文件，既可以是目录、文件类型，也可以是具体的文件名或 URI。状态码可以是正常状态码（如 2xx、3xx 等），也可以是异常状态码（如 5xx、403、404 等）。缓存时间一般以 s 为单位，通常大于或等于 0s。在 HTTP 协议中，有专门的响应头来控制内容的缓存时间，包括 cache-control、pragma 和 expires 等。不同 CDN 平台的缓存规则会有差异，在接入 CDN 时，需要根据业务情况，结合 CDN 平台的缓存规则设置合理的缓存策略。

对于正常状态码的响应，阿里云 CDN 主要的缓存规则如下：

- 响应头包含 pragma：no-cache，不缓存，最高优先级。
- 响应头包含 cache-control：no-cache，不缓存，max-age=0 处理与 no-cache 相同。
- 如果源站响应 body 长度为 0，且 CDN 设置 body 长度为 0 则不缓存。

- range 请求收到 200/206 之外的状态码，不缓存。

- 如果配置了缓存时间，则不管 cache-control 如何，按照配置时间进行缓存，除非源站返回第 2 条中的 cache-control 条件。

- cache-control：源站指示的过期时间。

- expires：　源站指示的过期时间。

- 如果源站带了 etag 或 last-modified 响应头，则用默认时间缓存。默认时间算法如下：

（1）如果有 last-modified 响应头，则先计算文件的新鲜度，计算方式为（当前时间 –last-modified）×0.1。如果新鲜度在 [10s，3600s] 之间，则以该时间作为缓存时间；如果新鲜度小于 10s，则取 10s 为缓存时间；如果新鲜度大于 3600s，则取 3600s 为缓存时间。

（2）如果只有 etag 响应头，无法辨识文件新鲜度，则缓存 10s。

（3）如果无 last-modified 和 etag 响应头，无法辨识文件新鲜度和文件版本，则不缓存。

- 以上规则，优先级从高到低。

不难看出，缓存行为受 CDN 平台设置的规则和上游源站的响应头的影响。在实际业务中，需要关注源站是否对可缓存的静态文件响应了不可缓存的头部，或者在响应中未正确返回 etag 和 last-modified 等相关头部，这都会影响静态文件的正常缓存。合理的 CDN 平台缓存规则可以与源站的缓存规则相互补充，从而使业务的缓存行为处于相对较优的状态。

3. 缓存过期

顾名思义，缓存是少部分数据的复制品，暂存于 CDN 节点的存储系统中。既然是暂存，就存在生命周期，生命周期结束即为过期。这里的缓存过期可以分为两类：第一类是受限于磁盘空间的大小，热度较低的资源在未达到设置的缓存时间上限时，从磁盘将其丢弃，淘汰掉；第二类是达到设置的缓存时间上限，自然过期了。

第一类过期，缓存被淘汰清除后，没有后续的处理动作。热度较低，长时间没有被访问的文件可能触发淘汰逻辑。部分 CDN 平台提供了永久缓存或者缓存固化的能力，其可以开辟独立的存储空间，来确保重要业务不受淘汰机制影响。也有通过预热或者其他摸拟终端用户访问的方式，人为地提升某些 URL 的访问热度，让其不被淘汰。无论采用哪种方式，都意味着对正常资源的挤占和额外的成本投入。对于热度极低或者访问量不高的业务，需要业务方评估性价比。

第二类过期，缓存达到时间上限后，会进行文件更新校验。是否过期的判断逻辑如下：

- 资源更新时间（timestamp）。在节点首次获取资源时，如果源站响应中有 date 头，且 date 头不是过去时间，则 timestamp 值为源站响应的 date 头值，否则 timestamp 为数据接收时间。如果对过期后的文件进行更新校验，发现文件没有更新，则 timestamp 为数据接收时间。

- 过期时间上限（expires）。资源更新时间加上缓存规则规定的缓存时间（max-age），即 expires = max-age + timestamp。

- 若当前时间 curtime >= expires，则缓存过期。

缓存过期后，新的请求到达会进行缓存更新校验。正常情况下，CDN 会携带 if-modified-since 和 if-none-match 两个请求头回源，其中，if-modified-since 值为缓存文件的 last-modified 值，if-none-match 值为缓存文件的 etag 值。源站根据 HTTP 协议标准，响应对应的状态码。若源站响应 304，CDN 缓存系统会更新缓存的资源更新时间（timestamp），但不更新资源，会根据下游请求范围响应对应资源。若源站响应 200 及新资源 body，则 CDN 缓存系统会删除本地过期的旧资源，缓存并对外响应新资源。若源站响应 404，则删除本地资源，对外响应 404。异常情况下，CDN 会有一些特殊的处理机制，这些机制对正常缓存可能会有影响，处理逻辑可以参考缓存系统的相关章节，这里不再赘述。

可以看到，CDN 的缓存过期判断逻辑对源站的处理机制有依赖。在实际业务中，需要确保源站响应正常的 last-modified、etag 和缓存相关头部，并依照 HTTP 协议标准，对 CDN 的过期校验请求进行正确响应。如果资源有更新但响应 304，则会导致 CDN 始终为旧资源，无法正常更新；如果未更新但响应 200，则会导致 CDN 重新拉取资源，影响缓存命中率。

12.1.3　优化 CDN 缓存命中率的措施

在了解了缓存命中率的概念和缓存工作机制后，我们来看看，在实践中如何优化缓存命中率。

1. 基础优化

在业务上需要做好动态内容和静态内容的分离，选择合适的业务使用静态 CDN。如果业务层有内容调度的能力，则可以对资源进行冷热拆分，结合性价比，将热度合适的资源放到 CDN 上进行分发。业务方需要做好资源的版本控制，尽可能让相同版本的资源有相同的分发 URL，尽量避免不同渠道的相同资源有多份拷贝。

在 CDN 缓存层面，要结合业务实际情况，配置合理的 cachekey，做好 querystring 可变参数的管控，尽可能使相同资源具有同样的 cachekey。在缓存时间上，可以根据业务的更新频率，设置合理的时间。

在源站侧，尽量采用标准的响应方式，让 CDN 的缓存更新机制更好地工作。如果源站无法确保响应标准，则需要在 CDN 平台设置相应的策略，规避可能影响缓存的异常情况。

2. 平台优化

CDN 平台本身对缓存命中率的优化，常见的措施有共享缓存、刷新预热、分片缓存等。

共享缓存

在业务上，常常有因业务需要同一个资源采用不同域名对外提供访问的情况，如不同的分发渠道、为提高浏览器并发能力提升页面加载速度，使用不同域名加载资源等。传统 CDN 是通过域名进行规则隔离的，在这种场景下，会出现不同域名同一资源重复回源的问题。共享缓存（又称合并回源）可以有效地解决这一问题。共享缓存的实现方式是在某域名（a.com）下，配置合并回源 host 为 b.com，使得 a.com 和 b.com 两个域名缓存可以复用，当某个资源在 CDN 有缓存后，无论是通过 a.com 还是 b.com 访问，都可以通过缓存正常获取。例如，用户 A 到某节点上请求 http: //a.com/uri1，该节点正常响应并缓存了资源，而当用户 B 使用 http: //b.com/uri1 到相同的节点请求时，CDN 将 http: //a.com/uri1 缓存的内容正常响应给用户 B。这样，用户 B 的请求是命中状态，无须产生新的回源。

刷新和预热

刷新和预热是 CDN 提供的两个常规能力，二者均对缓存命中率有影响。通常来讲，刷新对命中率是负向作用，预热则正好相反。

刷新是指将特定 URL 或者目录的缓存内容从 CDN 上清除，常用于源站资源更新后，强制 CDN 与源站进行同步，确保 CDN 上的数据为非历史数据。大量的 URL 或者目录刷新会导致命中率下降，回源请求增加，进而导致源站服务器负载升高。实际线上业务的刷新要分批进行，并尽可能避开业务高峰期。在刷新策略的选择上，如果源站具备正常校验缓存过期的能力，则尽量采用过期的策略，而不是使用强制刷新策略。

在一些极特别的场景下，特定的缓存规则配合刷新功能一起使用，可以使刷新对命中率的影响在一定程度上变成正向的。比如，源站没有正常校验缓存更新的能力，当 CDN 缓存过期后，即使源站没更新，也会拉取完整文件，此时如果 CDN 设置的缓存时间较短，会有较多的回源产生。在这种场景下，可以设置较长的缓存时间，当源站有同名文件更新时，通过刷新来清理掉 CDN 缓存，确保 CDN 文件同步更新。

预热是 CDN 模拟终端用户主动发起具体 URL 的请求，提前从源站拉取相应资源并缓存，这样下次真实用户访问的时候就不需要从源站再拉取资源了。从流量的角度看，预热并不会节省回源流量，但预热时间可以人为控制，通过削峰填谷的方式，可以将回源带宽的峰值降低，进而提升理论上的缓存命中率。通过事先预热，也可以有效地降低因热门资源发布时回源量并发太大、源站负载升高而导致的业务异常风险。另外，可以对全网的历史热门资源进行统计，在业务低峰期时，将这些资源预热到新上的或者命中率低的节点，这样当这些节点投入使用时，可以有一个相对稳定的命中率，不至于对命中率产生冲击。预热也可以与源站同名更新一起进行，通过控制回源并发，可以使回源量保持在一个合理的范围内。

分片缓存

分片缓存（range 回源）是指将客户端请求按照一定的大小对齐，回源请求指定范围内的数据。在满足用户请求内容的基础上，通过类似"预加载"的方式，拉取最小粒度的资源，以提升命中率。该功能可以显著提升大文件加载速度。不过，该功能需要源站支持 range 请求，通常也会导致回源请求数成倍地增加。开启前，需要评估源站的支持情况和源站的 qps 承载能力。

在阿里云的 CDN 平台上，range 回源功能有三个可配参数：关闭、开启、强制。不同参数的配置，表现如下：

（1）关闭，CDN 回源会忽略 range 参数。假设客户端向 CDN 请求 0~100 字节的数据，CDN 在回源时，会忽略客户端的 range：0~100 字节指定，请求完整文件。此时，源站响应给 CDN 节点完整的文件，CDN 响应给客户端 101 字节的数据。客户端在拿到 0~100 字节的数据后强行断开与 CDN 的连接，如果此时 CDN 尚未接收完整个文件，则该文件不会被缓存到 CDN 节点上。在这种参数配置下，CDN 需要拉取整个文件后才进行缓存，如果客户端都是小范围的 range 请求，就会产生回源放大。这个参数配置，在大文件场景下，对命中率是负向作用。

（2）开启，如果客户端首次向 CDN 请求 0~100 字节的数据，则源站收到的请求也是 0~100 字节。源站响应 CDN 节点，CDN 节点响应客户端字节范围为 0~100，共 101 字节。后续请求无论数据范围是多少，都会按照配置的分片大小（默认是 512KB）进行回源。其逻辑可以简单地理解为：将（1）中的回源放大倍数控制在一个较小的范围内。只要 CDN 节点能正常拉取完整的某个分片，就可以将这个分片缓存下来。

（3）强制，与（2）的区别在于对首次请求的处理上。在强制状态下，对于任何请求都会强制分片回源。假设一个文件大小是 1MB，首次请求 2~100 字节的数据，那么，CDN 向源站请求前 512KB 的数据，然后响应给客户端

2~100 字节的数据。

3. 调度优化

命中率的优化与 CDN 的资源分配是息息相关的，资源的分配需要通过调度实现。在实践中，调度优化的措施主要有流量收敛、内容调度和本地收敛。

流量收敛

流量收敛是指对流量进行一定程度的汇聚，流量越集中，命中缓存资源的请求就会越多，命中率就会越高。当然，越集中意味着 CDN 节点的本地化越差，这对质量可能会有一些影响。需要在集中与分散之间寻找一个平衡点，在保障质量的情况下，尽可能提升命中率。

通常，CDN 是多层架构，流量收敛也可以在各层节点中实施。我们可以简单地将 CDN 的节点分为接入层和回源层。接入层直接面向真实的终端用户，负责提供缓存服务。回源层面向接入层与源站，负责回源转发。接入层一般称为 L1 或边缘节点。回源层根据层级数，一般称为 L2/L3/Ln 或父层节点。

L1 的收敛有两种方式。一种是根据地区运营商的远近、亲缘关系，通过调整大区域覆盖等方式，让地域和网络临近的地区运营商使用相同的节点服务，让一片区域内的用户请求尽可能地集中到相同的节点上，以提升命中率。另一种方式是，尽可能使用性能好、能承接大流量的节点服务，通过缩减节点，使得原本需要多个节点才能承接的流量集中到一个节点上，这样命中率自然会提升。L1 的收敛程度需要结合业务量级、用户分布、访问特性和质量要求等综合评估判断，选择合适的方案，进行适当的收敛。

L1 收敛的方式，同样适用于回源层的收敛。本质上，父层节点是对 L1 进行缩减节点和使用大区覆盖的结果。

L1 通常在本地运营商进行资源收敛，网络连通性往往不会存在问题，而回源层收敛了所有运营商 L1 的回源请求，需要额外考虑这个问题。阿里云 CDN 通常采用多运营商线路（多线）和 BGP 资源作为 L2，这可以有效地解决连通性问题。

在理论上，回源层的节点越少，收敛效果越好，但节点越少，意味着承接的能力越小，抗风险能力也越差。因此，L2 节点的数量和单一节点所覆盖的区域，也需要根据具体的量级进行评估。当然，回源层的层数是可以叠加的，通过增加层数，流量可以进一步得到收敛。在极致情况下，如果不计成本，通过不断增加层数，在技术上是可以做到每个资源仅有一份回源的。

内容调度

流量收敛是通过资源调度将内容相同的请求尽可能集中到相同的节点上，其受限于节点容量，当一个业务的量级需要多个节点才能承接时，流量收敛效果就有限了。

内容调度通过另一种调度技术，可以有效地解决资源限制的问题。内容调度根据 CDN 的 cachekey 设置，识别出不同请求是否包含相同内容，然后根据请求内容，将内容相同的请求分配到同一个节点。

同样，内容调度也可以分别在接入层和回源层实施。

接入层的内容调度有两种方式。一种是中心式的调度。在真实缓存服务节点的上层，增加一层调度节点。用户请求先到调度节点，调度节点根据综合采集到的网络、缓存服务节点的健康状况等信息，将用户请求按照一定的规则通过 302 响应的方式调度到最优的节点上。用户得到调度节点的响应后，根据 302 响应中的 location 头部，向真实的缓存服务节点发起请求，获取内容。后续其他用户相同内容的请求，都通过 302 的方式，被调度到相同的节点上，这样，可以保证相同内容尽可能地集中。当然，在设计调度系统时，会考虑其他更多的场景，比如热点集中的问题、节点容量差异的问题等，并不一定会一味地将相同的请求都集中到同一个节点上，可能会适当地打散。另一种是边缘式的调度。用户请求到达边缘节点后，边缘节点根据请求内容和节点情况，通过 302 的方式将其调度到最优的服务节点上。这样也可以解决在 DNS 调度下，多个节点带来的缓存多份拷贝的问题。

在实际应用中，接入层的内容调度，对热点分散的业务，比如 UGC、视频点播及直播等，会有比较好的效果。值得一提的是，内容调度的方式还可以有效解决在 DNS 调度中，DNS 缓存导致的节点故障影响时长被拉长的问题。

回源层内容调度的主要原理是通过一致性 Hash 的方式，将相同内容的请求转发到相同的 L2 节点上。可以根据容量和质量要求，将不同的 L2 节点组合成若干个大的资源池，然后根据 Hash 规则，将请求转发到相应资源池内的某一个节点上。通过这种方式，几乎可以无限地扩大 L2 的流量承接能力，无须因容量问题引入多个节点，造成缓存的多份拷贝。在极端情况下，可以将所有 L2 组成一个大的资源池，所有 L1 的回源请求都在这个资源池内进行 Hash 分配，这样可以在只有一层 L2 的情况下，做到同一个资源只有一份回源。

本地收敛

在正常情况下，一个请求到达一个节点后，节点会根据 hashkey，按照一定的 Hash 算法，将请求分配到本节点集群下的某个真实服务器。如果一个业务的热点非常集中，将所有热点的请求都打到同一个真实服务器下，则有可能将该服务器打爆。CDN 通常有热点轮询的机制，该机制会将热点请求尽可能地打散，使得压力均衡地分摊到不同服务器上，以避免热点请求太集中打爆服务器。当请求被打散后，在常规方式下，会产生新的回源，这会造成命中率下降。为了解决这个问题，我们引入本地收敛的方案。

本地收敛的原理，是在触发热点的情况下，将打散到各个服务器的请求，先转发到本节点内根据 Hash 算法计算出来的缓存服务器，再通过这个统一的缓存服务器回 L2 或者回源。假设 URL 正常情况下应该被分配到缓存服务器 Server1，当 URL 是热点请求时，有可能会被打散到 Server2、Server3、……、ServerN。正常请求的路径应该是：客户端→ L1 → ServerN → L2。在使用本地收敛的情况下，请求路径变成：客户端→ L1 → ServerN → Server1 → L2。由于 Server1 有缓存，因此所有到该 L1 节点的请求，均不会再回到 L2 上。这样，热点的请求都被收敛到本地，这可以极大地减少回 L2 的带宽。同理，在 L2 上应用相同的方式，可以减少回源带宽。

流量收敛、内容调度是通过调度手段，对节点间的流量进行牵引，达到优化命中率的效果。当请求到达节点后，通过本地收敛的方式，将由热点扩散产生的回源流量在本地内网中消耗掉，可以进一步提升命中率。

12.1.4　总结

总之，CDN 命中率是评估质量和成本的综合性技术指标，其高低与业务健康度、缓存、调度和 CDN 架构等关键技术息息相关。提升命中率可以节省业务成本，但一味地提升命中率，可能会带来一定的质量下滑，需要在质量与成本间寻找一个平衡点。CDN 缓存命中率的优化提升是一个系统化的工程，通过业务优化、设置合理的 CDN 缓存机制及源站的相互配合，可以使命中率有一定的基础保障。再结合具体的业务情况，选择合适的平台优化、调度优化方案可以进一步提升命中率。

12.2　移动 App——应用市场下载加速最佳实践

中国互联网络信息中心（CNNIC）《第 48 次中国互联网络发展状况统计报告》显示，截至 2021 年 6 月，我国网民规模达 10.11 亿，手机网民规模达 10.07 亿，互联网普及率达 71.6%，网民中使用手机上网的比例为 99.6%，移动互联网主导互联网未来发展。

1. 移动 App- 应用市场下载业务特性

（1）业务带宽频繁突增

- 热门 App 发布

应用市场在面对热门 App 发布时，会面临几倍甚至几十倍的业务带宽突增，突增量级可以高达几十 Tb/s。

- App 静默更新

手机厂商针对应用市场 App 更新一般都会有静默开关，在凌晨打开静默更新开关。开关打开后，业务会在很短的时间内数倍地突增。

（2）热点新闻推送，业务 qps 频繁突增

手机厂商一般会及时给用户推送热点新闻，这类业务会造成秒级的 qps 和业务带宽突增。

（3）App 下载准确性

非法劫持和非法盗链屡见不鲜，导致用户下载异常软件，严重影响用户访问效果和体验。

（4）移动下载，网络稳定性差

相对于传统互联网，移动互联网受移动设备便携移动特性的影响，表现出更差的网络稳定性和更高的传输丢包率，移动下载速度瓶颈日益凸显。

2. 移动 App- 应用市场解决方案

（1）资源池化 + 逻辑隔离

传统 CDN 厂商针对不同的业务类型，比如小图片下载、直播和动态业务采用物理隔离 + 主备扩容的方式。在业务突增前需要进行物理设备扩容，导致业务响应较慢。阿里云 CDN 可以在某种类型的业务突增时，无须进行物理设备扩容，采用资源池化 + 逻辑隔离的方式，通过节点资源层面逻辑调整快速满足业务突增需求。

（2）302 调度

CDN 传统的调度方式是 DNS 调度，但是 DNS 调度的时效性和准确性依赖于运营商的 localdns，主要影响有：

- localdns 的 TTL 过长导致 CDN 调度策略生效慢（如带宽突增等，策略生效的时间很长）。

- localdns 对权威 DNS 返回结果进行优选，导致调度策略执行准确度低。

- localdns 的转发 forward 导致权威 DNS 判断不准确，进而影响到调度策略。

302 调度的工作原理：先将域名解析到本省本运营商的 302 调度服务器，然后 302 调度服务器通过客户端的 HTTP 请求获取到真实客户端地址，再通过 302 临时性重定向方式将调度策略分配的地址通过 header 中的 location 返回给客户端，在客户端再通过 follow 302 将请求转到 CDN 缓存服务器。

整个请求流程如图 12-1 所示。

（3）HTTPS+HTTPDNS

阿里云 CDN 支持 HTTPS 下载。由于 HTTPS 的证书校验、数据加密传输并分块校验的特性，数据以加密的形式被分发到真正的信息接收者，这样能够有效防止劫持篡改、插入广告等行为。同时阿里云 CDN 支持使用 httpdns 防止 dns 被劫持的方案，该方案通过 HTTP 请求获取节点 IP，从而避免 DNS 被劫持。

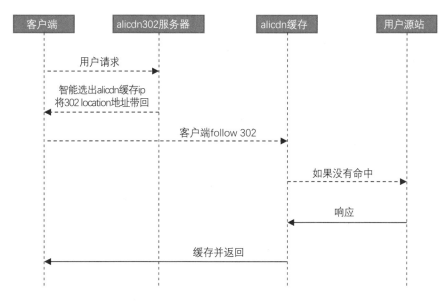

图12-1　302调度原理

（4）预加载

在热门 App 发布 / 更新前，阿里云 CDN 支持通过 API 接口的方式，提前将文件预加载到 CDN 节点缓存，以避免 App 发布时回源带宽突增，跑满源站从而影响用户体验。

（5）文件一致性校验

• 当 CDN 节点从源站拉取内容时，会比对与源站协商好的特定响应头携带的 md5 值，不一致时发出警告并自动刷新缓存。

• CDN 对多个回源节点进行比对，发现数据不一致时发出警告并自动刷新数据。

（6）一致性 Hash 回源

阿里云 CDN 支持边缘节点 L1 与父层节点 L2 内部的一致性 Hash，同一个 URL 在三大运营商的边缘 L1 被回源到同一个父层节点 L2，以确保三大运营商到客户源站仅回源一份，减少源站带宽成本。

12.3　在线教育——超低延时互动课堂及点播加速最佳实践

教育行业在互联网方面发展多年，特别是 2014 年后，进入了快速发展阶段，其间产生了一系列教育平台。更因为疫情影响，各地教育局也大力支持开展在线教育，这给在线教育行业带来了更多的要求与挑战。

相比于传统教育，在线教育没有时间和空间上的限制，学生可以随时随地参加学习，获取知识。在线教育解决了师资力量不平衡的问题，各地学生都可以选择最感兴趣、最合适的老师进行学习。

在线教育也提升了教育效率，所有课件都存放在云端，学生可以反复学习。

但是这种新的业务形态，也面临着新的技术挑战。

1. 规模挑战

全国各地成千上万名老师开启直播课堂，数百万甚至千万名学生在线学习，支持这个量级的在线直播、点播服务，对服务平台的规模有很高的要求。

2. 延迟挑战

在在线教育过程中，老师和学生之间要互动、探讨课程内容，这对延迟有很高的要求。最苛刻的 1 对 1 小班课，要求 1s 内的延迟。

3. 稳定性挑战

在线教育对稳定性和质量要求高，每个学生播放失败或者卡顿，都会造成学习中断。大规模的中断更会引起不好的社会影响。遥远的距离、复杂的网络环境、超低的延迟，还需要保障稳定性，这对在线教育背后的视频云 &CDN

平台有更高的要求。

12.3.1　点播方案

1. 使用场景

在在线教育行业，发展最早、也最常见的是教学视频点播方案。老师的教学视频，通过设备录制下来，形成点播文件，上传到点播系统进行分发。

2. 业务流程

- 内容生产。教师通过线下工具，录制教学视频，或者通过在线直播的录制功能，录制教学视频。

- 内容上传。老师或者运营人员，把教学视频上传到阿里云的点播系统。

- 内容制作。运营人员，通过阿里云的点播控制台，对老师上传的视频进行剪辑，加水印。如果视频素材码率较高，还要应用转码功能对视频进行压缩转码。转码后的视频码率小，学生播放的时候不容易卡顿，但清晰度也会相应地降低。

- 内容上线分发。把制作好的内容上线到教学网站或者 App，通过 CDN 分发。在 CDN 分发时，还可以采取多种措施防止盗链，比如 URL 鉴权、referer 黑白名单等。如果对于优质并且独有的教学视频有版权保护的需求，可以使用点播系统的视频加密功能，在服务端进行加密，然后在客户端使用阿里云 SDK 解密。

- 学生观看。学生通过教学网站或者 App，点播上传的教学视频。视频点播系统保证学生流畅、清晰的观看体验。

图 12-2 所示为点播业务架构图。

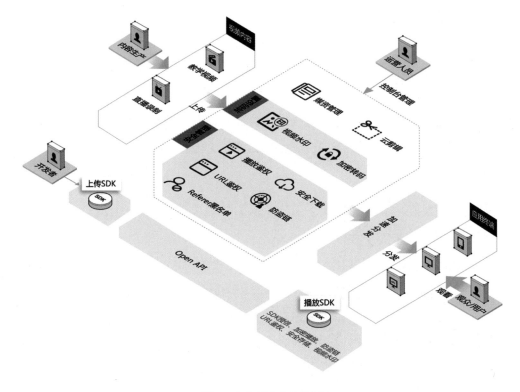

图12-2　点播业务架构图

3. 方案优势

（1）全球极速分发网络

全球2800多个CDN节点、百Tb/s以上带宽储备，覆盖200多个国家和地区，支持数十家运营商，支持千万级用户同时在线观看。

（2）全方位加密保障

具有访问限制、播放鉴权、视频加密（阿里云加密、HLS加密、DRM加密）、安全下载等多重安全保障，防止盗链、非法下载等造成损失，保障视频内容安全。

（3）独创的窄带高清

自研S265编码和窄带高清2.0技术，真正实现高画质低码率，边缘动态自适应码流，降本提效，打造极致视听体验。

（4）全流程媒体服务

提供从视频生产上传、媒资管理、媒体处理、智能生产到分发播放一站式媒体服务，提供高扩展性的平台架构。

（5）接入灵活，成本低

控制台简单易用，具有丰富的 SDK 及开放 API，支持弹性开发。计费方式灵活且价优，大大降低运营成本。

（6）精细的数据分析

可进行从视频生产到播放的全流程数据分析，多样的资源用量统计和贴近场景的播放运营分析，做到开发和运营决策数据化。

（7）智能化视频审核

阿里卓越视频 AI 技术可实现智能审核，准确识别色情、暴恐、涉政等敏感信息，人工审核二次验证，兼顾安全与效率。

12.3.2　通用直播方案

1. 使用场景

直播相比于点播，教学的场景更加真实，学生能看到老师本人，听到老师的声音，能通过文字和老师进行交流。直播让学生更容易融入学习环境中，从而产生更大的学习兴趣。

在直播中有两个比较常见的场景。

- 大班课。百人以上的学生规模，学生需要及时响应老师的教学指令，并且要通过文字和老师交互，整体延迟要求在 1s 左右，可以使用 rts 低延迟直播产品。

- 公开课。覆盖更广的学生群，千人以上的学生规模，需要听课的学生同步完成课程学习，对延迟要求相对较低，在 3~10s，可以使用通用直播产品。支持海量并发。

2. 业务流程

（1）普通直播

- 推流。老师端通过向客户端推流完成视频和课件的布局。然后开启直播，向阿里云直播系统推流。

- 视频处理。阿里云直播中心对直播流进行转码、加水印、格式转换、录制等处理，生成各种格式的直播流。

- CDN 分发。把直播流分发到各地，供学生就近访问。支持多种防盗链方法，如 URL 鉴权、UA 黑白名单、referer 黑白名单等。可以向指定地区分发。

- 播放。学生通过 App 或者网站进行播放。

（2）RTS 低延迟直播

与普通直播的流程相同，它们之间的主要区别在于使用的协议，低延迟直播使用阿里云 RTS 短延时协议，普通直播则使用通用的 RTMP、FLV 和 HLS 协议。

交互信令和 IM（即时通信）通过客户自研或者第三方服务完成。

图 12-3 所示为直播业务架构图。

图12-3 直播业务架构图

3. 方案优势

（1）全球极速分发

- 2800 多个直播节点，覆盖全球主流国家，无论对国内的直播业务还是国外都毫无压力。

- 特有的技术优化，协议优化，能提供全网最流畅的直播体验。

- RTS 等私有协议可以降低直播时延，满足课堂直播的实时交互需求。

- 千万级直播并发能力，全国范围的公开课也能轻松支持。

（2）完善的解决方案

- 提供从推流、视频处理、内容分发到播放的全套技术解决方案。

- 提供上行码率自适应、窄带高清转码™、截图、录制、视频审核、时移、数据监控等功能和服务。

- 可以多平台、多终端采集 SDK 和播放 SDK，覆盖 Android、iOS 等设备。

- 提供简单易用的终端开放接口，告别复杂的架构设计，降低维护成本，专注于自身业务逻辑实现和用户体验的提升。

- 丰富的应用特性，美颜、混音、滤镜、秒开、时移等丰富的直播功能，用户可以任意选择。

（3）自助化管理

- 自助式控制台，用户可以自定义配置，进行分钟级全节点智能部署。

- 快速开通视频直播服务。用户可以通过控制台对直播流进行管理，也可以根据需求设置适合业务场景的直播功能，如录制、转码、防盗链等。

- 开放可扩展的 API。通过视频直播 API，用户可以地对直播内容进行功能设置、数据监控等，并且可对加速域名、分发资源和监控数据进行灵活部署、快速操作、精确使用和及时监控。也可配合其他阿里云云产品 API，实现多平台自定义管控页面。

12.3.3　小班课直播方案

从客户端向 CDN 节点分发。

1. 使用场景

相比于大班课，小班课的老师需要花更多的精力在学生身上，老师和学生通过视频和语音直接交流，从而让学生处于更加真实的教学环境中，这样的场景对延迟要求非常高，要求在 1s 之内。

这种场景适用音视频通信（RTC）方案。

2. 业务流程

- 发起直播。老师通过客户端发起课程，客户端调用底层的音视频通信 SDK 发起直播。

- 连麦。老师选择部分学生连麦，音视频 SDK 把老师和学生的视频在云端合成，并且通过 RTC 传输网络传输到连麦的各个客户端，参与连麦的老师和学生都能看到连麦视频。

- 旁路输出。老师和学生的连麦视频，在云端合成后，被旁路输出到 Ali 直播平台，再通过通用协议分发，其他的学生也能看到教学直播。

- 录制。直播的内容通过 Ali 录制平台进行录制，

图 12-4 所示为 RTC 直播业务架构图。

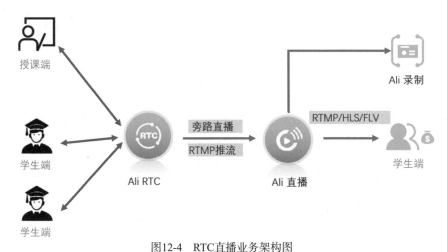

图12-4　RTC直播业务架构图

3. 方案优势

（1）超低延迟体验

延迟最低能达到 300 ms 以内，在 1 对 1 授课和 N 对 N 交流的场景下，学

生和老师可以无障碍地交流。给师生最真实、最流畅的教学体验。

（2）全方位的功能支持

- 支持纯音频通话和视频通话，可以自由选择最合适的授课方式。

- 支持连麦、屏幕共享，师生之间可以更加便捷地交流。

- 支持旁路直播、云端录制，可以无缝衔接大班课和点播授课。

（3）方便、快捷的使用方式

- 提供标准的 API 接口。用户可以管控应用、查询数据。

- 多端 SDK 支持。随意接入 PC 大屏设备、移动小屏设备，提供同播媒体能力，大屏看大流，小屏看小流，对混合通信无压力。

（4）强大、灵活的安全机制

- API 安全保障。频道创建、删除等操作安全可控。

- 频道级鉴权。保证合法、授权终端才能接入服务。

- 信令 HTTPS 加密、媒体 SRTP 保护。

12.4　新闻社交——动态加速最佳实践

新闻媒体类客户因其业务特点，对实时交互要求非常高，其客户端上的数据交互涉及大量动态内容。单一的源站显然无法满足来自全国乃至全球用户访问的可达性，需要 CDN 加速。而传统 CDN 更注重就近缓存的功能，只有 DCDN 具备自动选路的能力。因此，新闻社交类业务对 DCDN 产品有强依赖性。以下分为若干部分来介绍 DCDN 在新闻社交类业务上的最佳实践。

1. 新闻媒体类客户特点

（1）传播广

新闻社交类业务天然具有广泛的用户群体，从城市居民到偏远的乡村居民，从孩童到老人都是其用户群体。在信息社会，信息的传播广泛而且深入。

（2）用户杂

传播广的一个结果就是用户群体的多样性，从而导致从客户端类型（PC、移动端）到用户网络（2G 到 5G、WiFi、有线）再到用户带宽速率（几十 KB 到几万 KB）的千差万别。

（3）实时性

无论怎样复杂的网络，大家对信息的实时性要求是一样的，都希望在最短的时间内获取最实时的信息。任何大的新闻热点需要在最短的时间内让所有人获取到。

（4）突发性

随时随地都有热点突发新闻，突然流传的热点视频、流量大 V、爆款商品等。

2.DCDN 产品优势

（1）节点覆盖广

中国内地（大陆）拥有 2300 多个节点，覆盖 31 个省级区域，大量节点位于省会等一线城市。

海外、中国香港、中国澳门和中国台湾共拥有 500 多个节点，覆盖 70 多个国家和地区。

（2）稳定高效

- 先进的分布式系统架构，全网负载均衡，保证节点可用性。
- 优化的传输协议，支持 HTTP/2 高效传输协议，实现快速、稳定地传输数据。
- 具备精准缓存、高速缓存、高速读写、高效回源、智能调度的能力。

3.典型场景解析

（1）将视频、图片文件上传优化

场景：将视频、图片等文件上传到指定源站的链路加速。

痛点：受到公网波动、长途传输抖动等相对不可控因素的影响，在传输的过程中所走的路径不可控，造成传输速度慢，传输成功率低等问题。

解决：上传效率提升超过 50%，且支持最大 2GB 文件上传。

图 12-5 所示为视频、图片文件上传优化对比图。

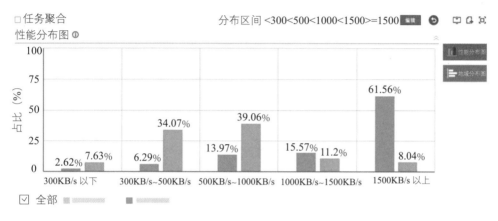

图12-5　视频、图片文件上传优化对比图

（2）源站在国内，同时提供海外访问优化

场景：源站在国内，同时提供海外访问优化。

痛点：受跨国链路稳定性影响，海外访问效率差。

解决：使用 DCDN 加速路由选择，海外访问效率成倍提升。

图 12-6 所示为海外访问效率对比图。

（3）用户分布复杂回源成功率优化

场景：用户分布复杂，网络环境复杂。

痛点：受负载网络影响，请求失败率高。

解决：通过 DCDN 智能择优选路，DCDN 内部链路稳定性高，用户请求失败率降低 80% 以上。

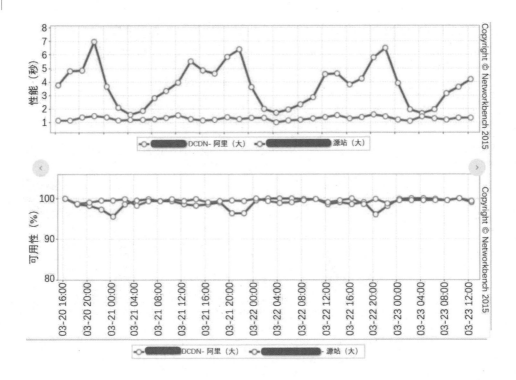

图12-6　DCDN海外访问效率对比图

第 13 章

CDN 未来技术演进

13.1 演进背景

4G 和 Wi-Fi 等高带宽无线接入技术的迅猛发展推动了移动互联网直播、短视频业务的爆发和普及，也带动了 CDN 网络规模的快速增长。随着 5G 这一更大带宽、更低时延的边缘接入技术的逐步推广，超高清视频、实时互动类技术的发展有了落地的基础，这类新兴业务的发展也会对互联网的核心网提出更高的要求，包括超大带宽的吞吐能力以及极低的网络时延。然而，核心网在短期内难以提供极低的传输时延及超大的带宽容量，在这种背景下，围绕网民将更多的节点下沉部署在离网民更近的互联网边缘，就近提供网络、计算、存储能力，是一种可行的方案。CDN 已经成为互联网的基础设施，其提供动态加速、静态加速、实时流媒体加速以及安全防护等多重能力，但在面对未来超高清视频、实时互动类型业务时，CDN 原有的技术架构无法更好地提升系统的稳定性、整体交付效率以及资源（计算、网络、储存等）的复用率，亟需架构的升级。近几年来，随着云计算以及云原生技术的成熟，通过虚机、容器或者沙盒技术可以非常方便地实现资源和业务的隔离，提升资源复用率以及系统稳定性。阿里云 CDN 依托其遍布边缘的大规模节点，借助于云计算及云原生技术，很自然地向着边缘云的方向进行演进。在边缘云化的基础上,阿里云 CDN 进一步在多样化边缘接入传输协议、边缘可编程能力、边缘流量智能调度以及技术中台等方面进行配套的技术升级。面向 IoT、实时流媒体、自动驾驶等新的业务场景,在云化的基础上推出 HTTP3.0、MQTT 等多样性的边缘接入传输协议,以便于边缘业务的快速接入。针对客户的个性化需求,在 CDN 边缘提供了开放的可编程和计算能力,以帮助客户将其复杂的业务逻辑下沉到边缘,提升用户体验。为了应对超大带宽、海量节点以及多样化业务带来的流量调度难题,建设了基于大数据技术、资源画像与业务画像的边缘调度系统,实现网络流量、算力资源、用户体验以及成本等方面的最佳平衡。本章将从未来技术架构、调度未来架构、中台技术、边缘可编程等方面展开详细介绍。

13.2 未来技术架构

1. 概述

在阿里云 CDN 商业化早期,节点的规模不大,且都是按照业务形态在物理分组上面进行划分,比如大部分节点都有直播的机器分组、点播的机器分组、管控服务的机器分组等,然后对应的业务组件也是直接以裸金属模式被部署在机器上面。在早期由于节点规模不大,业务形态相对简单,这种提前物理规划部署模式,由于部署架构比较简单,维护成本相对较低,为 CDN 节点快速规模化部署打下了基础,是早期阿里云 CDN 商业化成功的基石。

但是随着阿里云 CDN 商业化的快速发展,裸金属部署模式潜在的业务间耦合严重、业务弹性扩缩容能力弱、故障影响面大、资源利用率低、研发交付效率慢以及节点建设成本高等问题也逐渐凸显。计划模式的裸金属架构已经成为阿里云 CDN 快速发展的瓶颈。

随着 2019 年边缘计算概念的兴起,需要将中心能力下沉,在边缘为用户提供更好的云计算服务;又由于阿里云 CDN 将 2800 多个 IDC 节点部署在全球,天然上具备为边缘场景提供能力的基础,因此从 2020 年开始阿里云 CDN 希望通过技术架构重构将阿里云 CDN 基础设施打造成边缘 PaaS 技术平台,而阿里云 CDN 也演进为边缘 PaaS 平台的一种典型的边缘计算场景。接下来我们从传统架构存在的问题、技术架构选型和云原生 CDN 架构设计三个维度来介绍阿里云 CDN 的技术架构演进。

2. 传统架构存在的问题

传统架构存在应用混合部署能力弱、业务耦合严重、弹性部署能力缺乏等问题，具体如表 13-1 所示。

表 13-1　传统架构存在的问题

问题	描述
应用混合部署能力弱	将物理资源按照分组属性强制划分，所有 CDN 业务提前将所有资源规划消耗，资源复用能力弱，应用没法混合部署
业务耦合严重	所有组件都是通过 IP 渲染模式交互，组件不具备按需位置无感容灾部署能力
无弹性部署能力	由于 VIP 和物理分组绑定，并不和应用绑定，导致应用即使在不同物理分组弹性部署，由于 VIP 不感知应用，也造成应用没法对外服务
无网络隔离能力	所有应用都共享宿主机网络，导致应用本身也不具备 HPA 调度能力，以及在安全方面不具备部署边缘 ENS 业务的能力
新业务接入难度大	资源没法复用，节点架构过于定制化，导致 ER、WCDN 部署成本很高，或者没法部署
没有一套应用接入的标准模板	所有应用都需要独自梳理和适配管控、监控和日志
ENS 和 CDN 没法资源池复用	ENS 和 CDN 是两套独立的架构和管控体系，它们的资源池很难进行复用

3. 技术架构选型

（1）下一代 CDN 技术能力

要解决上面阐述的 CDN 问题，关键是要解决业务弹性混合部署问题。解决该问题需要在业务上做到微服务、轻耦合、可迁移，而这些能力恰好是云原生技术需要具备的核心能力，因此下一代 CDN 技术架构要通过云原生技术打造：

- 业务镜像化改造。业务通过 Kubernetes 实现镜像化改造，然后通过容器对物理资源进行切片部署，通过 Edge@Ack 将 CDN 业务的部署模式由裸金属过渡到云原生。

- 微服务化架构改造。将现有组件进行业务拆分部署，然后通过 Service Mesh 技术实现服务间的解耦合，从而完成业务的 ServerLess 部署。

- 边缘容器网络隔离。CDN 业务和边缘业务网络隔离，管控服务通过统一接入层暴露给外部业务，这样既可以实现 CDN 或者管控业务网络安全隔离能力，也可以通过统一接入层统一提供抗攻击、限流能力。

- 核心服务通过 API 标准化交付。Service Mesh 通过集成不同中间件的 SDK，给业务提供标准的 API 访问中间件能力。

- 边缘协同计算能力。通过边缘 Service Mesh 控制面实现边缘服务间的治理，服务网格的数据面提供边缘节点服务间的数据加密、加速、传输等高性能数据通道能力，从而实现高 SLA 能力的边缘协同计算能力。

- 边缘网关能力。提供一套产品化的 SLB 接入层网关能力，在边缘给不同的服务提供 ServerLess 接入层能力。

（2）边缘容器平台

通过上面相关技术对传统 CDN 业务进行改造后，CDN 业务具备了从物理机部署模式向云原生架构的演进能力。因为我们将会基于 CDN 的海量边缘节点构建边缘容器平台，所以要通过容器网络、服务网格、Kubernetes 等云原生核心技术，将 CDN 业务按照云原生的架构模式按需部署到边缘容器平台。通过边缘容器平台统一底层异构资源，通过云原生技术矩阵建设完成边缘容器平台，将边缘容器平台建设成边缘计算的技术设施，在基础设施之上按需部署不同的生态场景，从而实现 CDN 业务和边缘业务的按需混合部署。也可以基于这套基础设施打磨不同的边缘创新场景，边缘容器平台架构如图 13-1 所示。

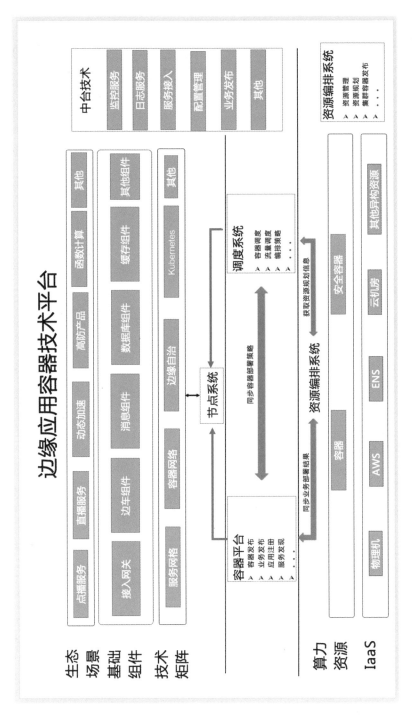

图13-1　边缘容器平台架构

4. 未来展望

下一代 CDN 将会通过云原生技术实现业务全部上云，基于云原生的容器平台解决传统裸金属部署模式带来的资源利用率低、业务间耦合大、稳定性问题扩大、研发效率低等问题，同时将边缘计算资源通过 ServerLess 的容器形态开放给外部用户，打造具备边缘特色的边缘云容器平台。

13.3　调度未来架构

1. 技术趋势前瞻

计算机技术的发展历程，是中心式和分布式两种模式交错双螺旋协同发展的历程，云计算也必然会如此演进。中心式云计算发展到一定程度，必然会演化出分布式云计算，即边缘云或边缘计算。

目前中心式云计算已经迅猛发展了十几年，技术底座和商业模式都已经成熟。中心式云计算经历了被社会怀疑、接触、接纳、拥抱的过程后，变成了现代社会的信息基础设施和底座。随着 5G、IoT 物联网、自动驾驶、远程医疗等一系列概念逐渐清晰并成为未来社会发展的趋势，分布式的边缘云也呼之欲出。

在云计算还没有诞生之前，CDN 已成为了实质上的边缘 PaaS 基础设施，支撑了互联网这么多年的迅猛发展。凭借广域覆盖的 CDN 边缘节点资源和丰富的业务生态，从 CDN 资源底座中演化出边缘计算是一种最经济且有效的商业技术路径。

在 CDN 向边缘云演化的过程中，调度系统需要支撑海量业务混布的资源调度，以及业务调度。追求节点集群内多维资源（流量、算力、内存……）水位均衡和海量节点之间的多维资源水位均衡。

2. 调度架构演进

调度系统架构如图 13-2 所示。

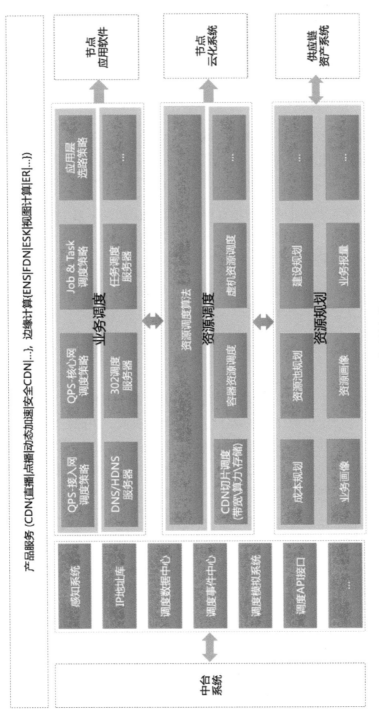

图13-2　调度系统架构

随着 CDN 不断向边缘云演化发展，调度系统架构也不断向边缘云演进。

面向未来的调度架构，综合考虑到边缘云各种场景调度需求，将演化出清晰的三层调度体系：

（1）业务调度层

- 面向边缘云应用不同垂直领域的业务场景，业务调度层调度的对象是业务请求或业务量，将它们调度填充到边缘云节点上对应租户的资源切片上，由运行在资源切片上面的应用软件为对应场景提供服务。

- 业务调度层有非常多的垂直调度场景，比如有带宽型调度场景、重计算调度场景、轻计算调度场景、存储调度场景，再比如有实时调度场景、离线调度场景等。

- 业务调度层负责海量边缘云资源切片之间的负载均衡，当感知到现有资源切片需要弹性伸缩时，业务调度层向资源调度层申请资源弹性伸缩需求。

（2）资源调度层

- 资源云化（虚拟化）本质上就是对资源进行切片来使用，资源调度本质上就是决定资源切片从哪切出来的调度决策。边缘云应用不管是基于容器资源切片方案，还是 VM 虚拟机的资源切片方案，抑或是采用逻辑切片的方案（如 CDN 带宽），都将共享一套类似的资源调度算法（海量集群的各种规格的资源切片装箱逻辑）。

- 随着越来越多边缘应用上云化，在边缘云上将会出现因大量业务混布带来的资源使用效率的大幅提升，也就是资源复用。资源调度层负责海量边缘云节点上的多维资源使用的优化，保证海量边缘节点资源水位能齐涨齐落，保障各维资源使用率。

- 资源调度面临两种典型场景：一种是业务应用初始上量或周期性规划资源申请；另外一种是业务应用在线运行期间突发业务量变化带来的资源弹性伸缩需求。

（3）资源规划层

- 业务画像系统和资源画像系统分别提取出业务和资源的关键特征数据，基于此进行业务和资源的最优化匹配，规划出业务资源池或应用资源池（边缘云有海量节点，必须决策哪些业务使用哪些资源，哪些资源应该被哪些业务使用）。

- 打通业务报量到建设规划整个闭环，定期根据业务量需求输出资源建设规划建议，供应链系统安排节点建设施工。

- 成本规划根据全局业务量和资源量进行运筹优化，并考虑各种业务和资源等相关约束，输出全局最优的成本方案。成本规划涉及带宽、算力、存储等各个维度的运筹优化。

三层调度系统之间的联动，简单形象地说就是：

- 资源规划层划定各个业务或各个应用可以在哪些节点上运行。

- 资源调度层决策应该在哪个集群的哪台机器上申请资源切片。

- 业务调度层负责将业务请求导流到申请的对应资源切片上。

13.4　中台技术

中台解决的问题及主要业务和需求高度类似，具备通用化条件。大量的重复建设导致开发效率和客户体验不一，为了避免"重复造轮子"，需要机制化、产品化地解决这些问题。中台这个概念，很多情况下是因为契合了大公司业务的发展情况，而被大家广泛认可。中台成功与否可以看试错代价和业务交付效率。

中台是业务发展到一定阶段的必然产物，它能够将统一的能力进行抽象封装，提供给业务高效组装。前线业务只需要按照标准快速组装底层能力，就可以对外提供新场景服务，也就是所谓的"大中台、小前台"的模式。

未来中台技术仍然有很多需要突破的点，主要的方向可以用图 13-3 表示，也就是基于成本和稳定性，聚焦在数据能力建设和运营效率的提升上，并且打造具备技术竞争力的通用技术。

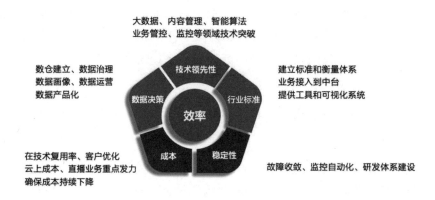

图13-3　中台核心能力

13.5　边缘可编程

1. 介绍

EdgeScript 是针对 CDN 可编程配置领域的一门专用语言，用来帮助内部、外部的 CDN 业务领域专家快速构建定制化业务流。EdgeScript 的价值在于：

- **可编程化**。CDN 业务流按需定制，减少源站侧的需求，将更多的业务流处理逻辑下沉至边缘处理。

- **实时发布**。定制化需求的交付周期从 2~4 周缩短至 1 周以内。

- **经验固化**。将隐性知识经验（特别是 CDN 研发历史上踩过的各种坑），固化于 EdgeScript 语言内部，直接赋能给 EdgeScript 用户。

- **稳定性提升**。降低因变更引起的故障占比，在保持高发布频率的同时，通过细粒度的快速发布、快速回滚机制保障业务预期。

- **外部开发者生态建立**。提供语言及开发平台，由更懂业务的客户直接构建 CDN 业务流，进一步提高人效。

EdgeScript 的典型用户不是编程者，而是更懂业务的领域专家。基于语言应用场景、语言使用者的定位，EdgeScript 的设计原则坚持为：小语法 + 大函数库。语言本身对于语法元素的吸纳保持了绝对克制，这相应带来的好处是：

- 易学易用。语言学习曲线平缓，10 分钟上手。

- 编程界面统一。接入域 & 回源域 CDN 可编程配置能力通过 API 界面赋予用户。

2. 应用场景

利用 EdgeScript，用户执行可编程 CDN 业务流的典型场景如下：

- 自定义鉴权场景

  ○ 一次鉴权（含直播鉴权）

  ○ 基于 cookie 的鉴权

  ○ 基于远程 HTTP 的远程鉴权

  ○ 全网维度的 IP&URL 频次控制

  ○ 回源鉴权

- 自定义拦截场景

  ○ 基于 IP 地理位置信息

  ○ 基于 referer 头

  ○ 防爬策略实施

- 自定义缓存策略场景

  ○ 缓存 TTL 时长

  ○ 缓存 key

- 自定义改写 & 重定向场景

  ○ 多语言版本跳转

  ○ OSS 图片转换适配

- 自定义请求 & 响应控制场景

  ○ 文件自动重命名

- 自定义限速控制场景

- 自定义跨域控制

- 自定义动态日志打标

- 自定义 M3u8 改写

- 自定义 A/B Testing

- 自定义回源逻辑

  ○ 回源策略

  ○ 源站响应改写

3.语法介绍

（1）数据类型

EdgeScript 提供 4 种原生数据类型，如表 13-2 所示。

表 13–2　EdgeScript 数据类型

数据类型	字面常量	特别说明
数字	10、–99、1.1	支持十进制数字
布尔	true、false	支持真、假
字符串	'hello，edgescript'	支持单引号，不支持双引号
字典	例子 1：[] 例子 2：['key1' = 'value1'，'key2' = 1000]	例子 1：空字典 例子 2：K/V 格式

（2）标识符规则

EdgeScript 的变量与函数均遵循标识符规则，如下：

- 由字母、数字和下画线组成，数字不能在开头，区分大小写。

- 变量名、函数名均遵循标识符规则。

（3）变量

EdgeScript 的变量分为内置变量和用户自定义变量。

- 内置变量说明

如表 13-3 所示。

表 13–3　EdgeScript 内置变量

内置变量名	含义	对应 Nginx 原生变量
$arg_{name}	Query String 中的 name 值。Query String 表示 HTTP 请求中的请求参数	$arg_ 说明 {name} 中出现的连接号（-），需要使用下画线（_）替代，例如，X-USER-ID 对应为 $arg_x_user_id
$http_{name}	请求头中的 name 值	$http_ 说明 {name} 中出现的连接号（-），需要使用下画线（_）替代，例如，X-USER-ID 对应为 $http_x_user_id
$cookie_{name}	请求 cookie 中的 name 值	$cookie_ 说明 {name} 中出现的连接号（-），需要使用下画线（_）替代，例如，X-USER-ID 对应为 $cookie_x_user_id
$scheme	协议类型	$scheme
$server_protocol	协议版本	$server_protocol
$host	原始 host	$host
$uri	原始 URI	-

内置变量名	含义	对应 Nginx 原生变量
$args	$args 表示当前 HTTP 请求的全部请求参数，但不包含 ?。例如 http：//www.a.com/1k.file?k1=v1&k2=v2。$arg_k1 可以获得对应的 v1 值。$args 可以获得整个请求参数字符串，即 k1=v1&k2=v2，不包括 ?	$args
$request_method	请求方法	$request_method
$request_uri	uri+ '?' +args 的内容	$request_uri
$remote_addr	客户的 IP 地址	$remote_addr

- 用户自定义变量使用说明

  ○ avar = 'hello，es' #用户自定义变量：赋值即定义，定义 avar

  ○ bvar = avar   #用户自定义变量：定义 bvar

  ○ cvar = $uri   #内置变量使用：为强调变量的内置属性，可通过 $ 进行引用

  ○ dvar = uri   #内置变量使用；无 $ 引用，语法上同样正确

  ○ uri = $uri   #错误！用户自定义变量不能与内置变量同名

（4）运算符

EdgeScript 支持少量原生运算符。

- 赋值运算符：operator =

- 负号运算符：operator –

- 函数调用：operator （）

EdgeScript 对各数据类型的操作，不再通过运算符支持，均由对应内置函

数支持，详见数据类型章节。由此，一方面运算符复杂度（优先级、结合性）被隐藏，一方面在 DSL 代码转换过程中仍会使用原生运行时运算符，进而继续保持高性能。

例如：

```
bvar = eq（substr（$uri，-5，-1），'.m3u8'）
```

EdgeScript 支持完整的 if_else 语句，例如：

```
if condition {   #强制代码风格：左大括号跟随在 if 之后，处同一行
   ...
}
if condition1 {   # condition 部分可以是字面常量、变量、函数调用
   if conditon2 {#支持多层嵌套
      ...     # 允许空语句
      ...     # 允许多语句，一行一条
   }
}
if condition {
   ...
} else {       # 支持 else
   ...
}
```

（5）函数

EdgeScript 支持内置函数、用户自定义函数。

● 自定义函数

```
def rewrite_callback（line，user_data）{#强制代码风格：左大括号跟随在
def 函数名（参数列表）之后，处同一行
                        # 函数形参部分：无参或多参（由逗号分隔）
   ...                  # 函数体部分：空 body 或允许多语句（一行一条语
句）
   retrun true          #支持 return 语句
```

```
}
```

● 函数调用

无论内置还是用户自定义函数，均通过函数名（）进行调用。

line = 'example line1'
user_data = ['uid' = 635243]
rewrite_callback（line，user_data）
mystr = 'Hello，EdgeScript'
add_rsp_header（'X-DEBUG-OUTPUT'，lower（mystr））

（6）API 介绍

EdgeScript 通过 API（即 EdgeScript 内置函数）将 CDN 能力开放给全部用户，当前开放的 API 如表 13-4 所示。

表 13–4　API 函数

函数分类	函数
条件判断相关	条件判断相关函数包括：and、or、not、eq、ne
数字类型相关	数字类型相关函数包括：add、sub、mul、div、mod、gt、ge、lt、le、floor、ceil
字符串类型相关	字符串类型相关函数包括：substr、concat、upper、lower、len、byte、match、re、capture、re、gsub、re、split、split、as、key、tohex、tostring、tochar
字典类型相关	字典类型相关函数包括：set、get、foreach
请求处理相关	请求处理相关函数包括：add_req_header、del_req_header、add_rsp_header、del_rsp_header、encode_args、decode_args、rewrite、say、print、exit
限速相关	限速相关函数包括：limit_rate_after、limit_rate
缓存相关	缓存相关函数为：set_cache_ttl
时间相关	时间相关函数包括：today、time、now、localtime、utctime、cookie_time、http_time、parse_http_time、unixtime

续表

函数分类	函数
密码算法相关	密码算法相关函数包括：aes_new、aes_enc、aes_dec、sha1、sha2、hmac、hmac_sha1、md5、md5_bin
JSON 相关	JSON 相关函数包括：json_enc、json_dec
Misc 相关	Misc 相关函数包括：base64_enc、base64_dec、url_escape、url_unescape、rand、rand_hit、rand_bytes、crc、tonumber

详情可到阿里云官网查看。

4. 编程平台

边缘脚本用于支持 CDN 的可编程配置化。通过边缘脚本，可以快速实现 CDN 的定制化业务需求。在 CDN 控制台上，也可以根据边缘脚本定义的代码规则创建边缘脚本规则，并发布到生产环境，实现对 CDN 产品的定制化管理。以下介绍了在 CDN 控制台上配置边缘脚本的操作方法。

5. 背景信息

EdgeScript 是为 CDN 设计的专用脚本，具有强大领域操控能力的同时，仍然保持简单易学的语法。通过 EdgeScript，你可以快速构建基于阿里云 CDN 的个性化业务体系。全网秒级生效，敏捷的业务迭代会持续地为你赢得交付收益。

在 CDN 控制台上配置边缘脚本规则的流程如图 13-4 所示。

图13-4　配制边缘脚本规则流程

6. 操作步骤

（1）登录 CDN 控制台。

（2）在左侧导航栏，单击"域名管理"项。

（3）在"域名管理"页面，单击域名右侧的"管理"项。

（4）单击边缘脚本。

（5）添加规则到模拟环境。

- 在模拟环境页面，添加规则。

目前，单个域名仅支持添加一条边缘脚本规则。如果需要添加多条规则，请提交工单申请。添加规则的界面如图 13-5 所示。

图13-5　添加规则界面

- 根据界面提示，配置规则。

配置规则的界面如图 13-6 所示。

- 边缘脚本参数配置规则，详见规则字段说明。

可以按照使用场景编写规则代码，详情参见 EdgeScript 场景示例。

- 发布规则到模拟环境。

图13-6　配置规则界面

（6）在模拟环境中，测试规则。在模拟环境中测试 IP 地址（具体 IP 地址以实际页面显示为准），如图 13-7 所示。

图13-7　测试规则

在客户端路径 C：\Windows\System32\drivers\etc 中找到文件 hosts。将模拟环境中的测试 IP 地址添加到 hosts 文件中。

测试完成后，将所有规则发布到生产环境，即将模拟环境中的规则发布至生产环境，如图 13-8 所示。

图13-8　发布规则（到生产环境）

如果需要基于最新发布的规则进行增改，则需要将发布到生产环境的规则同步到模拟环境，然后再进行操作。从生产环境复制规则，将发布到生产环境的规则同步到模拟环境，如图 13-9 所示。

注意，将模拟环境中的规则发布到生产环境后，模拟环境中的规则自动被清空。

图13-9　同步规则

将生产环境中的规则同步到模拟环境中后，即可在模拟环境中进行修改或新增规则，如图 13-10 所示。

图13-10　添加规则、修改规则

7. 实战示例

以下介绍 EdgeScript 的定制化鉴权逻辑、定制化请求头和响应头控制、定制化改写和重定向、定制化缓存控制、定制化限速的场景示例。

（1）定制化鉴权逻辑

自定义鉴权算法场景示例如下：

- 需求

  ○ 请求 URL 格式：/path/digest/?.ts?key=&t=。

  ○ 针对 .ts 类请求，自定义防盗链需求如下：

- 规则 1，参数 t 或参数 key 不存在，响应 403 码，增加响应头 X-AUTH-MSG 标识鉴权失败原因。

- 规则 2，参数 t 表示过期时间，若参数 t 小于当前时间，则响应 403 码，增加响应头 X-AUTH-MSG 标识鉴权失败原因。

- 规则 3，md5 与 digest 的匹配。若 md5 与 digest 不匹配，则响应 403 码。md5 取值格式为：私钥 + path + 文件名 . 后缀。

- 对应的 EdgeScript 规则如下：

```
if eq（substr（$uri，-3，-1），'.ts'）{
  if or（not（$arg_t），not（$arg_key））{
      add_rsp_header（'X-AUTH-MSG'，'auth failed - missing necessary arg'）
      exit（403）
  }
  t = tonumber（$arg_t）
  if not（t）{
    add_rsp_header（'X-AUTH-MSG'，'auth failed - invalid time'）
    exit（403）
  }
```

```
    if gt（now（），t）{
        add_rsp_header（'X-AUTH-MSG'，'auth failed - expired
url'）
        exit（403）
    }
    pcs = capture_re（$request_uri，'^/（[^/]+）/（[^/]+）/（[^?]+）
\?（.*）'）
    sec1 = get（pcs，1）
    sec2 = get（pcs，2）
    sec3 = get（pcs，3）
    if or（not（sec1），not（sec2），not（sec3））{
        add_rsp_header（'X-AUTH-MSG'，'auth failed -
malformed url'）
        exit（403）
    }
    key = 'b98d643a-9170-4937-8524-6c33514bbc23'
    signstr = concat（key，sec1，sec3）
    digest = md5（signstr）
    if ne（digest，sec2）{
        add_rsp_header（'X-AUTH-DEBUG'，concat（'signstr：'，
signstr））
        add_rsp_header（'X-AUTH-MSG'，'auth failed - invalid
digest'）
        exit（403）
    }
}
```

（2）定制化请求头和响应头控制

文件自动重命名场景示例如下：

- 需求有参数 filename 时，自动重命名为 filename；无参数时，

使用默认命名。

- 对应的 EdgeScript 规则如下：

// 为 filename 增加双引号，34 为双引号的 ASCII 码，可经 tochar 函数转回字符串。

// 示　例：add_rsp_header（'Content-Disposition'，concat（'attachment;filename='，tochar（34），filename，tochar（34）））

// 输出：Content-Disposition： attachment;filename= "monitor.apk"

```
if $arg_filename {
    hn = 'Content-Disposition'
    hv = concat（'attachment;filename='，$arg_filename）
    add_rsp_header（hn，hv）
}
```

（3）定制化改写和重定向

定制化改写和重定向场景示例如下：

- 精确 URI 改写

  ○ 在 CDN 内部需求将用户请求 /hello 改写成 /index.html，回源和缓存的 URI 都将变成 /index.html，参数保持原样。

  ○ 对应的 EdgeScript 规则如下：

```
if match_re（$uri，'^/hello$'）{
    rewrite（'/index.html'，'break'）
}
```

- 文件后缀改写

  ○ 需求将用户请求 /1.txt，通过 302 重定向到 /1.<url 参数 type>，例如，/1.txt?type=mp4 将会被改成 /1.mp4?type=mp4 回源并缓存。

  ○ 对应的 EdgeScript 规则如下：

```
if and（match_re（$uri，'^/1.txt$'），$arg_type）{
    rewrite（concat（'/1.'，$arg_type），'break'）
}
```

- 文件后缀小写化

  ○ 需求将 URI 改成小写。

  ○ 对应的 EdgeScript 规则如下：

```
pcs = capture_re（$uri，'^（.+%.）（[^.]+）'）
section = get（pcs，1）
postfix = get（pcs，2）
if and（section，postfix）{
    rewrite（concat（section，lower（postfix）），'break'）
}
```

- 添加 URI 前缀

  ○ 需求将用户请求 ^/nn_live/（.*），通过 302 重定向到 /3rd/nn_live/$1。

  ○ 对应的 EdgeScript 规则如下：

```
pcs = capture_re（$uri，'^/nn_live/（.*）'）
sec = get（pcs，1）
if sec {
    dst = concat（'/3rd/nn_live/'，sec）
    rewrite（dst，'break'）
}
```

- 302 重定向

  ○ 需求将根目录 / 通过 302 重定向到 /app/movie/pages/index/index.html 页面。

  ○ 对应的 EdgeScript 规则如下：

```
if eq（$uri，'/'）{
    rewrite（'/app/movie/pages/index/index.html'，'redirect'）
}
```

- 302 重定向 HTTPS
  - 需求将如下 URI（与根目录匹配，^/$）重定向到 https：//rtmp.cdnpe.com/index.html，重定向后 URI 可按需填写。

http：//rtmp.cdnpe.com

https：//rtmp.cdnpe.com

  - 对应的 EdgeScript 规则如下：

```
if eq（$uri，'/'）{
    rewrite（'https：//rtmp.cdnpe.com/index.html'，'redirect'）
}
```

（4）定制化缓存控制

自定义缓存时长的场景示例如下：

- 需求根据各类条件，自定义资源缓存时长。
- 对应的 EdgeScript 规则如下：

```
// 说明：以 /image 开头的 uri 针对响应码设置缓存时长，301 缓存 10s，302 缓存 5s
    if match_re（$uri，'^/image'）{
        set_cache_ttl（'code'，'301=10，302=5'）
    }
    if eq（substr（$uri，-4，-1），'.mp4'）{
        set_cache_ttl（'path'，5）
    }
    if match_re（$uri，'^/201801/mp4/'）{
```

```
    set_cache_ttl（'path'，50）
}
if match_re（$uri，'^/201802/flv/'）{
    set_cache_ttl（'path'，10）
}
```

（5）定制化限速

自定义限速值的场景示例如下：

- 需求如果有参数 sp 和 unit，则实施限速。sp 参数指明限速数值，unit 为参数单位 KB 或 MB。

- 对应的 EdgeScript 规则如下：

```
if and（$arg_sp，$arg_unit）{
    sp = tonumber（$arg_sp）
    if not（sp）{
        add_rsp_header（'X-LIMIT-DEBUG'，'invalid sp'）
        return false
    }
    if and（ne（$arg_unit，'k'），ne（$arg_unit，'m'））{
        add_rsp_header（'X-LIMIT-DEBUG'，'invalid unit'）
        return false
    }
    add_rsp_header（'X-LIMIT-DEBUG'，concat（'set on：'，sp，$arg_unit））
    limit_rate（sp，$arg_unit）
    return true
}
```

第 14 章

CDN 与边缘计算

14.1 边缘计算技术架构

14.1.1 边缘计算概述

1. 边缘计算概念

和云计算出现的时候一样，目前业界对边缘计算（Edge Computing）的定义和说法也有很多种。ISO/IEC JTC1/SC38 对边缘计算给出的定义是：边缘计算是一种将主要处理和数据存储放在网络的边缘节点的分布式计算形式。边缘计算产业联盟对边缘计算的定义是：在靠近物或数据源头的网络边缘侧，融合网络、计算、存储、应用核心能力的开放平台，就近提供边缘智能服务，满足行业数字化在敏捷连接、实时业务、数据优化、应用智能、安全与隐私保护等方面的关键需求。国际标准组织 ETSI 的定义为：在移动网络边缘提供 IT 服务环境和计算能力，强调靠近移动用户，以减少网络操作和服务交付的时延，提高用户体验。随着 5G 技术的逐步成熟，MEC（Multi-Access Edge Computing，也称为 Mobile Edge Computing）作为 5G 的一项关键技术成为行业上下游生态合作伙伴们共同关注的热点。目前，ETSI 对 MEC 的定义是：在网络边缘为应用开发者和内容服务商提供所需的云端计算功能和 IT 服务环境。

上述边缘计算的各种定义虽然在表述上各有差异，但基本都在表达一个共识：在更靠近终端的网络边缘上提供服务。

从技术的角度看，"人联网"时代的"云端二体协同"是一种基本的技术组合形态。而在"物联网"时代，数以千亿计的各种设备将会联网，大量的摄像头、传感器将会成为物联网世界的眼睛，是"智慧化"服务的基础。万物互联时代的基本需求是低时延、大带宽、大连接、本地化。目前的"云端二体协同计算"已经无法满足低时延、低成本的需求。带宽成本和传输时延都是大问题，需要引入边缘计算来解决这个问题。所以，"云边端三体协同"是物联网时代的计算组合形态，边缘计算是物联网时代不可或缺的基础设施之一。边缘计算逐步发展成为全球覆盖、无处不在的通用基础设施。

未来边缘计算和云计算是相辅相成、相互配合的，边缘计算的定位是拓展云的边界，把计算力拓展到离"万物"一公里以内的位置。将边缘计算和云计算相结合，目前业界有很多尝试，也是技术研究的一大热点。

2. 边缘云计算概念

要定义边缘云计算的概念，首先需要明确云计算的概念。现阶段广为接受的云计算定义是美国国家标准与技术研究院（NIST）的定义：云计算是一种按使用量付费的模式，这种模式提供可用的、便捷的、按需的网络访问。用户可以进入可配置的计算资源共享池（资源包括网络、服务器、存储、应用软件和服务等），按需使用这些资源，只需要投入管理工作，或与服务供应商进行很少的交互。

但目前关于云计算的概念都是基于集中式的资源管控提出来的，即使采用多个数据中心互联互通的形式，依然是将所有的软硬件资源视为统一的资源进行管理、调度和售卖。随着 5G、物联网时代的到来以及云计算应用的逐渐增加，集中式的云已经无法满足终端侧大连接、低时延、大带宽的云资源需求。结合边缘计算的概念，云计算将必然发展到下一个技术阶段，就是将云计算的能力拓展至距离终端更近的边缘侧，并通过云边端的统一管控实现云计算服务的下沉，提供端到端的云服务，边缘云计算的概念也随之产生。

本文给出的边缘云计算定义为：边缘云计算，简称边缘云，是将基于云计算技术的核心和边缘计算的能力，构筑在边缘基础设施之上的云计算平台。其目标是形成边缘位置的计算、网络、存储、安全等能力全面的弹性云平台，并与中心云和物联网终端形成"云边端三体协同"的端到端的技术架构，通过将网络转发、存储、计算、智能化数据分析等工作放在边缘处理，降低响应时延，减轻云端压力，降低带宽成本，并提供全网调度、算力分发等云服务。

边缘云计算的基础设施包括但不限于：分布式 IDC、运营商通信网络边缘基础设施、边缘侧客户节点（如边缘网关、家庭网关等）等边缘设备及其对应的网络环境。

图 14-1 表述了边缘云计算的基本概念。边缘云作为中心云的延伸，将云的部分服务或者能力（包括但不限于存储、计算、网络、AI、大数据、安全等）扩展到边缘基础设施之上。中心云和边缘云相互配合，实现中心 - 边缘协同、全网算力调度、全网统一管控等能力，真正实现"无处不在"的云。

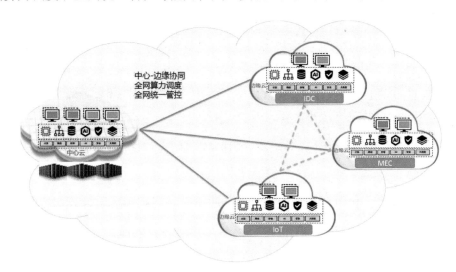

图14-1　边缘云计算示意图

边缘云计算本质上是基于云计算技术，为"万物互联"的终端提供低时延、自组织、可定义、可调度、高安全、标准开放的分布式云服务。

边缘云可以最大程度地与中心云采用统一架构、统一接口、统一管理模式，这样能够最大程度地降低用户开发和运维成本，真正实现将云计算的范围拓展至距离数据源更近的地方，弥补传统架构的云计算在某些应用场景中的不足之处。

根据所选择的边缘云计算基础设施的不同以及网络环境的差异，边缘云计算技术适用于以下一些场景：

- 将云的计算能力延展到离"万物"十公里的位置，例如将服务覆盖到"乡镇、街道级十公里范围圈"的计算场景。

- "物联网云计算平台"能够将云的计算能力延展到"万物"的身边，可称为"一公里范围圈"，工厂、楼宇等都是这类覆盖的计算场景。

- 除了网络能够覆盖到的"十公里计算场景"和"一公里计算场景"，边缘云计算还可以在网络无法覆盖，通常称为"网络黑洞"的区域提供边缘云计算服务，例如"山海洞天"（深山、远海航船、矿井、飞机）等需要计算的场景，它在需要的时候对能够处理的数据进行实时处理，联网之后再与中心云协同处理。

边缘云计算服务应具备以下特点：

- 全覆盖。提供各种覆盖场景的一站式边缘计算服务和敏捷交付能力。

- 弹性伸缩。按需购买，按量付费，实现业务的弹性伸缩需求，节省了自建所需的供应链管理、建设及资金投入成本。

- 开放灵活。提供"标准开放"的边缘云计算平台，可方便与中心云系统对接，按业务需求灵活部署各类应用。

- 安全稳定。利用云计算核心技术构建安全稳定的边缘云计算核心系统。

使用边缘云计算服务，用户可以进一步扩展自身的应用，获得以下收益：

- 降低时延。边缘云计算服务可以提供 5ms 以下的终端访问时延。

- 业务本地化。采用云边端三体协同架构后，大量的处理响应在本地发生，终端到云的访问频次将减少 80% 以上。

- 降低成本。引入边缘云计算后，计算、存储、网络等成本可以节省 30% 以上。

- 敏捷交付。采用边缘云计算服务，可以获得"一分钟敏捷交付"的能力。

- 高安全。具备传统云服务一体化的高安全能力，包括 DDoS 清洗和黑洞防护、多租户隔离、异常流量自动检测和清洗能力以及中心 - 边缘安全管控通道等。

- 开放易用。开放的运行环境，可灵活部署各类云服务和应用，可在线远程管理，可对运行指标进行可视化监控等。

综上所述，边缘云计算具备网络低时延、支持海量数据访问、基础设施弹性化等特点。同时，空间距离的缩短带来的好处不只是缩短了传输时延，还减少了复杂网络中各种路由转发和网络设备处理的时延。此外，由于网络链路争抢的机会大大减少，因此能够明显降低整体时延。边缘云计算给传统云中心增加了分布式能力，在边缘侧部署部分业务逻辑并完成相关的数据处理，可以大大缓解将数据传回中心云的压力。边缘云计算还能够提供基于边缘位置的计算、网络、存储等弹性虚拟化的能力，并能够真正实现"云边协同"。

3. 边缘计算与边缘云计算的关系

传统观点认为，边缘计算和传统云计算之间是有一定的边界的，在 ISO/IEC JTC1/SC38 中，明确确定了边缘层、本地层和云层的界限，它们应对的计算场景不同，在应用场景开拓上以各自优势体现出差异。

以"视频场景"为例，收集图像、视频、声音等数据的传感器是智慧城市的感知"器官"。例如，交通系统中数以十万、百万计的视频设备需要 TB 级以上的带宽连续上传监控数据。目前的网络带宽无法承载这样的连续上传，造成云计算的应用受到限制。

当我们引入边缘计算技术来处理上述问题时，由于边缘基础设施的差异性大，种类繁多，边缘应用的开发、部署、运营、维护等都会面临各种问题、困难和风险。

边缘云计算能够最大程度地与传统云计算在架构、接口、管理等关键能力上实现统一，最终将边缘设备与云进行整合，成为云的一部分。边缘云计算与传统云计算的关系，类似人类的"大脑"与遍布全身的"神经系统"的关系，它们相辅相成。为了让"物理世界"更加智能，边缘云计算将神经系统从"云"这个大脑开始，层层前移，一触到底，直达"物理世界"的每一个角落。通过将云计算的能力进行拓展，边缘云计算能够深入到更多之前传统云计算无法覆盖的边缘应用场景。

边缘云计算还可以通过分布在距离终端最近的基础设施，为终端侧数据源提供具有针对性的算力。这些算力可以将部分数据处理终结在边缘侧，另外一部分则可以在处理后再回传至中心云。这样，边缘云计算就提供了一种新的弹性算力资源，通过与中心云的协同和配合，为终端提供满足技术需求的云计算服务。

在上文提到的"视频场景"中使用边缘云计算不仅能够解决 TB 级甚至更大的视频流低成本接入的问题，还可以提供丰富的计算能力（如 CPU、GPU、FPGA 等），在边缘完成视频的分析和识别工作后再将结构化的数据快速传递回中心云（大脑）进行信息融合。边缘云计算不仅实现了低时延、低成本的协同，还能有效抵抗网络抖动等不稳定因素，提升系统整体的鲁棒性。

4. 边缘计算架构

边缘云计算是边缘计算和传统云计算的有效协同与升级，与传统云计算不同，边缘云计算架构设计的核心目标是如何将平台能力构筑在分布广泛、异构、不够稳定的边缘基础设施之上，并基于互联网建立中心 - 边缘两级管控架构，在由中心统一管理和控制的基础上，形成边缘特殊场景下的自治能力，达到中心 - 边缘以及边缘间的协同管控能力。

图 14-2 描述了边缘云计算的架构，包含边缘硬件、虚拟化内核、算力调度、API 及应用能力等层次，这与一个标准的操作系统是非常相似的。

5. 运营商基础网络与边缘硬件

边缘云计算依赖的边缘基础设施包括边缘基础网络和边缘硬件两部分，边缘基础网络在国内主要由运营商提供，边缘硬件形态多样，可以是部署在各地区不同运营商的 DC 机房中的交换机和服务器，也可以是就近部署在移动网络基站的 MEC 资源，还可以是联网的单机或 IoT 设备，这些异构的边缘基础设施的计算能力、存储、网络资源为边缘云计算提供了丰富的算力。边缘云计算的架构需要面向这层基础设施广分布、强异构、弱稳定等特征进行重点设计。

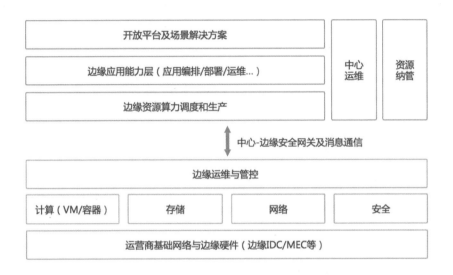

图14-2　边缘云计算架构

6.边缘核心能力层

与 CDN 类似，边缘云计算将一个边缘资源最小单元称为边缘节点，一般常见的边缘节点类型包括边缘 IDC 节点、MEC 节点等。在边缘节点上，基于底层的运营商基础网络和边缘硬件，需要构建计算、存储、网络、安全等基础的虚拟化能力。与传统虚拟化方案不同的是，边缘核心能力层需要重点考虑边缘节点资源的异构和小型化等问题。根据边缘场景在不同地区和运营商资源需求的差异，不同节点上服务器的特性和数量都会不同。基于边缘计算就近服务和本地化服务的特点，单节点的资源规模在一个范围内，具有明显的小型化特征。基于此，阿里云的 ENS 云产品提出边缘融合计算的概念，目的是资源并池的同时提供多种算力形态，达到资源充分互补利用的效果。

7.边缘运维与管控

边缘云计算整体架构是中心 - 边缘一对多的两级管控模型，对于边缘节点来说，需要有针对边缘节点的运维和管控层。边缘运维与管控层既负责与中心管控进行信息同步和逻辑交互，又负责在与中心失联时，确保边缘节点自治，保证边缘节点正常服务。同时边缘运维与管控层还可以与其他边缘节点的运维管控层进行协同。其重点能力包括：

- 与边缘核心能力层对接提供资源生产与管理等能力封装，供中心管控调用进行算力生产和管理。

- 提供边缘节点基础设施的监控、运维、日志采集上报等能力。

- 提供边缘算力的监控、运维、日志采集上报等能力。

- 在与中心失联等极端情况下，提供数据缓存及延迟上报、边缘事件自治处理等能力，确保算力正常服务。

- 与其他边缘节点协同管控能力，如算力跨节点迁移等。

8. 中心 - 边缘安全网关及消息通信

边缘云计算架构的一个重要的安全风险在于中心 - 边缘的管控网络通道是基于互联网的，因此有必要在中心和边缘两端设计安全软网关，对网络连接和访问请求进行角色、权限认证，以及访问规则的控制。基于安全网关可以建立中心 - 边缘的管控网络通道以及消息通信机制，考虑到互联网的弱稳定性，对于安全网关及消息通信，需要重点进行高可用设计，同时确保消息通信的可靠性和实时性。

一个好的思路是建立边缘全网链路质量探测能力，包括中心到边缘间的网络链路的质量探测，以及边缘节点之间的链路质量探测，并形成完整的告警和问题排查等系统能力。

9. 边缘资源算力调度和生产

这层是边缘云计算中心基础管控层，包括边缘资源管理、算力调度、应用镜像管理、算力生产和管控等模块。

- 边缘资源管理。主要将边缘资源进行模型抽象，形成资源库进行管理，为算力调度和生产提供查询能力，并进行资源扣减等逻辑交互。

- 算力调度。建立边缘资源和算力调度策略和算法，提供算力资源的选点、边缘节点内资源分配、算力迁移等调度能力，寻求最优资源利用策略。

- 应用镜像管理。负责应用镜像的构建验证、镜像版本管理、镜像边缘分发等。

- 算力生产和管控。算力的形态包括 VM、容器等多种，边缘云计算应加强融合算力形态的统一生产和管控，达到资源的充分利用。

10. 边缘应用能力层

边缘应用能力层属于边缘 PaaS 能力层，在 IaaS 层提供的边缘算力资源的基础上，提供应用编排、应用部署运维、应用流量调度等能力。同时应用的边缘计算架构有一些通用的基础能力需求，也属于这一层，比如边缘 - 边缘 / 中心 - 边缘的网络打通和网络加速、云网协同等。

11. 开放平台及场景解决方案

在边缘云计算的能力层之上，通过封装 OpenAPI 提供开放的标准接口，支持多方合作构建更完整的边缘计算能力，从而更好地为场景提供一站式的边缘云计算解决方案，使得 IaaS、PaaS、SaaS 多层能力协同工作。并且面对新兴的边缘场景，能够快速构建完整的边缘技术方案，助力边缘计算的发展。阿里云目前也基于 ENS 构建了视频监控上云、边缘终端上云、云游戏等多个边缘场景解决方案，极大地降低了边缘应用构建的门槛，同时更多的场景解决方案仍在快速迭代中。

12. 中心运维

边缘云计算的运维是基于互联网的远程运维，其面临的挑战如下：

- 边缘节点分散在边缘，物理触达的时效性很差，成本很高。

- 边缘节点的管控基于互联网，网络触达的稳定性不能保证。

- 边缘节点的运行环境基于运营商，标准化能力较弱，要考虑异构和异常情况。

对于中心运维与边缘运维，建立两级运维架构，在运维体系设计上需要重点考虑如下几个方面：

- 边缘节点上的服务模块需要去依赖和去中心化，支持无状态部署和运行，支持热升级和热扩/缩容，减轻部署和运维的成本。

- 为边缘运维和管控层建立运维自治、自恢复能力，减轻中心远程运维的压力。

- 建立高度的自动化和白屏化运维系统，与业务系统形成体系化能力。

13. 资源纳管

对边缘节点或边缘资源需要有一个纳管的过程才能进行统一管理和运维，从而为边缘云计算提供算力资源。边缘资源广分布和强异构的特点，给边缘资源纳管提出了很高的挑战。广分布意味着资源分散，无法集中现场处理，只能进行远程纳管，这就要求纳管方案尽量减少对资源和环境初始化的依赖，能够应对各类异常，增强纳管自身的可靠性。强异构则要求纳管方案有充分的适配性，在全链条各个环节上要精细化设计，具备强大的兼容性。

边缘云计算需要建立在规模化的边缘资源的基础之上来确保整体的弹性能力，高效、自动化的资源纳管既能提升边缘资源接入服务的效率，又能降低人工处理的成本投入，提高资源规范化和标准化管理，是边缘云计算架构中的重要能力。

14. 边缘计算关键技术

边缘资源调度和算力分发

构建在面向边缘计算应用的轻量级平台化虚拟软件之上的资源调度和算力分发能力，是本项目能够支撑分布式边缘节点稳定的资源管控和调度的基石。图 14-3 所示为边缘操作系统的调度和分发设计图。蓝色的模块是调度和分发平台的核心模块；绿色部分是由多个边缘节点组成的资源池，即资源调度的对象；灰色部分是用户需求，即资源调度的输入；橙色部分是用户应用镜像及业务相关模块。各模块之间交互所需的通道是基于互联网建立的安全加密的通信通道。

- 库存管理能力

边缘节点存在大量库存和能力均不同的异构节点。例如分布式 IDC 节点往往拥有数十台或上百台边缘服务器，能直接对物理资源进行运维和管理；ENS-MEC 节点通常以物理机、虚拟机或者容器等多种形式提供计算能力；超融合 / 一体机单点计算能力有限，且网络状况、存储形式随部署位置不同而变化。边缘操作系统的库存管理模块能够对不同类型边缘节点的资源情况进行建模和抽象，进行统一库存管理。

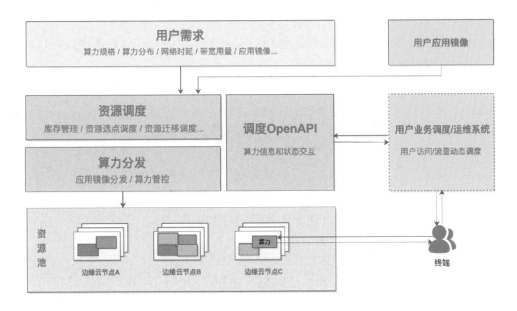

图14-3　边缘操作系统的调度和分发设计图

- 资源编排能力

边缘操作系统的资源编排能力能够简化资源管理和自动化运维流程。遵循资源编排的模板规范，编写资源栈模板，资源编排模块根据模板自动化地创建和配置符合依赖关系、资源需求等的边缘计算资源，达到自动化部署、运维的目的。

- 多维需求能力

边缘操作系统调度和分发模块能够收集用户对于边缘节点算力资源的多维

度量化需求，包括单个算力的规格、算力在地区和运营商网络的分布、网络时延、带宽用量等需求，作为边缘算力资源的选点调度的依据，同时用户能够指定算力分发所需的应用镜像版本，在选定的算力资源上进行计算实例的创建。

- 智能选点能力

调度和分发模块中的智能选点能力是指边缘操作系统能够基于用户的算力规格、时延、覆盖度、带宽用量等多维调度需求，智能地选择最适合用户需求的边缘节点以及具体的边缘基础设施。智能选点模块考量的指标包括边缘基础设施地理位置、资源使用率、资源均衡度、网络条件、带宽成本、算力亲和性等，其通过其中全部或者若干项指标对选点方案进行加权打分并排序，得出最佳的边缘资源调度和算力分发方案。

- 镜像分发能力

镜像分发模块负责将用户的镜像分发到边缘节点中进行缓存，供后续在算力创建、升级、迁移、释放等情况下使用。应用镜像的形态是多样的，包括虚拟机镜像文件、容器镜像文件、各类型的应用打包文件、函数计算等形态。各边缘节点的算力管控程序负责算力资源的创建、升级、迁移等流程处理，保证算力的连续服务以及其上运行的业务逻辑的可定义性。

- 迁移调度能力

在边缘操作系统中，算力的迁移包括边缘节点内迁移和跨节点迁移两种类型。在节点内算力迁移中，用户实例由于库存资源紧张、网络状况变差、物理机宕机故障等因素，能够自动从同一边缘节点内的物理机迁移至另一台物理机，保证用户业务的不中断。当整个边缘节点出现资源不足或者网络中断等状况时，会进行跨节点调度。算力的跨节点迁移则会涉及诸如所在地区、运营商、公网 IP 等实例信息的变更。边缘调度和分发系统会根据算力所在地区和运营商进行就近调度，并结合带宽水位、资源使用情况等选择最合适的边缘节点作为迁移节点。

- 开放接口能力

调度和分发模块的开放接口（OpenAPI）能力通过边缘操作系统与用户系

统间的一组接口实现，重点解决算力迁移带来的算力信息变更问题，在算力发生被动跨节点迁移（如宕机）时，负责通知用户的业务调度系统或运维系统该迁移事件，以及算力信息的变化情况，用户的业务调度系统或运维系统可以做出合适的响应动作，比如更新该算力在系统中的信息，或针对实例迁移过程中的宕机情况做出容灾响应。当算力运行发生一些预警情况时，或算力镜像版本需要升级时，调度 OpenAPI 会及时通知用户系统，用户系统可以针对性做出响应动作，比如通过 OpenAPI 将该算力进行主动迁移。除了算力迁移，用户还可以通过调度 OpenAPI 对指定的算力进行开、关机、升级等管控操作。

14.1.2　边缘计算应用场景

1. 互动直播

互动直播需要低延时、高稳定的网络环境，有连麦、互动等业务要求，同时主播和观众量大、地区分布广泛，而且，部分视频平台自建推流转码集群，具有推流 / 分发走私有协议等特点。互动直播对冗长复杂的通信链路的延时、不可靠性以及带宽传输成本比较敏感。传统中心式的架构通信链路冗长复杂且不可控，延时和可靠性难以保证。中心云的 BGP 带宽成本和自建边缘节点的时间成本、运维成本以及硬件投入也为大规模的应用带来巨大压力。

在这种业务场景下（如图 14-4 所示），阿里云 ENS 可以提供优质边缘节点的覆盖，构建低延时音视频通信网络，提供低成本、高稳定性的上云网络，确保互动直播体验。

2. 在线教育

视频会议、在线教育等场景，对端到端之间互动的需求很强。保证极低延时的稳定链路是业务正常开展的重要前提。在线教育需要全国覆盖的高稳定网络环境，对时延以及稳定性要求较高，业务周期有明显的波峰，通常互动课堂会面临掉线、卡顿、覆盖不足等痛点。由于自建节点管理复杂和小厂商专线质量较差，因此对用户的课堂体验影响巨大。

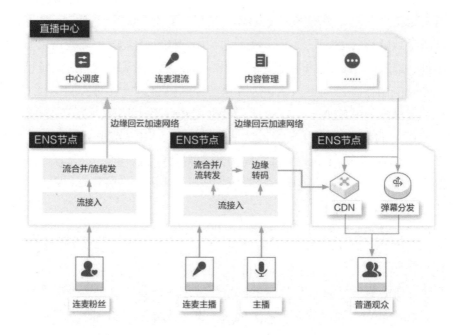

图14-4　互动直播解决方案架构图

　　阿里云 ENS 为此场景提供全国覆盖的低时延、高可靠的上云网络和弹性节点，解决在线教育本地流量及资源弹性的问题，如图 14-5 所示。

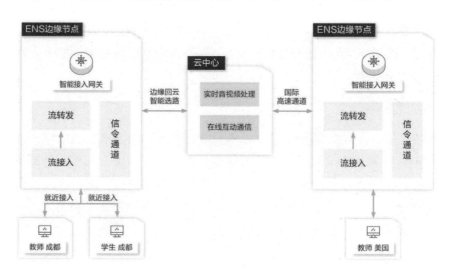

图14-5　在线教育解决方案架构图

3. 游戏加速

游戏加速业务对网络时延和网络质量都有极高的要求，网络质量直接影响用户的游戏体验。需要全国覆盖的低时延、稳定的网络环境。因为上车点不足而导致玩家掉线和延迟是游戏加速场景面临的共性问题。对于游戏加速，阿里云 ENS 提供全域覆盖的节点资源，提供云网一体化的网络加速能力，客户无须任何配置。如图 14-6 所示，只需要将 ENS 实例加入边边网络中，启用网络加速能力，ENS 帮助打造一张覆盖全国的高质量、低成本的游戏加速接入网络，实现低成本接入和基于控制台和 API 的极简管控。

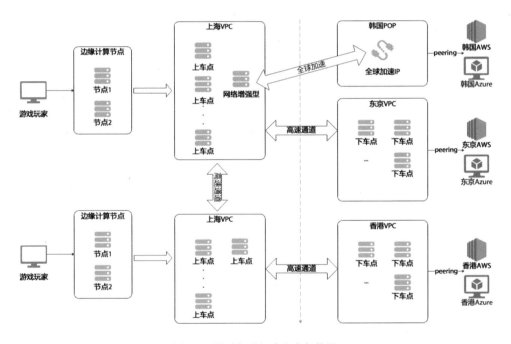

图14-6　游戏加速解决方案架构图

4. 智慧城市

智慧城市包括智慧公安、智慧门店和智慧小区等业务场景，都有视频采集和分析的需求，通常是警卫人员实时查看视频和分析。然而，面临大量的本地化视频流量，平台自建边缘节点面临一次性投入高、资深 IT 能力弱、运维难度大、质量无法保障种种难题，直接上云成本高，网络质量难以保障。

阿里云 ENS 在 2019 年已经实现了 30 多个省市的 300 多个节点全域覆盖，如图 14-7 所示，通过支持就近接入视频流，确保时延和传输质量，同时为平台提供按量付费、弹性扩容的能力，减轻客户资金压力。

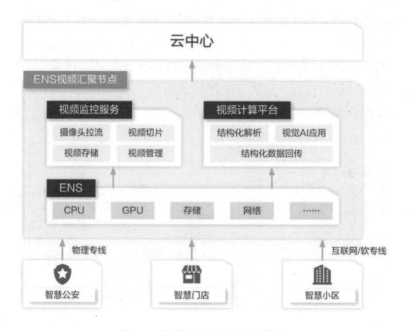

图14-7　智慧城市解决方案架构图

5. 业务监测

互联网应用普遍用户量大、地区分布广泛，不同地区和运营商的用户访问中心应用，可能在访问可达性、响应性能、响应内容等方面存在差异。如图 14-8 所示，在阿里云官方控制台，选择地域和运营商，提交需求即可完成覆盖全国范围三大运营商的资源交付。通过在当地运营商侧网络环境精准模拟用户请求，可以更全面精准地实现业务监测需求。

6. 边缘 AI

随着机器学习技术的飞速发展，语音识别、人脸检测等 AI 服务逐渐应用到日常生活中的每一个角落。随着终端设备的迅速增加，越来越多的 AI 服务需要部署到离用户更近的边缘节点上，以提供低时延、高带宽、广覆盖的服务能力。

图14-8　业务监测解决方案架构图

边缘计算平台可以帮助 AI 算法工程师在实际应用中自动化快速地将算法模型进行服务包装集成，从而更便捷高效地对外提供边缘 AI 服务，如图 14-9 所示。算法开发者基于标准化的 AI 服务模板，提供 AI 服务部署需求，边缘 AI 服务平台负责模型托管和资源申请，一键完成 AI 服务在边缘的部署和应用。

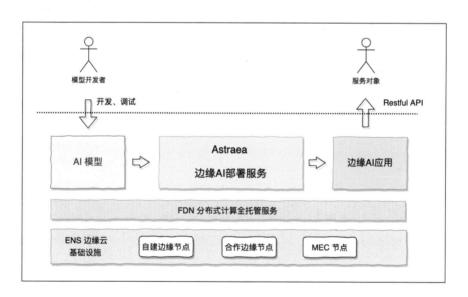

图14-9　边缘AI服务平台架构

边缘 AI 服务平台同时具有以下特点：

- **多框架支持**。支持 Sklearn、TensorFlow、PyTorch、ONNX 等常用深度

学习框架，同时支持 CPU/GPU 加速。

- **一键化部署**。按照模板配置推理方法，一键化生成 AI 服务 Restful API。

- **广覆盖节点**。基于阿里云边缘节点，助力 AI 推理业务下沉至离用户 10 公里的地方，减少时延和带宽成本。

- **自动化运维**。通过 ENS FDN（Function Delivery Network）能力，实现 AI 服务的自动化运维。

14.2　vCDN 方案与实践

作为 CDN 厂商，在传统方式上如何建设自己的 CDN 机房（节点）？随着阿里云边缘基础设施的普及，CDN 厂商又如何利用边缘基础设施来建设自己的 CDN 节点。建设成本、运营成本、建设周期、裁撤周期等方面如何可以做得更好？本节将介绍基于阿里云边缘基础设施 ENS 节点服务，如何建设 CDN 节点。

14.2.1　CDN 传统建设方案

（1）节点规划（规划在一个地点、一个运营商的机房建设一个 CDN 节点，服务器、带宽）。

（2）商务谈判。

（3）设备准备（调动设备库存、采买）。

（4）建设 & 工单派发（运输设备到机房，建设工人到机房建设、安装）。

（5）交付验收（验收设备、网络及操作系统等基础软件）。

（6）初始化 & 使用（安装依赖软件及 CDN 相关软件）。

如图 14-10 所示，这是建设一个 CDN 节点大体

图14-10　CDN传统建设流程

的流程。从规划到可以使用，短则 2 个月，多数时候是长于这个时间的。建设完成后，还将面临如下的问题：

- 业务增长，需要扩容，还需要一个扩容流程。

- 业务被迁移到其他节点，资源空余，裁撤还是服务器空转都需要消耗不小的资金。

传统的方式，建设周期、成本压力是最为明显的问题，要是业务发展快，不能快速扩容，公司的发展受阻更是不可避免的。

14.2.2　ENS 如何帮助客户解决问题

1. 什么是边缘节点服务 ENS

边缘节点服务（ENS，Edge Node Service）基于运营商边缘节点和网络构建，一站式提供靠近终端用户的、全域覆盖的、弹性分布式的算力资源。通过终端数据就近计算和处理，优化响应时延、中心负荷和整体成本，将用户业务下沉至运营商侧边缘，有效降低计算时延和成本。

2. 边缘节点服务具有的优势

- 全区覆盖。一站式采购靠近用户边缘的节点资源，覆盖全国主流地区和运营商。

- 弹性售卖。按需购买边缘算力服务，按量付费，动态扩缩容资源。先期资金 0 投入、人力 0 投入。

3. 更多产品优势

基于 ENS 节点的建设方案

（1）库存查询。使用地区＋运营商＋带宽需求＋IP 数量等参数，通过 OpenAPI 查询可用节点。

- vCDN 需要开通新的节点，通过 ENS API 可直接查询现在是否已经有符合要求的节点。

- ENS 节点全球覆盖，国内全域覆盖（需要统一描述地区 +ISP 的覆盖），满足常用的需求。依托阿里云的供应链能力，有特殊的节点需求，ENS 也能快速交付简单资源。

（2）购买。通过 OpenAPI 直接购买 ENS 资源。

- 描述需要多少服务器、多大的带宽、多少 IP 等资源。

- 描述各服务之间的关系。

（3）交付。分钟级交付一个 vCDN 节点。

- 客户可先准备各服务的镜像（Web/Cache/Backend 等）。

- 做服务的初始化设置、安全设置等。

- 分钟级交付服务器、带宽、IP 等资源及可用服务。

图 14-11 显示了 vCDN 的建设流程。如上所述，基于 ENS 建设 CDN 节点，建设周期从 2 月以上，直接缩短为分钟内。传统方式遇到的扩缩容及成本问题，能很好地解决。

ENS 提供丰富的计费方式，客户只需要为使用的资源付费，不需要承担前期建设成本及后期的维护成本。ENS 同样提供自动迁移技术，客户 VM 宕机后，ENS 为客户自动迁移到新的资源上，并保证 IP、数据（支持云盘节点）保持不变。为 ENS 客户提供资源保证，客户可以把更多的资源放在业务上。

图14-11　vCDN建设流程

4. ENS 还能提供什么

- 像 ECS 云服务器一样，ENS 可以通过控制台、OpenAPI 提供对自有的资源关机、开机、变配、退订等服务。

- 提供精准、实时的实例运行状态、带宽用量、网络状态数据。像上面所提到的，使用 ENS 的很多客户对带宽、网络时延非常关注，像 CDN，本来的目的就是加速内容分发，这些实时的数据，将给 ENS 的客户服务提供业务调度决策支撑，以便提供更好的上层服务。

5. 接口能力

（1）业务编排能力

无论是 CDN，还是其他业务，一般都是一个服务集群来提供对外的服务，集群中的服务角色之间的关系及各自服务的数量、配比，都可能是客户自己编排的。

ENS 提供的编排能力，可以帮助客户一次性创建一个服务集群，避免复杂的运维。

（2）扩缩容能力及变配能力

业务的发展、调整、迁移都会带来资源的变化，如果能方便、快速、安全地扩缩容及变配单资源，则可以大大提高效率。

ENS 提供给 vCDN 这种动态的能力，在应对流量高峰、紧急事件、成本优化方面都发挥了极大的作用。

（3）实时数据获取及事件触发的能力

只要涉及 IDC 数据中心，就会遇到网络割接、电源割接、网络波动等情况，如何将这些情况准确、快速地通知客户方？

ENS 提供各种状态变化、数据变化、割接等寄件通知，以便客户及时获取实例运行状态、网络运行状态、网络质量 QoS 等重要数据。

（4）自动迁移实例的能力

（5）启停整个逻辑节点、实例的能力

（6）获取节点的实例列表及详细信息的能力

14.2.3　小结

上面所述的方案与实践，可以为客户带来很大的收益。一次性的资本开支（capital expense，CAPEX）将大大降低，几乎全部转换为运营开支（operational expense，OPEX）。这将为客户带来极大的收益。建设周期缩短，传统的人为的商务谈判，可直接转为通过 OpenAPI 程序自动化查询。传统选择、发货、

建设等人工长时间的物理工作，将转换为分钟级内的自动化交付。传统的人工裁撤和预付费模式，将转换为更为灵活的随用随买不用就退的付费模式。原来传统的物理机基础软件、网络配置大量依赖人工运维，将转换为程序化、自动化的运维方式。综合来看，基于阿里云边缘基础设施 ENS 节点服务之上建设 CDN 节点的方案，将很好地帮助客户加速节点的建设，并提供更便捷的节点、机器运维。这种方案将成为未来的首选方案。

探寻阿里二十年技术长征
呈现超一流互联网企业的技术变革与创新